関西学院大学研究叢書　第175編

環境メディア・リテラシー
持続可能な社会へ向かって
EcoMedia Literacy

ガブリエレ ハード
Gabriele Hadl

関西学院大学出版会

第1部　はじめに　1

1. 自然を楽しむことは、保護するために闘うこと　2
2. 目から鱗　4
   - 知ろうとしなかった温暖化　4
   - 原発事故から避難したら、目の前に温暖化　6
   - やって来る人は実は環境難民だった　9
   - 非常事態を認めて、「平常な運転」をやめる　13
3. 温暖化対策は意外と簡単⁈　18
   - 温暖化対策は経済を救う　18
   - 温暖化対策は社会を救う　20
   - 温暖化対策は私たちの財布と健康を救う　22
4. 自分にできること（とそうではないこと）　24
   - デフォルトを変えれば、みんなエコなライフ　24
   - 「自分にできること」は節電だけではなかった　26
   - 平常な運転をやめたら、楽しく働ける　28

第2部　自然環境とメディア社会の関係　31

1. なぜ自然環境とメディア社会について学ぶのか　32
2. 環境メディア・リテラシー　33
3. 「メディア」がもつ複数の側面　35
   - 「物」としてのメディア　35
   - メディアの内容　36
   - メディア制度　37
4. 環境メディア・リテラシーの基本概念　39
   - 概念1　メディア社会は自然環境の上で成立している　39
   - 概念2　メディアは人工物である　39
   - 概念3　メディアは現実味を作り出す　40
   - 概念4　メディアの効果には想定できない部分がある　41
   - 概念5　今日のメディア社会を変えることができる　42
5. どのように学ぶか　44
   - 参加型の学び　44
   - 学びを支えるファシリテーター　46
   - シビアな内容を楽しく学ぶ　46
6. 学びの理念　48
   - 理念1　頭（知識）だけでなく、心（感情）と手（行動力）も使う　48
   - 理念2　「自然好き」本能を刺激し、メディアは面白くないことを学ぶ　49
   - 理念3　落ち込んでも、シニカルにならない　51
   - 理念4　頭は柔らかく、非合理的な話を受け入れない　52
   - 理念5　他者を尊重し、自分も尊重する　53

第3部　環境メディア・リテラシーを高めていこう　55

　　環境メディア・リテラシーの実践へ　56
　1章　ビデオ・ゲームとネイチャーゲーム　71
　　　workshop 1　携帯がないと不安になることがある？　71
　　　workshop 2　私のメディア史に含まれた「自然観」　77
　　　workshop 3　メディアを使った大人のネイチャーゲーム　83
　　　workshop 4　スローなメディアで、小さな自然を楽しむ　88
　2章　メディアが「自然」と「生き物」をどのように構成するか　93
　　　workshop 1　リアリティーを作り出すメディア言語　93
　　　workshop 2　サメが怖い？　美しい？　それともかわいそう？　98
　　　workshop 3　環境に優しくない「エコCM」　104
　3章　環境破壊のリスクはどう描かれているか？　110
　　　workshop 1　温暖化を実感しよう　110
　　　workshop 2　地球温暖化会議のドラマ性はどこで感じられるか？　116
　　　workshop 3　火力発電に関する報道を集めよう　123
　4章　メディア社会が生み出す環境破壊　130
　　　workshop 1　軽い携帯の重い足跡　130
　　　workshop 2　原子力発電はどう描かれているか　136
　　　workshop 3　パブリック・リレーションズの天使対悪魔　143
　5章　エコ・メディアから脱メディア、そして入ネイチャへ　149
　　　workshop 1　環境映画バトル！　149
　　　workshop 2　エコへの取り組みをビデオでアピール　155
　　　workshop 3　デジタル・デトックスをして、未来のビジョンを得る　162

メディア言語　169
用語解説　173

第1部
はじめに

1. 自然を楽しむことは、
保護するために闘うこと

「お国はどこですか？」と聞かれたときに私が「ヨーロッパのオーストリア」と答えると多くの人が「音楽とアルプスの国ですね」や「自然が豊かなところですね」などと応じてくれます。実際、私が子どもの頃には、冬といえば雪遊び、夏は登山や湖で泳ぎ、春と秋にはガーデニングや近くの森や洞窟での冒険を楽しんだものです。テレビはあまり見せてもらえませんでしたが、両親が友人たちと撮影した8mm映画を見るのをいつも楽しみにしていました。水中カメラに収めた海の映像を見ながら、魚や珊瑚の名前を覚えました。父は、スキューバダイビングを「人間である自分が、魚の世界に仲間入りさせてもらえる最高の経験」と語り、人間と他の生物が共存することの素晴らしさを教えてくれました。

一方で、その豊かな自然環境にも、すでに変化の兆しが現れていました。町の大気汚染や酸性雨による森への被害が取り沙汰され、私は同世代の多くの若者がそうであったように、冬はスモッグによる喘息を発症し、春には花粉症のために薬を飲まなければなりませんでした。また、当時はまだ冷戦時代でもあったため、資本主義国家と共産主義国家に挟まれて暮らすオーストリア人にとって、核兵器による汚染への懸念も常にありました。

1970〜80年代は、ドイツ文化圏における環境運動が大きなうねりとなって生まれた時期でもありました。オーストリアでは、1978年に完成したばかりのツヴェンテンドルフ原子力発電所が、市民運動の力で運転停止を余儀なくされました。1984年にはウィーンに近いハインブルク市で、ドナウ川流域における水力発電所建設計画への反対運動の一環として、著名人や政治家、科学者らが建設によって生存が脅かされる動物に代わって「動物の記者会見」を開き、国民投票の必要性を呼びかけました。その結果、建設計画は中止され、建設予定地は国立公園になりました。

発電所の反対運動のための動物の記者会見 (1984)
第1ウィーン市の社会運動記念トレールプロジェクト
提供 http://www.protestwanderweg.at/

その後、緑の党が結成され、オーストリアで初めて、環境を守ることが職務であると考える議員を国会に送りこむことになります。同じ頃、隣国のドイツにおいて緑の党は、すでに入閣を果たしています。こうしてオーストリアは原発反

対、ドイツは計画的な脱原発へと大きく政策転換をしていきました。当時小学生だった私でさえも、一般市民が声を上げることで政策を変えることができると実感したほどの盛り上がりでした。

地域住民の主体的な活動で環境保護が実現できると考えていたヨーロッパ人にとって、衝撃の事件が起きたのはその直後でした。

1986年4月28日、北欧で非常に高い放射線量が測定されました。しかもその原因は不明。しばらくしてソ連の通信社が、数日前にキエフ市近郊のチェルノブイリ原子力発電所で事故があったと認めましたが、それ以上の詳しい情報は公開されませんでした。そうしている間に、事故現場から1200km離れたオーストリアでも、東からやってきた汚染された雲が雨を降らせ、アルプスとドナウはチェルノブイリの放射性物質を浴びてしまいました。私の友人には親にヨード剤を飲まされたり、核戦争のために用意しておいたシェルターの使用を検討した人もいました。汚染そのものを防ぐ方法はなかったかもしれませんが、ソ連が事故の情報をすばやく公開していれば、内部被ばくなどの被害を最小限に抑えることはできたはずです。ヨーロッパや米国のメディア報道によって後日わかったことですが、ソ連の権力者の子どもたちは避難して、牛乳や水道水を口にしないようにしていた一方、事故のことを知らない多くの国民は、事故から5日後に行われたメーデーのパレードに毎年のように参加していたそうです。その報道記事は、「情報は命」と締めくくっていました。

一方で、情報さえあれば、人々が正しい行動をするとは限りません。汚染リスクを察知したオーストリア政府は、速やかにキノコ、牛乳、イノシシや畑の野菜を食べないように国民に呼びかけ、流通も規制したにもかかわらず、多くの国民はそれを無視したのです。私の家族もそうでした。非常事態が起きていることを受け入れることができず、自分の生活習慣や食文化を優先してしまったのかもしれません。

あるとき、学校の環境教育の授業で先生は、「あなたたち若い人が、私たちのような大人を教育しなければならない」と話しました。自分たちの責任を放棄しているように感じた反面、私たちは期待されているのだと強く感じました。また、子どもが主人公で、大人と子どもは共に学び合うという発想が新鮮でした。その後、私は熱心にリサイクルをするようになりましたが、ある日、それを見かけた父は、「そんなことで世界を救うことはできないよ」と言ったものでした。当時はそれでも、「私は世界を救う！」と反発しましたが、高校生にもなると少しシニカルになり、「世界を救いたい」という気持ちは薄まっていったような気がします。

2. 目から鱗

知ろうとしなかった温暖化

☞COP（気候変動枠組条約締約国会議）
国連の温暖化対策の会議。大気中の温室効果ガスの濃度を安定化させることを究極の目標に掲げ、地球温暖化対策に世界全体で取り組んでいくと定めた「国連気候変動枠組条約」に基づき1995年から毎年開催されている。→ p. 181 参照。

📖 Jha, Alok, 2009, Copenhagen climate summit: Five possible scenarios for our future climate, *Guardian online*, http://www.theguardian.com/environment/2009/dec/18/copenhagen-five-climate-scenarios

▶ ジョン・シェンク（監督）, 2013,『南の島の大統領 —沈みゆくモルディブ—』

📖 文部科学省・経済産業省・気象庁・環境省訳, 2014,「気候変動2014 統合報告書 政策決定者向け要約」, http://www.env.go.jp/earth/ipcc/5th/pdf/ar5_syr_spmj.pdf

☞第3部3章 p.113参照。

　大人になり、様々なテーマに関心をもちながら、メディア研究者としての仕事に没頭していきました。地球の温暖化については、小学校で学んでなんとなく知っているつもりでした。国際的な話し合いはあまりうまくいっていないけれど、京都議定書もあるし、各国間の交渉は続いているし、なんとかなるだろうと思っていました。

　ところが、長男が1歳だった2009年のある日、イギリスの新聞『ガーディアン』の記事を読んで衝撃を受けました。イギリス人の有名な科学ジャーナリストが書いた記事には、コペンハーゲンで開催された国連気候変動会議（COP15）で地球の平均気温の上昇を2℃未満（1861-1880年比）に抑えることが今後の交渉目標として設定されたと書かれていました。イギリスの気象庁データ等に基づいて、気温が1℃上昇するとどのような事態が予測されるかという「5つの気候シナリオ」も紹介されていました。例えば不可避の1℃の上昇でさえも、モルディブ諸島やイタリアのヴェネチア市が沈んでしまうと書かれていました。記事を読んだ私は、たとえ住民が避難できたとしても、そこで育まれた文化はどうなるのだろうと考えたときに、とても悲しくなりました。さらに、「珊瑚の大半が死に、グレートバリアリーフに大きな被害がでる」という記述を読んで、どきっとしました。グレートバリアリーフでダイビングをするのは父の夢で、本人は（チェルノブイリ事故を隠蔽したソ連政府のせいで病気になったと思い込んだまま）癌でこの世を去り、夢を実現できませんでした。私は、グレートバリアリーフの珊瑚を彼の孫である私の子どもに見せたいと強く思っていたのでした。でも、この記事から、子どもがスキューバのライセンスを取得できる年齢になった頃には、元気な珊瑚を見ることが難しい可能性に気づきました。

　読み続けてさらに驚きました。目標である平均気温の上昇を2℃未満に抑えた場合でも、オーストリアを始めとする中央ヨーロッパの夏は40℃を超えることになり、現在の「異常」気象が「平常」になると書かれていました。それはすなわち、私の愛した海・山・森が姿を変え、地球上の生物の3分の1が絶滅危惧種になることを意味しています。そんな予想が現実のものになるのだとすれば、コペンハーゲン会議で合意された平均気温の上昇2℃未満という数値

を「安全目標」と呼ぶことに違和感を持ちました。

　調べてみると、「平均気温の上昇が2℃未満なら安全」であると勘違いしてしまうことは、私たちが陥りがちな誤解であることがわかりました。平均気温の上昇を1℃以上2℃未満に抑えることができれば、海面上昇や異常気象の増加により一部地域（主には小さな島国や世界各地の貧困層が暮らす地域）が犠牲にはなるものの、地球全体の気候システムが狂ってしまうほどではないという考え方です。

　コペンハーゲン会議で世界の国々が合意したのは、「明らかに危険な2℃以上の上昇にならないように努力しましょう」ということでした。しかし、その平均気温の上昇2℃未満を実現する具体的な取り組みの合意を得られず、2009年に採択されたはずの京都議定書の次期枠組は見送りになってしまいました。このままでは有効な対策を取ることができず、いわゆる「平常通りの運転」を続けることで、結果的に2℃を大幅に超えてしまう見込みです。危機が迫っているというときに、何年間も対策義務が履行されないということは、自分の子どもが生きている間に悪夢のシナリオが現実になるのかもしれないと考え、心がどんどん沈んでしまいました。

　そして、自分を恥じると同時に自責の念に駆られました。私は環境問題に関心をもっていたつもりなのに、なぜ、これほど重要なことを知ろうとしなかったのかと思ったからです。見回してみると、周りの人たちも同じでした。メディア研究の学会では、人権から戦争に至るまで、世の中の多くの問題が議論されているにもかかわらず、温暖化について触れる人はほとんどいません。私たちはなぜ、「平常通りの運転」をし続けるのでしょうか。

Chestney, Nina, 2012, Global warming close to becoming irreversible-scientists, Reuters.com, http://www.reuters.com/article/2012/03/26/us-climate-thresholds-idUSBRE82P0UJ20120326

ジェイムズ・ハンセン著，枝廣淳子監訳，中小路佳代子 訳，2012，『地球温暖化との闘い ── すべては未来の子どもたちのために』日経BP社

☞ 平常通りの運転（BAU）
温暖化対策を取らず、今まで通りの行いを続けること。→ p.189参照。

どれくらい熱くなるの？

- 4.5℃ 平常通りの運転
- 3.5℃ 各国の排出目標
- 2.0℃ 狙い（「安全」な限界）

COP21で気温上昇2℃未満に合意したが、各国が示した排出目標の結果で3.5℃上昇にしか抑えられない（対策なしの場合は4.5℃）
https://www.climateinteractive.org　をもとに著者作成。

原発事故から避難したら、目の前に温暖化

フクイチ（2011年の東京電力福島第一原子力発電所の事故）が起きた当初、報道が錯綜するなかで、一体何を信じたらいいのかわからない、という人も多かったかと思います。私もそうでした。一方で、私は過去に、原発事故報道について考えさせられた経験があります。2005年頃、イスラエルの友達から久しぶりに連絡があり、「大丈夫？」と聞かれて、最初は何のことかわかりませんでした。よく聞くと、自宅からそう遠くない敦賀の原発施設内で火事があったというのです。日本ではあまり報道されず、話題にはなっていませんでした。海外で報道されている内容を知ってショックを受けたものの、自分なりに調べた結果、おそらく大きな事故ではないだろうという判断に至りました。それは施設内の建物の火事であり、原子炉ではなさそうだったからです。念のために家の近くの警察署に連絡をして、核シェルターへの避難など、いざというときの汚染対策について尋ねてみました。「シェルターって？」と警察官。「ない？」と私。明らかにお互いが困惑している状況に、危機管理不足だと感じたものの、それ以上追求しませんでした。

それまでも、日本の原発報道における重要な情報（特に事故などの危機感を煽る報道）が基本的にタブーであることは、研究者として知っていました。いくら日本の電力会社がメディアに影響力があるといっても、ソ連ほどの情報隠蔽はないだろうと思っていました。しかし、この経験をきっかけに、日本の原発関連の情報は、基本的に海外メディアから得るようになりました。海外メディアの報道に関しても、危険性を強調して視聴者や読者の注目を集め、収益に結びつけようとする傾向があることも念頭におきながら、なるべく多種多様な情報源にあたることを心がけてきました。そうすることで、物事の核心にたどり着けるだろうと考えていたからです。しかしそれは、自分のメディア・リテラシーを過信していたのかもしれません。

フクイチをきっかけに、自分のメディア・リテラシーに疑問を抱くようになりました。もしかしたら、自分が今まで信じてきたことはすべて嘘かもしれない。実は、日本はソ連に引けを取らないほどの秘密主義国家かもしれない。ひょっとしたら海外メディアの報道は大げさなのではなく、控えめなくらいかもしれない。もしくは、実は日本政府がいうように、そこまで心配するほどの事故ではないのかもしれない。というように、とにかく何を信じたらいいのかわからなくなりました。やっとの思いで日本と海外メディアの報道をすり合わせ、何が起きているかを手探りで読み解き、チェルノブイリの事故当時に学校で教わったこと、ネット上の情報、各国大使館

☞ **メディア・タブー**
メディア産業界が慣例として取り上げない、触れない、深く追求しないような話題。→ p.190 参照。

☞ **ニュース性**
記者や通信社などの編集者が世の中の出来事から「ニュースになる」ものを選び、優先度を決めるときに使う基準。→ p.186 参照。

「福島 3月12日15時36分：原発時代が終わった瞬間」(2011) ドイツの影響力が高い『シュピーゲル紙』のカバー。

の勧告情報、口コミなど、様々な情報を信頼できる順に整理して、関西における放射能汚染や東日本地方避難指示などに影響を受けるリスクを判断してみました。その結果、「冷静なパニックになる」ことにしました。友人である池田佳代の言葉ですが、当時の政府が国民の「パニック防止」に懸命になっていることに対し、「危険なものから逃げることは正しい」という、私なりの抵抗でした。親戚からお金を借り、赤ん坊と2歳の子どもを抱えて、とりあえずフィリピンに避難することにしました。関西の自宅の鍵は、関東から避難したいという友人に預けました。これらはすべて事故発生から1週間以内の決断でした。

☞後になって、当時の首相が首都圏で避難を検討した経緯が暴露されたことが報じられた。
朝日新聞デジタル，2012,「半径250キロ圏内を避難対象 政府の『最悪シナリオ』」，
http://www.asahi.com/special/10005/TKY201201060501.html

　こうして一つの環境危機を逃れてきたかと思いきや、目の前にはより大きな環境被害が広がっていました。気晴らしにビーチに行くと、数年前までは砂浜だった場所が海になり、ヤシの木が倒れかかっていたのです。「温暖化のシンボル」として画像でしか見たことがなかった風景を実際に目の当たりにし、この島の木、花、蝶、珊瑚、コウモリなどを化石燃料の犠牲にするということの意味を初めて実感しました。また、人間が引き起こす環境被害を、みんなが平等に被るわけではないことも知りました。フィリピンの富裕層は安全な場所に引っ越し、砂を運んでビーチを造成、頑丈なコンクリートの家に住んで大型台風から身を守るなどの対策を取っていました。「温暖化被害者の国」に住んでいても、お金さえあればある程度は自分の身を守ることができる。一方、自分たちでは温室効果ガスをあまり排出していない、化石燃料発電の電気が届かない地域で暮らす人々が最も被害を被っている。温暖化はとても不公平です。私と同じように、小さな子どもを抱いて歩いているこの島のフィリピン人女性たちには、どのような選択肢があるのだろうと考えたとき、地球温暖化という受け入れ難い事実を認めることができました。以前から言葉としては知っていた「環境問題は格差の問題」の意味が初めて理解できたような気がします。

ボラカイ島（フィリピン）のビーチでは土嚢を積んで砂の流出を防いでいる。
Madyaas pen, 2009,"Erosion at Diniwid Beach,"
http://madyaaspen.blogspot.jp/2009/03/erosion-at-diniwid-beach-boracay.html

☞**環境差別**
環境リスクが高い施設、環境汚染や健康被害などが、マイノリティーや低所得者層の居住地域や労働環境に集中しているという差別。→ p. 178 参照。

▶ OurPlanet-TV, 2011,「子どもを襲う放射能の不安～学童疎開は必要か」, http://www.ourplanet-tv.org/?q=node/1028

☞**環境正義**
環境保全と社会的正義の同時追及の必要性を示す概念。環境に対する利益と負担の不公平な配分を是正し、すべての人々に良好な環境を享受する権利の保障を求める環境正義運動を発端に理論化された。→ p. 178 参照。

日本に戻ってから、放射能汚染も格差の問題をはらんでいることに気がつきました。チェルノブイリにおける作業員以外の主な被曝原因は、汚染された食物の摂取でした。汚染された牛乳を飲み続けたことで、現地の子どもたちが甲状腺癌になったことはよく知られています。ですから、私は自分の子どもにできるだけ安全な食事を与えるように心がけました。事故直後の日本には、市販の国産食品のセシウム 137 に関する暫定基準値がなく、汚染された食材が全国的に流通されていたことを知って、放射線量がきちんと測定され、1キロ当たりに1ベクレル以下のものを販売している生協で買い物をするようにしました。しかし、値段は近所のスーパーよりも割高でした。子どもの親仲間たちに知らせると、「あなたはこの値段で買えるかもしれないけど……」と経済的に余裕がなく一人で子育てをしている友人は苦笑いしていました。自分の子どもを自分の力だけで守ることには限界があります。情報収集に割ける時間、必要な措置にかかるコストなど、できる人とできない人がいるという不公平な状況は、フィリピンでも日本でも同じです。そこで必要となってくるのが公共の政策です。汚染などの環境破壊による被害からすべての人を守るのが「環境正義」であり、公共政策が環境正義を実現することが、誰もが住みやすい社会です。

日本では、食の安全を訴える親たちによるロビー活動など多くの市民が声を上げたことで国内の放射線規制値は妥当なものとなり、流通に対する規制はフクイチの前に比べて信頼性の高いものになりました。

「節電でちょっと暗くなった東京です。渋谷は相変わらずの人ごみでした」darwinfish105 (2011 年)「Slightly darkened streets of Tokyo」のビデオから。
https://www.youtube.com/watch?v=d-ChRZunYaw

フクイチは、誰もが経験したくなかった大事故でしたが、希望の兆しと言える今まで実現できていなかった新たな動きも見えました。例えば、それまで「低炭素のグリーン経済」を呼びかけても、「非現実的」という反応がほとんどでした。しかし、フクイチ後は、その直前まで「無理」だと考えられていた電力消費量の8%減を達成できました。温水洗浄便座、自動販売機、エスカレーター、巨大ディスプレイ、観光地のライトアップなどの電力を省いても大きな問題なく日常を送ることができました。電気の無駄使いはマナーが悪い、自己中心的だと批判されるほどの節電ムードでした。経済は多少停滞したかもしれませんが、機能不全に陥るほどではありませんでした。非常事態において人は、速やかに平常通りの運転から切り替え、必要な努力をしている姿がとても印象的でした。

ただし、そうした柔軟な姿勢は「非常事態である」と認識されたときにのみ発動します。突然の事故、被害が目の前にある場合は「非常事態」として認識されやすいのですが、地球温暖化や環境汚染など、その被害が徐々に深刻化する場合は、そうではありません。アカデミー賞を受賞した『不都合な真実』というドキュメンタリー映画の中で、元米国副大統領のアル・ゴアは、カエルを熱いお湯に入れるとすぐに逃げ出すのに、冷たい水からゆっくり暖められると、熱さに気づかず逃げようとはしないと述べています。人間の一生から見れば温暖化の進行は緩やかに感じられて、自分が生きている間に大きな被害は訪れないだろうという都合の良い思い込みに陥りがちです。しかし、温暖化は危機的状況にあり、どう考えても「非常事態」モードに切り替える必要があります。

私自身もつい最近のあるきっかけでそのことを認識できました。地球温暖化が遠い未来の問題だと考えるのは、大きな誤解です。

学生と一緒に地球温暖化について考える授業で、『Wake Up, Freak Out - then Get a Grip』と題された短いアニメを見せることにしています。タイトルを日本語に訳すと、「目を覚ませ、愕然としろ、そして気持ちを入れ替えて行動しよう」といったところでしょうか。本作は、イギリス人映画プロデューサーであり、アニメーション・アーティストでもあるレオ・マレイが、信頼性の高い調査研究をもとに2007年に制作したもので、日本語版もあります。前半では、ナビゲーターであるキャラクターが、温暖化の科学的なメカニズムと気候の「転換点」について説明します。温暖化があるレベルに達すると、気候が急速に変動し始め、どんな対策もほぼ効果がなくなり、今は保たれている気候のバランスを取り戻すこ

フクイチの直後、多くの企業が「社会的責任」の一環として節電に取り組んだ
青柳武緒@aoyagitakeo(2011)
http://twitter.com/#!/aoyagitakeo から。

☞平常通りの運転（BAU）
温暖化対策を取らず、今まで通りの行いを続けること。→ p. 189参照。

資源エネルギー庁, 2012, 『平成25年度エネルギー白書』概要, p. 17,
http://www.enecho.meti.go.jp/about/whitepaper/2014gaiyou/whitepaper2014pdf_h25_nenji.pdf

デイビス・グッゲンハイム（監督), 2006, 『不都合な真実』

やって来る人は実は環境難民だった

Leo Murray, 2007, 「Wake Up, Freak Out - then Get a Grip」（CCアイコンをクリックすると日本語字幕が表示）
https://vimeo.com/1709110

☞根拠になる研究と情報源は細かく記入されている。
http://wakeupfreakout.org

第 1 部 はじめに

☞ **転換点（気候の）**
状態や方向が変化する転機となるところ、状態や時点。気候科学では、この 1 万 3000 年で比較的に安定した（ヒトの文明を可能にしたと思われる）地球の気候が突然変わる、おそらく不可逆な時点。→ p. 185 参照。

とが不可能に近づきます。現在は、その転換点に近い（または、すでに超えている）可能性があると解説しています。続けて、温暖化が引き起こす社会的な混乱として、異常気象によって不足した資源をめぐる戦争による大量殺戮などが描かれ、人類は破局へと向かうシナリオが紹介されます。そこで突如、ナビゲーターが「だが、まだ望みはある。最悪なシナリオは回避できる。落ち込まずに今行動すれば、間に合う！」と呼びかけ、「まずは消費を抑え、ライフスタイルを変え、変革を阻止する勢力に立ち向かう」ことを勧めます。

2007 年のフィクション
環境難民は船にのって、安全を求めてヨーロッパに向かっています。
Leo Murray（2007）https://vimeo.com/1709110 から。

2011 年の現実：救助艇から撮影された難民ボート
マッシモ・セスティニ撮影
イタリア人写真家のマッシモ・セスティニは、この写真に映っている人々がその後どうなったかを調べ、記録するプロジェクトを展開している。
http://www.massimosestini.it/wru.html

ほぼ毎年このビデオを上映している私は内容をよく理解しているつもりなので、最近はビデオを見るよりも、授業の次の活動を準備したり学生の反応を観察したりしていました。しかし、2015年前期の授業では、ビデオを見ながらなんとも不安な気持ちになりました。環境破壊の最悪のシナリオのうちで環境難民の場面があります。地球温暖化が引き起こす被害と、それを引き起こす戦争から逃れようとする難民たちが、ボートにすし詰めになって、ヨーロッパのメタファーだと思われる高い壁に囲まれた城に向かっています。ナレーションは次の通りです。

☞**環境難民**
砂漠化や干ばつ、度重なる洪水や原発事故による広範囲な放射能汚染などの環境要因によって、本来の居住地からの移住を余儀なくされた人。→ p. 179 参照。

　そうなれば、何億もの人々が新たな土地を探し求めるだろう。でもどこに？　人類は生き延びるだろう。だが、英国をはじめ居住可能な国々は、難民の上陸を拒むことに資源を投資するだろう。温暖化のせいで自国を追われた人々なのに……

　いつもは意識することのなかったアニメーションの場面が、少し前にニュースで見た映像にそっくりだったのです。それは、ヨーロッパに渡ろうとした難民が、船の事故で亡くなったというニュースでした。衝撃的かつ珍しい事件なので、メディアが大きく取り上げるだろうと、ニュースを見たときに思いました。実際に、2014年の時点で2000人以上、2015年の前半だけですでに2300人以上の犠牲者を出している難民危機の象徴的な出来事として報道されていました。2015年に入ってから、内戦や政治的不安定、異常気象などの問題に直面している国々から脱出を試みる人が急速に増えています。アニメーションの中で、小さな船にありえないほどの人が乗っている様子は、見る人にインパクトを与えるためだとずっと思っていました。しかし、実際はアニメーションの描写のほうがむしろ控えめでした。

☞**ニュース性**
記者や通信社などの編集者が世の中の出来事から「ニュースになる」ものを選び、優先度を決めるときに使う基準。→ p. 186 参照。

　なぜ彼らは、命がけでヨーロッパに渡ろうとしているのでしょうか。2015年8月現在、シリアの人口2240万人の約半数が内戦から逃れようとしています。そのうちの760万人がシリア国内で、408万9000人が国境を越えて避難しようとしています。内戦の主な原因は、政治的かつ宗教的な背景があるとされていますが、それらは以前からある問題です。ではなぜ、このタイミングで内戦が起きたのでしょう。

　このことについて、温暖化が経済の悪化と政治の不安定化を招いたのだと、米国科学アカデミー紀要に掲載された学術論文の中で指摘しています。北シリアはもともと農業が盛んな地域でした。しか

☞UNHCR, 2015,「プレスリリース シリア難民400万人を突破」, http://unhcr.org/4million/

☞Kelley, Colin P. et al., 2014, "Climate change in the Fertile Crescent and implications of the recent Syrian drought," *Proceedings of the National Academy of Sciences*, http://www.pnas.org/content/112/11/3241.full.pdf

📄 Our World, 国連大学ウェブマガジン, ジェイコブ・パーク, 2011,「環境移民・数の問題ではない」, http://ourworld.unu.edu/jp/environmental-migrants-more-than-numbers

📄 Sheppard, Kate, 2015, 遠藤康子, 合原弘子／ガリレオ訳,「シリア内戦の原因は気候変動？ 最新の研究結果」, *Huffington Post*, http://www.huffingtonpost.jp/2015/03/04/climate-change-fuel-the-syrian-conflict_n_6797512.html

☞ US Department of Defense, 2014, *Quadrennial Defense Review*, http://archive.defense.gov/pubs/2014_Quadrennial_Defense_Review.pdf

し、温暖化を背景に、2006年から2009年にかけて記録的な干ばつに見舞われます。農作物で収入を得ることができなくなった農業者が、仕事を求めて都市に大量に流入し、物価高騰を招きました。シリア国内における移民の急増と物価上昇に有効な手立てを打つことができなかったアサド政権には、批判の声が高まりました。そうした混乱は、以前から中東にイスラム国家を設立したいと目論んでいたグループにとって、願ってもないチャンスであったと分析しています。同研究チームがシリア危機の社会的・政治的・環境的な問題に温暖化が加担していることを明らかにしています。

　さきほど紹介したフィリピンの島の場合も、巨大台風や海面上昇といった温暖化の関連現象が、ビーチ周辺の無責任な建築工事、生活汚水や漁業による珊瑚の破壊などの既存の問題の被害を増幅させています。米国防総省は、地球温暖化を世界各地の政治的な不安を高める要因の一つであるとみなしており、「脅威を増大する要素」(threat multiplier)と呼んでいます。今シリアで起きていることは、気候学者や国家安全保障の専門家が以前から警告していた「温暖化戦争」の初めての事例といえるかもしれません。

　ところで、難民がヨーロッパにやってくる手段は、船だけではありません。この章を書いているまさにその日、オーストリアでトラックの中から71人の腐乱死体が発見されました。ホラー映画さながらの光景ですが、中東からの難民が冷蔵車で移動中に窒息死し、そのまま高速道路に放置されたと考えられています。亡くなった人の中には、家族全員で脱出するお金がなかったために、子どもだけでも安全なヨーロッパへと車に乗せられた子や、すでにドイツなどに移民している家族と再会するためにやってきた人たちが含まれていたそうです。私は、ヨーロッパの国々はこのような悲劇の再発防止に乗り出すだろうと思っていました。ところが、それよりもどうにかして難民の流入をストップしたい、という思いが先行しているようです。ドイツやスウェーデンのように、難民受け入れに前向きな国もあります。個人や団体で難民を受け入れたり、難民への支援を訴えるデモに参加するヨーロッパ人も少なくありません。一方で、異なる宗教や文化をもつ人たちを一度に大量に受け入れると困るという声は、政治家や市民の間でも日に日に大きくなっています。一筋縄ではいかない問題であることは間違いありません。しかし、このような非常事態においては、平常通りの運転を続けることはできないという認識が必要でしょう。

今のところ、すし詰めの難民ボートを誰かが銃で狙っているという、アニメで描いている最悪のシナリオのシーンは現実になっていないようです。しかし、海での溺死や車の荷台で窒息死するような顛末は、難民にとってみればどれも心穏やかではありません。2015年の現実は、8年前のフィクションよりも衝撃的です。

太平洋に浮かぶ島国、キリバス共和国出身の男性が、世界初の「温暖化難民」としてニュージーランド政府に難民申請を行いました。地球規模の温暖化により異常気象や海面上昇がもたらされ、さらには地域特有の環境破壊によって住む場所を失い、子どもの安全を確保することができないというのが申請理由です。この訴えは、「迫害を受ける十分な恐れがあることを立証する必要がある」という理由から、2015年7月にニュージーランドの最高裁で却下されました。現時点で「環境難民」を認定している国はなく、環境難民の存在は国際法にも言及されていません。しかし、未発達な法整備を横目に、2015年は「環境難民元年」といっても過言ではないほど歴史的に激動の年になっています。

☞ 環境難民
砂漠化や干ばつ、度重なる洪水や原発事故による広範囲な放射能汚染などの環境要因によって、本来の居住地からの移住を余儀なくされた人。
→ p. 179 参照。

産経ニュース, 2015,「『気候変動難民』申請を却下：キリバス男性にＮＺ最高裁」, http://www.sankei.com/world/print/150721/wor1507210030-c.html

以上述べたような経験を、英語で Oh Shit! Moment と言います。問題を目の前にして「もうだめだ！」と実感する瞬間を表す言葉です。アメリカの温暖化対策を求める運動の中心人物、ビル・マッキベンはこう述べています。

非常事態を認めて、「平常な運転」をやめる

　我々が祖先から引き継いだ地球、人類が進化を遂げてきた地球、文明が芽生えた地球はもう終わりました。我々が生きているのは、別の新しい惑星です。

マッキベンは、その惑星に「地球」を意味する earth に a の一文字を加えて、eaarth という名前をつけました。日本語にすると「地救急」（emergency earth）といったところでしょうか。この惑星では、私が子どもの頃に経験した自然や両親がカメラに収めた美しい海も、大きく姿を変えてしまっています。私の子どもや、まだ見ぬ孫たち、大学で出会う若者たちに残されているのは「地救急」しかありません。Oh Shit!

このような温暖化の事実を受け入れれば、誰もが意気消沈するでしょう。ただし、それは悪いことではありません。反対に、温暖化問題に関していったん絶望するからこそ、合理的に希望をもつことができるようになります。環境倫理学者であるクライブ・ハミルトンは次のように説明しています。

☞ McKibben, Bill, 2011, eaarth, New York: St. Martin's Griffin

第1部　はじめに

☞Hamilton, Clive, 2010, "Are we all climate deniers?," *Earthscan blog*, http://www.earthscan.co.uk/blog/post/Are-we-all-climate-deniers.asp

☞Hamilton, Clive, 2010, *Requiem for a Species*, London: earthscan.

　人間などの動物は、危険や悲しい事実に直面するとストレス反応を起こします。しかし、長期的なストレスは健康への被害を引き起こすので、過労、虐待などの被害者はストレスから自分を守るために「対処行動」（coping strategy）をとります。これは基本的には健全なメカニズムですが、対応可能な問題や危険を否定するなどの行動は、逆にダメージを拡大する恐れがあり、「不適切な対処行動」（maladaptive coping strategy）と呼ばれます。問題に取り組むのではなく、ただ黙殺するということです。

　たとえて言うなら、津波の予報を聞いた時点で、逃げれば間に合うにもかかわらず、「仕方がない」と諦めることや「大丈夫だろう」と逃げずにいることは「不適切な対処行動」と言えます。実は、スローモーションで押し寄せる温暖化の「津波」に対する私たちの行動にも、同じことが言えます。

　ハミルトンが言うように、温暖化は恐ろしく、非常にストレスフルな問題です。しかし、問題を否定したり、過小評価したり、別のことで気を紛らわせたり、ポジティブな側面を見出そうとすることは、短期的なストレスを減らしながら、後に大きな危機を引き起こすのです。「あまり大きな問題ではない」「グリーンランドで農業ができるようになるから大丈夫」「未来の科学技術で解決できる」といった考え方をハミルトンは「非合理的な希望」と呼びます。なお、「誰かが解決してくれる」「後で対応しよう」「自分にできるのは電球を変えることぐらい」「他の国の責任だ」というように責任を回避したり、「今のうちに楽しもう」と現実逃避することや「しょうがない」「もう遅い」といったあきらめなども、「不適切」であるのに、こうして問題を棚上げし続けるのは、人類にとって、どう考えても不健全です。

　多くの人が温暖化は脅威であるとわかっているのに、平常通りの運転を続けるのはなぜかという疑問は、ハミルトンの指摘によって解けました。自分をストレスから守るために問題を直視せず、その結果温暖化対策への取り組みが遅れています。ハミルトンやマッキベンらは、危機をしっかりと把握し、自分ができることを見つけて、本格的に向き合うべきだと呼びかけています。自分のことを無力な被害者、または、無関係だと考えるのではなく、物語の当事者としての自分の力に気づくことが大切です。そのためには、まずより多くの人が Oh Shit! と感じる必要があるとハミルトンは言います。このまま放っておいて温暖化がなんとかなることはありません。非合理的な希望や無力感と決別すれば、実現可能な希望（ビジョン）に向かって進むことができます。そうすれば、最悪のシナ

▫ナショナルジオグラフィック, 2015,『2015年11月号 気候変動大特集 地球を冷やせ！』日経ナショナルジオグラフィック社

▫ニュートン別冊, 2010,『地球温暖化 改訂版』ニュートンプレス

リオを防ぐことができるはずです。

　授業でハミルトンの主張について議論すると、学生から「でも……」という声が聞こえてきます。そして、「過剰に反応することも不適切ではないか？」「温暖化対策にはお金がかかる。まずは温暖化の原因が本当に人間活動であるかどうかを証明するべき」などの意見がでます。ハミルトンは温暖化が危険である（だから黙殺ではなく、対処が必要な）ことを前提にしていますが、その前提の根拠が必要だとする論理的かつ鋭い指摘だと思います。

　では、温暖化が本当に起きていること、そして、その原因が大量の化石燃料の焼却をはじめとする人間活動に起因していると、どこまで断定できるのでしょうか？

　私はこの疑問への答えの一つとして、以下の事実を紹介します。97%以上の気候学者、そして世界各地の科学学会、研究機関や国連の気候変動パネル（IPCC）が、温暖化は実際に起きていて、その原因は人間活動であり、対策を急ぐ必要があると考えています。残りの3%以下の学者たちも、温暖化の進行自体は否定しないものの、その原因が人間活動であるとは断定できないということのようです。私がこのように説明すると、ほとんどの学生は温暖化は黙殺してはならない問題であると納得します。

　まれにですが、それでも疑問を抱き続ける人がいます。インターネットや一般書籍では様々な情報が流布しており、「世の中で言われていることは嘘である」と主張することで、注目を集めようとする人もいます。対立や新しいものを好むマスコミが、門外漢の研究

▢ IPCC編集，文部科学省経済産業省気象庁環境省訳，2009，『IPCC地球温暖化第四次レポート——気候変動2007』中央法規出版

☞ IPCC
（気候変動に関する政府間パネル）国連の温暖化に関する研究機関。1000人以上の世界各地の研究者が5～7年ごとに気候科学の巨大な文献レビューをまとめた報告書を報告する。政策提言等を行うことはないが、大きな影響力をもつ。→ p.173参照。

☞ NASA, 2016, "Scientific Consensus: Earth's climate is warming"
http://climate.nasa.gov/scientific-consensus/

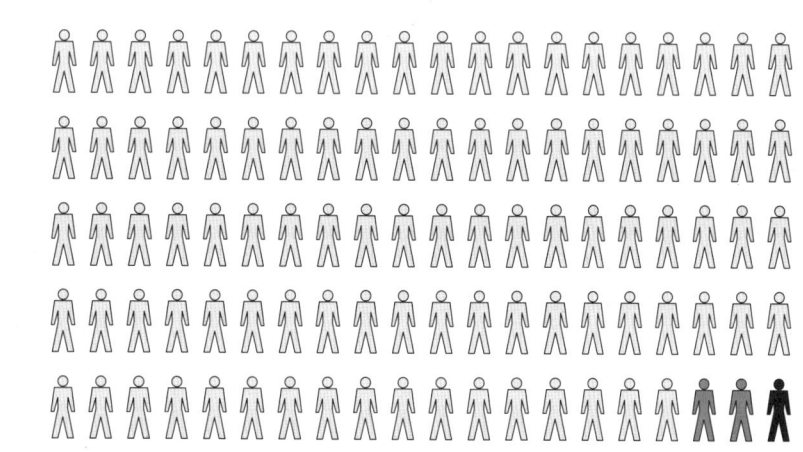

100人中97人の現役気候科学者が、地球温暖化の原因は人間活動であると考えている。NASAのブログ、http://climate.nasa.gov/blog/938 から。

> ☞ **温暖化否定キャンペーン**
> 温暖化の現象またはその原因に「疑問」を投げかける米国の石油会社が1980年代に始めたキャンペーン。シンクタンクや政治家のネットワークを通して、いわゆる「懐疑論」の普及に働きかけ、偽情報やメディア操作を通じて、主に英語文化圏の温暖化対策を遅らせた。→ p. 176 参照。

> ☞ **ニュース性**
> 記者や通信社などの編集者が世の中の出来事から「ニュースになる」ものを選び、優先度を決めるときに使う基準。→ p. 186 参照。

> ☞ 原発推進により一定の温暖化対策を取っている国がある一方で、日本は温暖化を加速させる火力とともに原発を推進してきた。平田仁子, 2015,「日本の気候変動政策の行方？石炭火力建設計画が急増する昨今の奇妙さ」, *Energy Democracy* http://www.energy-democracy.jp/901#more-901 を参照。

> ☞ **デマ、プロパガンダ、偽情報**
> いずれも注意するべき情報や論じ方。意図的に広められる虚偽もしくは不正確またはねじまげられた情報。自分の都合の悪い事実を隠したり、人を混乱させたり、間違った知識を植え付けることが目的。→ p. 185 参照。

> ☞ **リスク**
> 行動する、または行動しないことにより被る損害の可能性、および危険にさらされる可能性。→ p. 190 参照。

者を「反論する学者」としてクローズアップすることもあります。なお、英語圏で行われている温暖化否定キャンペーンの影響は日本にも及んでいます。さらに、日本の政府は温暖化を原子力発電の推進に利用してきたことから、原子力発電に反対する人々の中には、温暖化の話に対するアレルギーをもつ人もいます。私は授業でそれらによって起こった混乱を、様々な主張と情報、デマ、プロパガンダそして偽情報の中から正しい情報を見分けることを学ぶ機会にしています。

とはいえ、いつまでも地球温暖化の科学的事実について議論し続ける必要はありません。対策を取るべきか否か、その点に判断を下すことができたら、それでよいのです。

気候学者が正しいかどうか確定できなくても、温暖化対策の必要性の有無を判断する方法を紹介します。温暖化対策が必要なのか疑問に思ったり迷ったとき、この方法で対応できます。

不確定なリスクへの適切な対応を判断するために、主な出来事と対応の選択肢をリストアップ。各選択肢を選択した場合の顛末を想像してみます（表1）。

地球温暖化による被害に関して、科学的な予想は存在しますが、実際の被害の深刻さは後にならなければわかりません。しかし、被害が出てからの行動では間に合いません。表1の各シナリオはあくまで想像上のものです。対策を取るかどうかの縦欄の選択肢が存在しています。ただし、横欄の温暖化の現実はコントロールできず、結果は宝くじのように自動的に決められてしまいます。なので、少なくとも各選択肢のメリットとデメリットは前もって把握しておきたいところです。

まずは、対策に必要なコストに注目し、対策を取らない場合、どんな結果が訪れるか想像してみます。シナリオ1では、気候学者が警告したような被害は出なかったので、対策を取らなくてもよかったことになります。一方、学者の主張が正しかった場合（シナリオ2）、文明を揺るがすような被害が予想されます。かなりのギャンブルですね。

では、対策を取ることを選択した場合はどうでしょうか。予想された被害が出なかった場合（シナリオ3）、「温暖化対策」としては不要だったかもしれませんが、化石燃料の使用を抑えた結果、経済や健康への被害を引き起こす大気汚染を減らすことができました。さらに、石油や石炭資源が少ない、エネルギー自給率が低い国にとっては、早期に再生可能なエネルギーにシフトできて有利でしょう。当初は支出が必要で、負担だったかもしれませんが、中期的に

	対策を取らなかった場合	対策を取った場合
温暖化は実際に…	**シナリオ 1**	**シナリオ 3**
大きな被害を起こさない問題だった	☺ 平常通りの運転で楽 ☹ 大気汚染による被害に別の対策が必要	☹ 短期的な対策コストがかかる ☺ 大気汚染対策になった ☺ 新エネルギー技術の開発を促進した
	シナリオ 2	**シナリオ 4**
大きな被害を起こす問題だった	☹☹☹ +4.8℃など、地球的規模のホラー・シナリオ （結局、平常通りの運転も維持できない）	☺ 被害コスト節約 ☺ 長期的な経済の安定を守れた ☺ 温度上昇2℃以内で文明を救う

表1 温暖化対策の有無により発生するリスクのマトリックス
温暖化の実際の深刻さに関わらず、対策を取ることが正しい選択であることがわかる。
Greg Craiven, 2007,「The Most Terrifying Video You'll Ever See」
https://www.youtube.com/watch?v=zORv8wwiadQ を参考に著者作成。

良い結果につながっています。

　最後のシナリオは、科学者の言う通り、温暖化は危機的でしたが、適切な対策を講じたことによって悪夢・シナリオを防ぐことができた場合です。なにより、人類の文明を救うことができたことは良い結果と言えます。加えて、自給率や汚染対策に関するメリットが生じます。

　つまり、様々なリスクを検証した結果、いずれにしても対策を取ったほうがよい、という結論に至ります。一部のメディアやネット上で「温暖化対策は本当に必要か」が議論されていますが、議論に夢中になって、対策を講じずにいると、意図せずして「最悪のシナリオ」を招くリスクを負ってしまうのです。以上のようにリスクを整理して考えれば、そのリスクを把握できます。

　フクイチ直後、もし私がこの方法を知っていれば、自分の選択に自信をもって、より早く行動できていたと思います。

📖 Craiven, Greg, 2009, *What's the Worst That Could Happen?*, New York: Perigee Books

📖 IPCC, 2014,"Summary for Policymakers", *Climate Change 2014: Mitigation of Climate Change*, http://mitigation2014.org/report/summary-for-policy-makers

3. 温暖化対策は意外と簡単?!

温暖化対策は経済を救う

☞UNEP, 2014, *Year Book 2014 Emerging Issues Update: Air Pollution*, http://www.unep.org/yearbook/2014/, p.43

☞京都新聞, 2013,「世界の環境破壊被害 715 兆円 石炭火力の影響最大」http://www.kyoto-np.co.jp/top/article/20130427000031

☞環境省, 2008,「スターン・レビュー」https://www.env.go.jp/earth/report/h19-01/08_ref06.pdf

☞気候ネットワーク, 2015,『日本の温室効果ガス排出の実態 2012 年度データ分析』http://www.kikonet.org/info/press-release/2015-10-19/analysis-on-ghg-emissions-2012

☞「経済が成長すると必ずいくつかの産業は衰退します。しかし衰えた産業は、しばしば政治的に強い力を保ち続けます。そうした産業の利益を守ることは当産業関係者には有利かもしれないが、全体の成長に被害を与えるものになります。」Hatta, Tatsuo and Shiro Saito, 2014, "No Need to Fear a Fall in Population", *Japan Policy Forum*, http://www.japanpolicyforum.jp/archives/economy/ pt20141030182705.html から。

☞**短期主義**
短期的な利益や目標達成などを優先する運営や行動。中期的および長期的な安定を視野に入れないこと。持続可能性がない運営や行動。将来に関する想像力を麻痺させた考え方。
→ p. 184 参照。

「環境に良い政策は、経済にも良い」というのは、21 世紀の常識です。それは、環境対策を取ったほうが、取らないよりコストが低いからです。例えば、国連機関 UNEP の調査では、化石燃料が主な原因である環境破壊の経済的被害は、世界の GDP 総額の約 4% 以上とされ、有効な対策の経済性が高いと述べています。事例として、火力発電所などの排出を規制する米国の大気汚染防止法の経済的利益がコストの 90 倍であることなどを挙げています。16 万人以上の大気汚染による寿命の短縮が防止され、医療コストや労働力減少による経済損失などを大幅に削減できた法律とされます。なお、早めの温暖化対策（2020 年まで）により、世界の GDP 総額の約 2% 以下のコストで、温暖化による被害のコストを大きく削減できるとイギリス政府調査「スターン・レビュー」が指摘します。つまり、化石燃料の温室効果ガスなどの排出の規制が経済全体にプラスになることが明確です。しかし、排出量が多い経済セクター（日本では火力発電所、鉄鋼業、セメント製造等）は GDP への直接的な貢献は大きくないにも関わらず（気候ネットワークの調査）メディアや政治への影響が大きいと言えます。海外では、その対策に反対するセクターが温室効果ガスの排出量の少ないサービス業界、再生可能エネルギー業界や温暖化に被害を受けている観光業界に叩かれている様子も見られますが、日本に業界間の切磋琢磨による温暖化対策への貢献を期待したいところです。

温暖化対策の必要性は認めるものの、その実効性に疑問を持つ人がいるかもしれません。しかし、対策は意外と簡単です。化石燃料の大半を地中に埋めたままにしておくことは基礎です。そのために、多くの研究者や研究機関などから、現実的かつ効率の良い提案がなされています。

国際エネルギー機構（IEA）は、2℃ 未満の目標を達成するための 4 つのエネルギー政策を報告しています。それは、エネルギー使用の効率を高め、石炭発電所を厳しく制限し、石油と天然ガスのパイプラインの修理などによってメタン排出量を削減し、さらには、税金による化石燃料への補助の一部を廃止するというものです。4 つの政策を実施することにより、2020 年の温室効果ガス排出

量を、実施しない場合に見込まれる基準より、8%（CO$_2$換算で31億トン）削減することができます。それは、気温上昇を2℃未満に抑えるという目標値の80%にあたります。

本政策の大きなポイントは、経済的な負担ゼロで実現できることです。さらに、それぞれが対策を講じることで、エネルギー自給率は向上し、経済成長は促進され、大気汚染対策にもなるとされています。IEAのメンバーであり、化石燃料への依存を問題視してきた日本にとっては特に有効な提案です。

国際機関であるうえ、根拠となる充分なデータを提示しつつ、実現の可能性と実効性に富んだ提案であると言えます。このように、ほんの少し平常通りの運転の方向を転換するだけで2℃未満が可能であることがわかります。

国際エネルギー機関（IEA）が提案する経済への負担なしでできる対策
IEA (2013) *Redrawing the Energy-Climate Map*
www.worldenergyoutlook.org/energyclimatemap
をもとに著者作成

また、地球政策研究所長のレスター・R・ブラウンは文明破壊をもたらす平常の運転優先の「プランA」の代案となる、「プランB」を長年にわたり研究してきました。数ある著書や報告書では、希望的な温暖化対策が紹介されています。IEAと同様、世界規模での「再生可能エネルギーへの乗り換え」を重視していますが、加えて、貧困対策としての世界人口増の抑制と植林も勧めています。ブラウンの研究フィールドは米国中心のため、日本についての言及は少ないのですが、2012年の「KYOTO地球環境の殿堂」表彰式の関連イベントで講演することを知り、私も参加してみることにしました。そこでは、フクイチ後の日本は、エネルギー政策を転換させるポテンシャルがあると、希望をもって語っていました。節電やエネルギー効率の向上など、今後のエネルギー政策に大きな可能性を見出すことができると強調していました。日本が得意とする再生可能エネルギーである温泉発電、地熱発電、太陽光発電、風力発電を推し進めることで、20世紀には資源が少ないと言われていた日本が、21世紀には100%以上のエネルギー自給率を達成することが可能であるという、アースポリシー研究所の研究調査も紹介していました。

再生可能エネルギーへの乗り換えは、近年、世界各地で実現されています。デンマークは、2050年までに温暖化効果ガス排出ゼロ経済を実現することを目標に、エネルギーの脱火力を掲げ、国内で使用される車を電気自動車にシフトさせようとしています。

☞ナショナルジオグラフィック日本版サイト, 2013,「IEA、CO$_2$排出削減の鈍化に警鐘」
http://natgeo.nikkeibp.co.jp/nng/article/news/14/8067/

☞レスター・R・ブラウン著, 2010 [2009],『プランB 4.0: 人類文明を救うために』ワールドウォッチジャパン

☞レスター・R・ブラウン他著, 枝廣淳子訳, [2015] 2015,『大転換―新しいエネルギー経済のかたち』岩波書店

☞Earth Policy Institute（地球政策研究所）
http://www.earth-policy.org/

☞World Watch ジャパン（地球政策研究所の出版物などのサイト）
http://worldwatch-japan.org/index.html

ブラウンは2015年に81歳で現役研究者を引退し、アースポリシー研究所も閉鎖されましたが、今後の環境政策への取り組みに重要な指摘を残しました。彼のプランBは化石燃料に依存する20世紀型の経済から脱出するため、IEA案より前向きに思えます。2050年までに脱化石燃料を実現していなければならないことを認知したうえで、慌てずに、計画的に達成できる案です。

温暖化対策は社会を救う

☞リスク
行動する、または行動しないことにより被る損害の可能性、および危険にさらされる可能性。→ p. 190参照。

📖 Beck, Ulrich, 2014, "How Climate Change Might Save the World" *Development and Society*, 43: 2, 169-183

📖 Klein, Naomi, 2014, *This Changes Everything: Capitalism vs. The Climate*, New York: Simon + Schuster
（日本語訳は2016年出版予定）

☞Goldenberg, Suzanne, 2013, "Just 90 companies caused two-thirds of man-made global warming emissions" *Guardian Online*, http://gu.com/p/3kgnx/sbl

☞Oxfam, 2015, "Wealth: Having it all and wanting more," http://www.oxfamamerica.org/static/media/files/Wealth_Having_it_all_and_wanting_more.pdf

☞環境正義
環境保全と社会的正義の同時追及の必要性を示す概念。環境に対する利益と負担の不公平な配分を是正し、すべての人々に良好な環境を享受する権利の保障を求める環境正義運動を発端に理論化された。→ p. 178参照。

　これまで紹介してきたのは、経済を軸に考えた場合の取り組みですが、このほか、経済と社会の関係を軸に考えた提案も出ています。1980年代から「リスク社会」理論を発展させてきたドイツ人社会学者ウルリッヒ・ベックは、「地球温暖化は我々を救う」と述べています。この逆説的なメッセージは、温暖化対策の必要に迫られて、人々が新しい経済と社会を創出するだろうという発想です。地球温暖化による危機を、より良い社会を実現する機会にできるというのがベックの考え方です。

　さらに、2000年代のグローバリゼーションをめぐる国際的な社会運動の一端を担ったジャーナリストのナオミ・クラインは、「climate change can change us（地球温暖化がすべてを変えていく）」と述べています。我々は、今まで何とかして先延ばしできた経済格差などの社会問題が温暖化により拡大し、何らかの対策を取らざるを得ない状況にあります。クラインが述べる提案は、経済成長を持続させる方策ではなく、そもそもこの状況をもたらした経済制度を問い直すことから始まります。

　例えば、クラインは、環境破壊で利益を得る人とコストを負担する人が別であることを指摘しています。米国の環境学者のリチャード・ヒードも言うように、異常気象や海面上昇の被害者は無数だが、それらを引き起こす化石燃料企業の役員などは「バス1〜2台に乗せられるほどの人数」です。クラインやカリングトンらは、世界人口の1%の富裕層を儲けさせるために、残りの99%の人たちが犠牲になっている現在の経済および政治制度を根本的に作り直す必要があると批判しています。それは、本当の意味での温暖化対策は社会の不平等をなくし、人間と他の生き物の共生を実現し、民主主義を再生するもので、環境正義をもとにした「もう一つの世界が可能である」という考え方です。

　このコンセプトを実現するために、クラインらは奴隷制度廃止運動、女性参政権運動、アフリカ系アメリカ人の公民権運動など、社会変革を求めた前例を挙げています。また、一握りの人たちの利益

追求を目的とした大型ダムや発電所開発への反対運動に端を発した、自分の文化を守り、コミュニティの再生をもたらす事例も紹介しています。なかでもアメリカ大陸の先住民族は、植民地化、大虐殺、環境破壊などの多くの危機を生き抜き、自分の文化を少しでも保存、そして再生するための経験が豊富です。世界各地の環境運動を取材しているポール・ホーケンが出会った多くの教育者、研究者、アーティストや社会運動に関わる人々も、困難な状況だからこそ生まれる可能性について、持続可能な社会実現への希望的なエピソードを語っています。

　日本にも、民主主義を再生し、持続可能な社会への取り組みが存在しています。例えば、1992年以降、地球温暖化対策や原発政策の対案として、市民によるエネルギー自給の意識が高まり、太陽光パネルを使った自宅での発電や共同出資による市民発電所など、小規模ながら明るい未来を予感させる取り組みが始まりました。東京にある「足温ネット」は2015年の夏、中古の太陽光パネルを利用して事務所のオフグリットに成功しました。もともと電気もガスもない空き家で昼間だけ活動していたのですが、今ではCDプレーヤーで音楽を聴き、パソコンとプロジェクターを使ったプレゼンも可能になりました。このように日本でも、モノによる「豊かさ」ではなく、人と人とのつながりや生き物との共生、自然との調和による「幸せ」を求めて活動する事業や社会実験が多数行われています。持続可能な社会の小さなモデルは世界各地にあるのです。

　クラインは「ウォール街を占拠せよ」（Occupy Wallstreet）の運動に関わる若者たちに向かってこう言いました。

　私がこの集まりで見た数多くのバナーや看板のなかで一番印象に残ったのは、「私はあなたを大切にしています」というもので

☞浅岡美恵編，2009，『世界の地球温暖化対策──再生可能エネルギーと排出量取引』学芸出版社

☞ポール・ホーケン著，坂本啓一訳，[2007] 2009，『祝福を受けた不安──サステナビリティ革命の可能性』バジリコ

☞脇阪紀行，2012，『欧州のエネルギーシフト』岩波書店

☞気候ネットワーク編，2009，『よくわかる地球温暖化問題』中央法規出版

☞和田武，田浦健朗，豊田陽介，伊東真吾，2014，『市民・地域共同発電所のつくり方』かもがわ出版

☞太陽光発電ネットワーク（PVネット）
http://www.greenenergy.jp/

☞足元から地球温暖化を考える市民ネットえどがわ（足温ネット）
http://www.sokuon-net.org/

☞スロー
速度中毒の文化に対抗し、ゆっくりしたペースを大切にする生き方、経済、教育、デザイン、食べ物との関わり方など。それを実現するための思想、実践やそれを広めるための活動。社会運動。→ p.183参照。

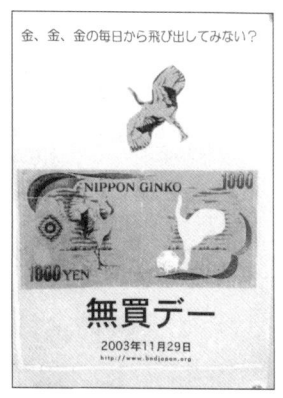

無買デージャパンのキャンペーンポスター　http://bndjapan.org

☞Klein, Naomi, 2011, "The fight against climate change is down to us--the 99%," Guardian Blog, www.theguardian.com/commentisfree/2011/oct/07/fight-climate-change-99

📄ナオミ・クライン, 2015,「今そこにある明白な危機」,『世界』2015年2月号, pp. 65-73

温暖化対策は私たちの財布と健康を救う

☞AFPニュース, 2013,「地球温暖化ガスの14.5％、家畜に由来 FAO報告書」http://www.afpbb.com/articles/-/3000579

☞**グリーンコンシューマー**
環境に配慮して購買決定を行う消費者。→ p. 180参照。

☞ジョン・ロビンズ著, 高橋則明訳, [2006] 2006,『100歳まで元気に生きる！』アスペクト

☞フランシス・ムア・ラッペ著, 奥沢喜久栄訳, [1971] 1982,『小さな惑星の緑の食卓―現代人のライフスタイルをかえる新食物読本』講談社

☞**足跡**
温室効果ガス排出、ゴミ、鉱山、水や土の消費や汚染など、自然環境に与える負荷を面積で表す指標。これにより、現代のほぼすべての行動や事業が資源を消費し、ゴミを出す仕組みだとわかる。→ p. 174参照。

す。今の社会は「人と目を合わさないように」と子どもに教えていて、「あなたが死んでも私は気にしない」という考え方さえ浸透していますが、このメッセージは、それらに対抗した、とても貴重な考え方だと思いました。

クラインらが語るのは「平常通りの運転」に比べてはるかに良心的で、未来志向の強い、オルタナティブ（より良い新たな選択肢）を提案する将来像です。

ここまで、政治、経済、社会運動にまつわる側面を紹介してきましたが、個人にできる対策は何でしょうか。ここでは、「今すぐ自分に実現できることは必ずある」という前提で話を進めていきます。環境問題への取り組みといっても、それほど難しく考える必要はありません。節電、肉食を減らす、マイカーの使用を抑えるなど、消費行動や生活習慣を変えるだけでも、とても有効な対策になるからです。しかも、「誰にもできる温暖化対策」は環境に優しいだけでなく、個人にも様々な利益をもたらします。

例えば、体重を気にしている人には「環境ダイエット」を推奨します。エレベーターの代わりに階段を使い、動物性たんぱく質の代わりに植物性たんぱく質を摂取し、冬の寒さと夏の暑さを少しだけ我慢してよく歩くことを実践すれば、ダイエット効果が期待できます。おまけに癌や心臓病などのリスクが軽減できます。

家計を節約したいと考えている人には「家計費ダイエット」は悪くない方法です。家電製品を省エネ対応にしたり、日頃の電気の無駄遣いを改めることで電気の使用量を減らし、基本料金を1ランク下げれば、毎月の電気代を減らすことができます。また、食生活を肉中心から野菜中心にして、調理と片付けも軽減すると、ガスや水道の使用量を削減することができます。また、通勤やレジャーには可能な限り公共の交通機関を使い、休暇はあまり遠くない海や山に出かけるようにします。こうした試みがどの程度の効果を生むかについては、すでに行政、個人、市民グループなどが独自の試算結果を公表しています。

仕事と家庭をバランスよくしたい人は、自分なりの家族計画を立てるとよいでしょう。まず、生む義務などは存在しないこと、そして妊娠、出産や子育てが本人たちの選択であることが前提です。そのうえで、やはり子育てをしたいと考えたとき、例えば里親制度を利用することや、子どもを生むならば一人程度にするなど、様々なオプションを検討すると自分の生活の質を高めることにつながるで

しょう。ちなみに、友だちが少ない、社会性が低いなど、一人っ子にまつわる否定的な言説には科学的根拠がありません。1980年代から行われてきた社会調査の多くは、一人っ子のほうが親の注目と教育費などを独占できるため、知性が高く、学業成績も良く、自己肯定感が高いと報告しています。一人っ子の母親は、複数の子どもをもつ母親に比べて、自分を「幸せ」と考えている率が高いという結果もあるほどです。

また、子どもをもたないことは、持続可能な社会への大きな貢献になります。例えば、米国最大の環境団体 Nature Conservancy は、米国で生まれ育つ子どもとその子孫が引き起こす CO_2 排出量は平均9441トンであるとしています。それに対して、節電などで努力して削減できる排出量は最大388トン程度のものです。自分なりの「少子化計画」が環境への負担（足跡）の観点からも、自分のワークライフバランスからも良い選択肢であることがわかります。

日本を含め多くの先進国が少子化を問題視し、その対策に力を入れてきました。しかし、少子化対策に成功した例は少なく、コストの観点からも評価しにくく、近年になって対策をあきらめるケースが増えています。そもそも、人口と経済成長の間に直接的な因果関係はないことから、少子化対策は不要であると指摘する経済学者もいます。平和で安定した社会の経済成長には、少ない人口で生産力を向上させることと、化石燃料などの未来性のない経済セクターの支援を止める政策が効果的であるという指摘です。つまり、少子化は温暖化をはじめ、多くの環境、食料、経済などの諸問題の解決につながるという見方が支持を集めています。少子化を肯定的な状況として見直す動きがあります。

人口問題への取り組みと聞くと、最近まで中国が実施していた、人権侵害にもつながりかねない「一人っ子政策」を思い起こすかもしれません。それと違った、個人の選択を前提にした、しかも効果的な人口政策は、女子への教育普及、女性の経済力向上、家族計画へのアクセス（参加と決定）の促進です。女性の社会的地位の向上が、ひいては経済発展および環境問題の解決に貢献すると示す研究を受けて、多くの開発機関はこうした試みの普及に力を入れています。少子化を環境および女性（ジェンダー）の観点から「望ましい現象」として捉え直し、日本の現状を開発問題の解決モデルとして世界に発信できれば、持続的な国際社会への貢献になるでしょう。

Sandler, Lauren, 2013, "Only Children: Lonely and Selfish?" *International New York Times* http://nyti.ms/17ZyN8f

☞Nature Conservancy http://blog.nature.org/conservancy/2009/03/11/children-and-carbon-legacy-population-eco-hero-carbon-emissions/

McKibben, Bill, 1999, *Maybe One*, New York: Plume

☞吉川洋, 2011, 「少子高齢化と経済成長」, *RIETI Policy Discussion Paper Series*, http://www.rieti.go.jp/jp/publications/pdp/11p006.pdf

☞Hatta, Tatsuo and Shiro Saito, 2014, "No Need to Fear a Fall in Population", Japan Policy Forum, http://www.japanpolicyforum.jp/archives/economy/pt20141030182705.html

4. 自分にできること（とそうではないこと）

デフォルトを変えれば、みんなエコなライフ

「自分にできる」温暖化対策の実施は重要です。ただし、エコなライフスタイルばかりを重視するキャンペーンには、化石燃料で儲けている企業にとって都合の良い側面があります。それは、個人の消費行動に注目させて、企業の責任を曖昧にしようとしているからです。クラインらによると、環境を破壊しながら利益をあげている企業にとって、その利益を独占しつつ、そのコストと解決責任を市民全員に分担してもらうのは理想です。しかし、家庭から出ているCO_2排出量が世界総合量の7%で、それをゼロにできたとしても、解決にならないことがわかります。世界のCO_2排出量の大半は約90社の大手企業（化石燃料、セメント、化学）の責任である現状において、"マイ箸持参"のような一人ひとりのライフスタイルの変更で世界を救うというメッセージはハミルトンがいうような「非合理的な希望」を売り込むプロパガンダです。

さらに、個人の消費者を啓蒙して良心や道徳に訴えること、エコを趣味として宣伝するキャンペーンは、行動に直接的な影響を与えることはほとんどありません。一方、環境に優しい行動を「基準化」する仕組みは有効です。

例えば、リサイクル率が高い町の市民が、環境に関心が高いかというと、そうとも限りません。リサイクルがしやすい、「みんなやっている」という枠組みが鍵を握っています。レジ袋を有料化するのも効果的であることも研究からわかっています。

イギリスやベルギーのゲント市では、「肉なしDAY」が実施されています。イギリスでは、環境団体が著名人と協力して、毎週一回、学校給食に野菜のみのメニューを提供しています。ゲント市は、多くの公共機関の食堂で、毎週木曜日は肉なしのメニューを提供する仕組みを作ってい

☞Goldenberg, Suzanne, 2013, "Oil, coal and gas companies are contributing to most carbon emissions," *The Guardian*, http://www.theguardian.com/environment/2013/nov/20/90-companies-man-made-global-warming-emissions-climate-change

☞Thomasa, Christine and Veronica Sharp, 2013, "Understanding the normalisation of recycling behaviour", *Resources, Conservation and Recycling*. 79: 11-20

☞Meat Free Monday http://www.meatfreemondays.com/

エコをライフスタイルとして宣伝する雑誌
左　エコ・ライフスタイル雑誌『ソトコト』
中央　http://www.ecocolo.com/magazine/
右　LAND CRUISER MAGAZINE（ランドクルーザー マガジン）増刊『天然ハウス』2010年1月号

4. 自分にできること（とそうではないこと）

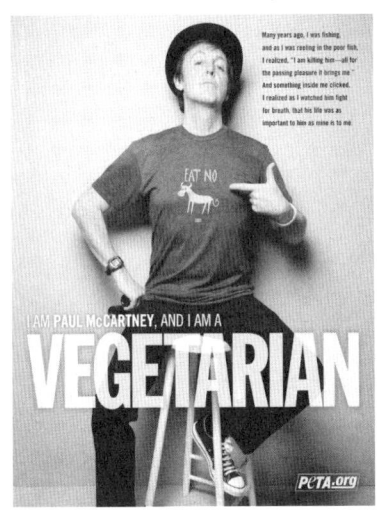

ベルギーのゲント市の「ベジ・デー」の宣伝（2015）

Meat Free Mondays（肉なし月曜）キャンペーンを始めた
ポール・マッカートニー
動物の権利擁護団体として欧米で有名な PETA のポスター
http://www.petaf.org.uk/mfm-aim.asp

ます。地球温暖化対策であると同時に、大腸がんなどの医療コスト削減、および、観光による地域活性を目指しています。多くの国において「肉を食べる」ことが当たり前（デフォルト）ですが、公共機関、学校や職場の食堂、町のレストランで美味しい野菜料理を提供すれば、ビジネスに良い、健康に良い、そして環境に良い仕組みのほうが基準になります。

　日本は、電車や地下鉄の整備が行き届いており、自転車に乗る人も多いので、他の先進国に比べて交通による CO_2 排出量は少ないといえます。それは、一人ひとりが「環境に優しい」行動を意識的に選択しているからということではありません。「みんなそうしているから」「便利だから」「安いから」からなのです。つまり、環境問題を考えるにあたって、個人に社会的に難しい選択をせまるより、環境に優しい行動をデフォルトにすることのほうが効率が良いのです。

　そのほか、環境に優しい行動をデフォルトにするヒントを紹介します。先に述べたようにライフスタイルを改善し、自宅で節電やリサイクルをすることで実現される CO_2 の排出削減量は、単純計算で年間約１〜５トン程度ですが、自分の学校や会社でライトダウン（節電キャンペーン）を実施すれば、大規模な削減が実現します。例えば、2015 年 6 月と 7 月に 1 日 2 時間ずつ実施された環境省のライトダウンキャンペーンには、それぞれ 2 万 4000 以上の施設が参加し、合計 4 時間で 75 万 kWh を削減しました。

　また、環境 NPO 団体に寄付したり、環境キャンペーンに参加することも大切です。例えば、多くの大学にはエコ系のサークルやクラブがありますが、その全国的なネットワーク組織である「エ

☞デフォルト
初期設定、基準設定、平準／ノーマル／スタンダードなやり方。意図的に別の行動や設定を選択しない場合、自動的に適用される／行われる。→ p. 185 参照。

☞環境省，2015，「CO_2 削減／ライトダウンキャンペーン実施結果について」
http://www.env.go.jp/press/press.php?serial=18517

☞環境省，2014，ライトダウンキャンペーン Web サイト
http://funtoshare.env.go.jp/coolearthday/

☞$0.53kgCO_2/kwh$ で計算した場合、それは 37.5 トンにあたる。

☞エコ・リーグ（全国青年環境連盟）
https://www.facebook.com/ecoleague/

☞NPO 法人原子力資料情報室
http://www.cnic.jp/

25

コリーグ」は、合宿などの交流活動、各大学のエコランキング調査（キャンパス・クライメイト・チャレンジ）、大学の温暖化対策を目指す「パワーシフト」などの活動を行っています。なお「気候ネットワーク」や「原子力資料情報室」などの組織は、国のエネルギー政策を監視し、研究活動や市民科学学習を一般市民と専門家などとの連携のもと行っています。こうした活動に参加する時間が取れなくても、団体の会員になって会費を納めることなどで、彼らの志をサポートすることができます。定期的に届くニュースレターやSNSで新しい情報を手に入れることも、イベントに参加することで新しい仲間に出会うこともできます。

「自分にできること」は節電だけではなかった

社会を変えたいと思っても、自分の存在は小さすぎると心細くなることもあるでしょう。私はそのときに、自分が様々な小さなコミュニティに所属していることを考えるようにします。会社の一員、スーパーの顧客、同好会やクラブのメンバー、町内会の会員、労働組合や消費者生協の一人として、自分にできることを少しずつ拡大していくことができます。大事なのは「自分にできること」を柔軟に捉えることです。温暖化の最悪のシナリオを防ぐには、ライフスタイルの変更に加えて、化石燃料経済からの脱却とそのための条約や国策が必要ですが、それらに関して一般市民には何ができるでしょうか。

政府に効果的なエネルギー政策やプランBを実施してもらうためには、（絶望を乗り越え、合理的な希望をもった）国民の声を届けることが有効です。例えば、フクイチ後の日本では、ドイツにおける原子力と火力依存からのエネルギーシフトが注目されていますが、そのドイツにおける政策転換は、1970年代からの盛んな社会運動の成果であることがあまり知られていません。なお、消費者運動が、IT関連企業が環境に与える影響や、労働者の人権侵害が多いと批判の声を上げた結果、問題の多くが改善されたケースがあります。また、石油会社の影響力が強い米国でさえも、350.orgなどの団体による地球温暖化対策を求める社会運動の影響を受けて、オバマ政権は大幅な温暖化対策を進め、中国と2020年以降の温室効果ガス削減目標に関する共同声明を発表しました。

日本国内でも、社会運動が、環境と人間に負担が少ない社会に貢献してきました。例えば、戦後の水俣病、イタイイタイ病、カネミ油症事件、豊島事件などのように、市民が自然破壊や健康被害の問題を明らかにしました。また、問題発生を回避した事例として、石油コンビナートの建設見送り（静岡県三島市）、吉野川可動堰の計

☞IT業界と環境問題について、「軽い携帯の重い足跡」pp. 130-135で学ぶ。

☞350.org http://350.org/ja

☞小林哲他, 2015,「中国が排出量取引　米中首脳会談、南シナ海など議論」,『朝日新聞デジタル』, http://www.asahi.com/articles/ASH9T4WJCH9TUHBI01J.html

☞立石裕二, 2011,『環境問題の科学社会学』世界思想社

画中止（徳島市）、原発の建設計画中止（新潟県巻町）などが挙げられます。なお、沖縄では、米軍基地による環境破壊を一定の被害に食い止めることに成功しており、現在も自然と人の生活を守るために戦い続けています。このように、日本でも様々な社会運動が市民生活を守るために機能しています。

温暖化対策も行政、官僚や政治家だけに任せてはいけません。市民一人ひとりが、エネルギー政策や国連交渉に目を向け、パブリックコメント（例えば、火力発電計画について）をし、環境への配慮を表明している政治家や政党に投票し、勇気を出してデモに参加するなどの行動がよい結果をもたらします。

例えば、マッキベンが設立した「350.org」が行っているキャンペーンを通して、驚くべき事実が明らかになりました。実は、私も「化石燃料で儲かる人たち」の一人でした。私だけでなく、銀行口座、投資ファンド、保険ファンドの保有者、健康保険や年金加入者なら、あなたもそうです。というのも、金融投資市場にはデフォルトとして化石燃料企業の株が含まれているからです。預けたお金とはいえ、自分のお金なのですから、どのような使い方をしてほしいのか発言権があります。米国を中心とした多くの人びとが、より良いお金の使い道を目指して「ダイベストメント」（投資回避、日本では「NO！化石燃料」）キャンペーンに取り組んでいます。

その大きなキャンペーンは米国の2人の大学生の気づきから始まりました。大学の存在理由はもともと若い人々の将来に備えることでありながら、その大学が若い人々の将来を破壊する化石燃料に投資しながら運営されています。その矛盾にショックを受け、倫理的に正す必要があると考えました。そこで、大学の寄付金や自分が納める学費などは温暖化を加速させる化石燃料ではなく、再生可能エネルギーに投資するよう働きかけました。その考えに共感する人がどんどん増え、その学生や教職員の熱い思いに応えて、グラスゴー大学、カリフォルニア大学など、欧米の多くの大学が化石燃料関連企業への投資撤退を始めました。財団、NPO法人、新聞社、市町村、労働組合、医療団体、年金基金団体や保険会社など503以上の組織が次々とダイベストメントにコミットしました。それらの経済力は石油メジャーの4社分にあたり、けっして小さくないのです。

なお、気候の転機点を超えない対策を前提に、イングランド銀行、世界銀行（WB）や大手投資家グループなどが、燃やすことが不可避の化石燃料（埋蔵量の約半分）は過大評価されており、化石燃料への投資リスクが高く、「カーボンバブル」の破壊が懸念されると警告しています。経済界では、化石燃料に投資することは当た

☞鎌仲ひとみ（監督），2009，『ミツバチの羽音と地球の回転』
http://888earth.net/index.html

☞沖縄の社会運動ウェブサイト例
じゅごんの里
htpp://www.dugongnosato.jp/
やんばる東村 高江の現状
http://takae.ti-da.net/
ヘリ基地反対協議会
http://www.mco.ne.jp/~herikiti/
琉球新報
http://ryukyushimpo.jp/
沖縄タイムス
http://www.okinawatimes.co.jp/

☞WWF，2015，「パブリック・コメント（パブコメ）の書き方ガイド」
http://www.wwf.or.jp/activities/2015/06/1269222.html

☞ダイベストメント
非倫理的または道徳的に不確かだと思われる金融投資を手放すこと。最近では、地球温暖化を加速させる化石燃料産業からの投資撤収が年々増加している。→ p. 183 参照。

☞デフォルト
初期設定、基準設定、平準／ノーマル／スタンダードなやり方。意図的に別の行動や設定を選択しない場合、自動的に適用される／行われる。→ p. 185 参照。

☞Eyraud, Luc and Benedict Clements, 2012,「グリーン・エネルギーの未来」，
https://www.imf.org/external/japanese/pubs/ft/fandd/2012/06/pdf/eyraud.pdf

☞350.org, 2015,
「化石燃料産業への投資撤退（ダイベストメント）とは？」，
http://gofossilfree.org/ja/what-is-fossil-fuel-divestment/

☞八田浩輔，2015，「化石燃料ダイベストメント：温暖化リスク、投資引き揚げ7兆円『草の根』影響力拡大」，毎日新聞
http://www.mainichi.jp/shimen/news/20150909ddm007030013000c.html

ハーバード大学に化石燃料からのダイベストメントを求める学生。卒業生や教職員も Heat Week（熱くなる週）(http://harvardheatweek.org) に参加した。
写真：Divest Harvard（2015）http://divestharvard.com/ から。

「化石燃料なしで行こう！」「四季が好きだから」「将来が好きだから」などのアピールをするダイベストメントデモの参加者（エディンバラ市、2015年）
撮影：Friends of the Earth Scotland,
https://www.flickr.com/photos/friendsoftheearthscotland/16372097759/

り前でしたが、このキャンペーンの影響でその倫理性と経済性に疑問が投げかけられ、「賢明な投資家は化石燃料を避ける」という新しいデフォルトが生まれていく可能性が見受けられます。

平常な運転をやめたら、楽しく働ける

Oh Shit! な瞬間から仕事（または大学）を辞めて、NPO に転職したり、活動家になったり、大きく人生の方向転換をした人がいます。私も、大学教員というぬるま湯から出るべきなのではと思ったり、定期的に「自分がやっていることは本当に役立つのか？」と問い直したりすることがあります。でも、今のところ、人生を 180 度変えるまでの勇気は沸いてきていないのが現状です。それを正当化しているのかもしれませんが、メディア研究者にしかできない温暖化と戦う役割があると思っています。

☞キャンパス・クライメイト・チャレンジの「エコ大学ランキング」
http://ccc.eco-2000.net/eco-campus

例えば、学会の発表を通してメディア研究のグリーン化を呼びかけたり、役員として学会にダイベストメントを勧めたりすることができます。また、所属する大学にエネルギー消費に関する情報公開

を求めれば、大学側は意外にもすんなりと「エコ大学ランキング」に協力することになる、というようなことがあります。環境問題を同僚や学生との会話の話題にしてみれば、ダイベストメントキャンペーンや温暖化対策に関する具体的な動きが始まるかもしれません。

そして、私の専門であるメディア研究と環境問題はそれほど関係ないと思っていたのですが、そうではないことに気がつきました。例えば、多くの人の危機感が薄く、現実的な解決方法がわからないこと、政策や会社の方針を決める権限のある人たちに自分が慣れたやり方を変える意欲が少ないことにも問題がありますが、それぞれにメディア研究の観点から分析し、改善案を出すことができます。また、環境問題に関してハミルトンが指摘する心理的要素、IEAやブラウンが指摘する経済的な改革、そして、クラインらが指摘する政治問題も、すべてメディアに関係があることがわかりました。例えば、温暖化コミュニケーションという新しい研究分野がありますが、そのなかの研究者は「科学者はどのように温暖化を説明するか」や「マスコミは温暖化政策をどのように報道しているか」といった課題に注目してきました。また、先に述べた市民による活動や政治参加を理解し、促進させるためにも、メディア研究、なかでも私の専門であったオルタナティブ・メディア研究が貢献できます。

さて、大学教員の主な仕事の一つは、授業ですが、そこでも「平常通りの運転」の見直しが必要だと思いました。ただし、学期ごとに15回程度の授業の中で、場合によっては数百人を相手に、どこまで学生のためになることができるかと、正直、多くの教員が思っていると思います。私は自分が担当するメディア・リテラシーの授業で、鈴木みどりから継承した方法に少しずつ手を入れているうちに、「環境メディア・リテラシー」にシフトしました。

以上述べた Oh shit! の瞬間の直前まで、若い人たちに対してどこか偉そうにしていたかもしれませんが、それを反省し、授業に参加型ワークショップを本格的に取り入れ、「一緒に学ぶ」ことにしました。以前から、メディア・リテラシーを学ぶために、時事問題やジェンダーなど、幅広いテーマを取り上げていました。しかし、学生が私の年齢になったときに役に立つことは何かと考え、やはり大気汚染、地球温暖化、放射能汚染、海の酸性化といった「地救急」を行き抜くための学びが優先だと考えました。ところが、メディア・リテラシーの授業は、ただ「メディアを面白くする」効果があることが多いのです。学生の授業アンケートが「面白かった」「楽しかった」など、教師としては一見嬉しくなるコメントだったことが気になっていました。「楽しく学ぶことは、よく学ぶこと」とい

☞ **オルタナティブ・メディア**
産業的・文化的に優位な立場にある主流メディアに対して、そこでは扱われない視点やそれに対抗する見方や見解に基づいて、自分たちの表現を行っていこうとする人たちが作るメディア。→ p. 175 参照。

鈴木みどり編、2014、『最新 Study Guide メディア・リテラシー〔入門編〕』リベルタ出版

☞「Oh Shit!」の瞬間について、p. 13 参照。

Lopez, Antonio, 2014, *Greening Media Education*. New York: Peter Lang

☞ **世代間正義主義**
現世代の資源やエネルギーの浪費による地球環境の破壊が将来世代の生存および発展を脅かしており、世代間の正義に関わる問題であるという考え方。→ p. 183 参照。

☞「シビアな内容を楽しく学ぶ」p. 46 参照。

第1部 はじめに

☞ **環境教育**
持続可能な社会システムを実現するための、環境に対する責任と役割、保全、問題解決力の育成を目指す活動。関連している「環境リテラシー」は環境に関する情報について読み解き、使いこなす力を指す。→ p. 177 参照。

☞ **ネイチャーゲーム**
自然とのつながりを認識したり、体験を通して気づいたことを分かち合うことの重要性を無意識に気づかせるアクティビティ。→ p. 187 参照。

📖 日本環境教育学会編, 2012, 『環境教育』教育出版

📖 御代川貴久夫, 関啓子, 2008, 『環境教育を学ぶ人のために』世界思想社

☞ NPO法人 環境市民
http://www.kankyoshimin.org/

☞ **グリーンウォッシュ**
商品や企業活動について、環境にやさしい、エコである、環境保護に熱心である、といった印象を植え付けようとする虚飾。→ p. 180 参照。

📖 カレ・ラースン著, 加藤あきら訳, [2000] 2006, 『さよなら、消費社会』大月書店

いますが、メディアの面白さに感動したり、マスコミの影響力を怖がったりすることが授業の目的ではないはずです。楽しみながら、シビアな内容をも学べる授業をしたいと考えました。

そこで、授業のやり方を変えることにしました。環境教育に魅力を感じて、メディア研究を完全にあきらめ、分野を変えることも検討したりしましたが、結局メディア・リテラシーと環境教育の両側面を組み合わせる実験を始めました。その二つのアプローチは非常にお互いを補足し合うことを感じました。例えば、メディア・リテラシーでは冷静に考えることを重視しますが、環境教育は感情も大切にしています。分析力は重要ですが、自然の生き物を愛することや共感する力がなければ、環境問題を解決するための新しい選択肢（オルタナティブ）を創出することは困難です。メディア・リテラシーでは、コミュニケーションを喚起することが目的の一つですが、環境教育では行動を喚起することが主要な目的です。

メディア・リテラシーも環境リテラシーも、参考となる重要な視点をはらんでいます。双方の優れた点を取り入れることこそが、持続可能なメディア社会に貢献する学びを生み出すことになると感じています。

この本では、その二つの違うアプローチを組み合わせたワークショップを紹介しますが、例えば、外で授業をしたいけれどもプロジェクターが必要であったり、感情を優先するか理性を優先するかなど、様々な矛盾がでてきます。この本を書くにあたって、それらを十分に解決できず、今後の課題として残してあります。ここで紹介する環境メディア・リテラシーの取り組みは、メディア社会に生きる私たちの自然との関わり方を根本的に見つめ直すものになってほしいのです。また父に笑われそうですが、地球を救うことに必死になる以外、私たちに残されたオプションはないと思います。思ったような成果を得られないかもしれませんが、今の自分にできることをやっていくしかないと思います。

この本は、私が手探りで実践してきた「環境メディア・リテラシー」のワークショップをまとめたものです。前例が少なく、先行研究もさほどないことから、浅い部分が多いはずです。本来は丁寧に、多くの研究者と実践者の協力で、学術性も活用性も高いものを書き上げたいとは思います。しかし、私たちに与えられた時間が容赦なく過ぎていくなかで、行動できる範囲のことを実践する大切さを実感しています。本書が、みなさんの日々の暮らしのなかで「私にはできる」「世界は変わる」と気づくことに、少しでもお役に立てれば幸いです。

第2部
自然環境とメディア社会の関係

1. なぜ自然環境と
　　メディア社会について学ぶのか

📁 アメリカ大使館，2015，「Act On Climate！アメリカの『クリーンパワー計画』」，https://www.youtube.com/watch?v=OdPC48cUrVg&feature=youtu.be

📁 IPSOS, 2014, Global Trends Survey Environment, http://www.ipsosglobaltrends.com/environment.html

📁 気候ネットネットワーク，2015，「石炭発電所新設ウォッチ」http://sekitan.jp/plant-map/

☞ **メディア社会**
メディアが偏在する社会。ものの考え方や知識のほとんどが、メディアの影響で作られていることが特徴。→ p.190参照。

　我々は地球温暖化を経験する最初の、そして、有効な対策を取ることができる最後の世代です。
　　　　　　　　　　　　バラク・オバマ（第44代米国大統領）

　多くの科学者や研究機関が、地球温暖化や放射性物質による汚染など、人類は史上最大の危機に直面していると警告しているにもかかわらず、日本のいたるところで、危機感のかけらも感じられない「平常通りの運転」が続いている。世論調査からわかることは、多くの日本人が環境問題に「関心がある」と答えているものの、優先度が低く、状況を改善するために行動する意思も弱いという実態である。例えば、近畿地方で地平線が茶色っぽく見え、咳がよく出る日が続いたとしても、「中国から飛んでくる物質が原因」という報道を鵜呑みにし、疑問に思う人が少ない。一方、国内にも石炭発電所が90基以上も存在し、さらに50基近く建築計画中であることはあまり知られていない。多くの人は、スモッグ警報によって初めて自分が吸っている空気の質の悪さに気づく。メディア社会の中に生きていると、自分自身の身の回りの環境さえリアルに感じられない状態になってしまう。また、自分が生きる環境についての重要な情報があったとしても、それを活用することができる人がどれぐらいいるのか。様々な意味で「自分で考える力」が低下し、「言われた通りに行動する」傾向が強くなっていることが目立つ。

　では、このメディア社会を「持続可能」なものにできるのか？またメディアに依存しない未来社会を想像することは可能なのだろうか？

2. 環境メディア・リテラシー

　環境メディア・リテラシーとは、「環境教育」と「メディア・リテラシー」を組み合わせた概念である。どちらの研究分野も1970年代に登場し、より良い世界を実現する目的や参加型の学びなど、共有される部分が多い。一方で、それぞれが独自の学問として展開してきており、お互いを問題視する傾向もある。少しおおげさにいうと、メディア・リテラシーは自然界における危機的状況をほぼ無視して、環境教育はテクノロジーを外敵としてみなしてきた。そんななか、2010年頃から環境とリスクに関するコミュニケーション研究分野に刺激を受け、メディア研究全体のグリーン化を提唱する声が聞かれるようになった。近年、国際学会では環境とメディアについての研究が盛んになり、その研究を大学で教える動きも見受けられる。その一方で、メディア・リテラシーはメディア研究の一部であるにも関わらず、環境に目を向けようという積極的な動きはほとんどない。環境メディア・リテラシーという新しい概念を広めようとしている研究者はわずかである。

　日本では、環境保護をめぐる市民運動では、メディアの積極的な活用、環境ジャーナリズムや環境広告への取り組みが1970年代頃から見られるものの、環境とメディアについての研究は1990年代後半までほとんど行われていなかった。さらに、環境メディア・リテラシーの発想は2011年に起きた東電福島第一原発の事故をきっかけに登場したものであるため、それについての研究は始まったばかりだと言えよう。

　環境メディア・リテラシーは複雑な概念であるため、本書全体を通して紐解いていくが、ここではまず言葉の意味を簡単に説明しておきたい。「リテラシー」とは、本来は文字の読み書きの能力のことで、「メディア・リテラシー」とは様々なメディアを使った読み書きの能力を意味している。そして「環境」は自然界を意味している。

　これらを組み合わせることで「環境メディア・リテラシー」のイメージがなんとなく湧くだろうが、この研究が未成熟であるために確固とした定義はまだ存在していない。そこで、鈴木みどりのメディア・リテラシーの定義をグリーン化しながら、私なりの定義を

☞環境教育
持続可能な社会システムを実現するための、環境に対する責任と役割、保全、問題解決力の育成を目指す活動。関連している「環境リテラシー」は環境に関する情報について読み解き、使いこなす力を指す。→ p. 177 参照。

☞メディア・リテラシー
メディアに関する「読み書き能力」（リテラシー）。メディアの制作構造・内容・オーディエンスを社会的文脈でクリティカル（冷静）に分析し、メディアを利用し、多様な形態でコミュニケーションを作り出す力。→ p. 190 参照。

📖 Maxwell, Richard & Miller, Toby, 2012, *Greening the Media*, Oxford: Oxford U Press

📖 Milstein, Tema et al (eds.) (forthcoming) *Teaching Environmental Communication*, London: Taylor & Francis

☞IECA（国際環境コミュニケーション学会）
http://theIECA.org

📖 財団法人地球環境戦略研究機関（IGES）編、2001、『環境メディア論』中央法規出版

📖 Lopez, Antonio, 2014, *Greening Media Education*, New York: Peter Lang

📖 池田理知子、2013、『メディア・リテラシーの現在（いま）』ナカニシヤ出版

> ☞ **クリティカル**
> メディアの意味、歪みや含まれている価値観とイデオロギーについて深く考え、多面的に読み解いていこうとする視点。ネガティブな意味合いの「批判」と違い、「冷静」と「創造的」のニュアンスが含まれる。
> → p. 180 参照。

以下に示す。

　環境メディア・リテラシーとは、環境とメディアについての学びである。環境問題と自然界にまつわる様々なメディアを、社会的な文脈の中でクリティカルに読み解き、クリエイティブ（創造的）にコミュニケーションを作り出すことによって、問題解決に貢献する能力を指している。なお、その能力を高め、活性化させる取り組みも環境メディア・リテラシーと呼ぶ。

3.「メディア」がもつ複数の側面

　では、環境メディア・リテラシーの授業では何を学ぶのか。ここではまず環境コミュニケーション研究やメディア社会に関する研究を参考に、「メディア」の定義と環境メディア・リテラシーの基本概念を構築した。この概念の理解を深めていくことが授業の目標であり、そのために、ワークショップは不可欠である。それは、環境メディア・リテラシーは、対話によって学ぶものだからである。定義や概念を暗記することなど、一人で学習することだけでは、環境メディア・リテラシーは身につかない。ここに示す定義や基本概念は、あくまでワークショップなどの活動の意義と狙いを確認するためのツールとして紹介する。

　「メディア」とは情報を送るための手段や広告媒体であるという見方もあるが、本書でメディアという言葉を用いた場合、今の社会の特有の現象を意味している。一言でメディアといっても複数の側面を含んでおり、環境メディア・リテラシーの学びにおいては、それらすべてを視野に入れながら進めていく。

　「メディア」の一つ目の側面としては、テレビ、携帯電話、パソコンなどのデバイスのこと、つまり、メディアのもつ物理的な側面である。それに、デバイスを運用するためのソフトウェア（アプリ、システムソフト等）も含まれる。

　さらに、日頃はあまり意識されないものの、こうしたメディア技術の裏側には、デバイス同士をつなぐインフラが存在している。例えば、インターネットを使おうと思っても、コンピューターとソフトウェアだけでは何もできない。電波を送受信するための無線 LAN ルーターをはじめ、様々なアンテナやケーブルを通して、インターネットのデータが保存されているサーバーファームにアクセスすることになる。ちなみに、各装置を動かすための電力の多くは、大気汚染や地球温暖化の原因である火力発電所からやってくる。さらには、私たちが気軽にデバイスで視聴しているビデオ映像を制作するにあたっては、もっと多くのメディア技術が投入されている。撮影用のカメラ、スタジオ、映像編集やデータ保存のためのコンピューターなど、多くの「物」が介在している。新聞、書籍、

📖 鈴木みどり編, 2013,『最新 Study Guide メディア・リテラシー〔入門編〕』リベルタ出版

☞鈴木みどりが使用するメディア分析モデルに比べて、環境メディア・リテラシーにとっては、メディアの物理的な存在が重要で、オーディエンスと制作側の細かい仕組みをそれほど詳しく話さない。

☞EcoMedia Literacy Blog (by Antonio Lopez)
http://ecomedialit.com/

☞メディア
単なる「情報を送る手段」ではなく、社会的な現象。活字、音声、画像、動画などの記録、再生、伝送する技術を用いる。「物」「内容」「制度」などの複数の側面をもつ。→ p. 189 参照。

「物」としてのメディア

☞デバイス
PC、タブレット、携帯電話などの、保存、受信、送信するための機器、装置や道具。→ p. 185 参照。

> Grossman, Elisabeth, 2006, *High Tech Trash*, Washington, D.C.: Island Press

☞この本の環境への負担に関する取り組みについて、p. 192を参照。

雑誌などの印刷メディアの場合、印刷工場内にある機械はもちろん、石油を原料にしたインク、森林伐採してつくられた紙、配達用のトラックとそれを動かす燃料が必要となる。

スマートフォン（高機能携帯電話）やスマートウォッチ（腕時計型コンピュータ）などのデバイスはポケットに入るほど小さいが、その背後にあるものは決して小さくはない。

メディアの内容

前項で紹介したメディアの「物」によって制作、保存、発信されるのが内容である。メディアの内容は堅苦しい情報から娯楽まで様々だが、そのテクストはみな「画像」、「活字」と「音声」で構成されている。

すでに「ひと昔前のメディア感」があるラジオ、テレビ、映画、印刷などテクストに数多くの種類（ジャンル）はあるものの、それぞれの内容はそれほど多様ではない。例えば、環境ドキュメンタリー映画を見るときに、ハッピーエンドのラブストーリーを期待する人はいないだろうし、テレビドラマに求めるのは「現実」というよりは現実味であり、ニュースは実際に起きたことという前提で見ている。つまり、テレビ番組表を眺めてみるとニュース、お笑い、料理ショーなどが並びバラエティーに富んでいるように映る。しかし、それぞれのジャンルごとに一定の決まりとパターンがある。制作側がその決まりにそって内容と技法を選び、視聴者も決まりを頭に入れながら期待し、それなりに解釈する。

21世紀初期のメディア社会を代表しているインターネットでは、ひと昔前のメディアの物理的な形がデジタルに変身しただけで、内容は大きく変わらずそのままリサイクルされているものが多い。例えば、ネットで見られるテレビ番組、ミュージックビデオや映画、新聞記事などがそれである。一方、掲示板、チャット、SNS、ブログなど、ネットの双方向性、誰もが制作者になれるなどの特徴を生かした独自のジャンルも存在しており、「ひと昔前のメディア」より多様である。また、ユーザーも制作者と読者の立場をあわせもち、読者側に立つ場合は制作者の立場を推測しながら内容を解釈する風潮が高まった。例えば趣味としてニュースについて意見を述べている個人ブログには、書き手の関心事や主張が中心という前提で、多くの読者はその内容の信頼性にあまり期待しないだろう。一方、ニュース通信社の有料サイトや公共放送であるNHKのウェブサイトの内容には、より幅広い情報源と多角的な視点をもち、バランスのとれた、少なくとも誤情報ではないことを多くのユーザーが期待するだろう。

ただし、以上述べたブログとNHKのケースは少し極端な例である。多くのインターネット上の内容では、現実味が少ないフィクションと現実味が高いノンフィクションが混在しており、制作者の立場と信頼性を一見して判断するのはむずかしい。その判断力を高めるのは、メディア・リテラシーの学びの一つの目標である。

また、ひと昔前のメディアでは、公共的な内容を専門にするテレビや新聞、プライベートな内容である手紙や電話の会話をあつかうメディア、さらには個人、市民団体、海外の軍事機密などを監視するメディアが明確に分かれていた。しかし、昨今の機密情報のリークやSNS上の書き込みをめぐる事件などを見ると、ネット時代においては、その境界が曖昧なことがわかる。その曖昧さが混乱や危険を生じさせることもあるが、逆に、新しい力関係を作り出す可能性もはらんでいる。

メディアには、「物」(デバイスやインフラ)と内容を作る人と、その「物」と内容を使う人たちがいる。メディアの内容を作る人では、ジャーナリスト、漫画アーティスト、映画監督、アナウンサー、タレント、俳優、歌手などが目立つだろう。また、メディア技術を作る人では、ネット企業の最高経営責任者やITメーカーの社長のようなビジネスリーダーが目立つ。ただし、メディア・リテラシーで注目するのは、彼らではない。なぜなら、技術を利用し、内容に解釈をつけ、自分なりに活用している人がいなければ、「メディア」として成り立たないからである。例えば、日記を紙に書いてデスクに入れたままで保存すれば、それは「記録資料」にはなるが、メディアとは見なされない。日記の内容をブログに載せてネットで公開し、さらにそれを読む人(オーディエンス)がいて初めて、メディアとして社会的な機能をもつようになる。

多くの事務、開発、デザイン、工場での労働に携わる人々が存在する。また、例えばニュースというメディア内容を作る記者に関しても、編集者やニュースデスクの存在があり、彼らが所属する新聞社、さらにその会社が所属する系列など、多くの要素がある。「物」を作るのは個人より、大きな枠組みである。例えば、コンピューターや携帯電話を作るのに必要な資源の鉱山で働く児童労働者から、マイクロチップをデザインするエンジニアにいたる誰もが、個人の価値観や目的に応じた選択肢をもつものの、「物」を作る過程においては企業の一員であることが、その人の行動や選択に大きな影響を与えている。内容を作る人も、自分が伝えたいメッセージがある一方で、上司、業界の決まりごと、スポンサーへの配慮、国の

☞小林恭子他、2011、
『日本人が知らないウィキリークス』洋泉社新書

☞Brevini, Benedetta and Arne Hintz (eds.), 2013, *Beyond Wikileaks*, Palgrave Macmillan

☞阿部潔、2014、
『監視デフォルト社会』青弓社

メディア制度

☞オーディエンス
テレビの場合は「視聴者」、ラジオでは「聴取者」、映画・演劇などでは「観客」、活字では「読者」という。メディア・リテラシーでは、オーディエンスが意味を作り出すとし、「受け手」と呼ばない。→ p. 175 参照。

政策などによって、その行動や選択が大きく影響される。そのため、ここでは個人の意味合いが強い「作製者」より「制作側」の表現を用いる。

　オーディエンスも個人より、様々な社会的な構造のなかに生きている。一人ひとりが所属しているコミュニティは様々で、例えば年齢、ジェンダー、教育、家庭、コミュニティなどの育った環境によって、考え方、価値観、習慣などに相違が生じる。したがって、メディアの利用と解釈も、多種多様である。メディア研究においては、その制作と利用の裏舞台を含む大きな仕組みを「メディア制度」と呼ぶ。

　では、このように「物」「内容」と「作る人と使う人の所属する社会的な構造」の側面をもつメディアについて、環境メディア・リテラシーでは何を学ぶのか。その基本的な考え方を次に紹介する。

4. 環境メディア・リテラシーの基本概念

メディアに囲まれて暮らす生活は、一見、自然界との接点が少ないかのようにも見える。しかし、身近にある人工物はすべて自然の材料からできている。テレビや携帯電話の本体は、アフリカや中国で採取された鉱物と、中東の石油を原料にしたプラスチック類でできており、インドネシアやオーストラリアの先住民が住む土地で採取された石炭やウランが原料の電気で作動する。災害時に停電があるとよく実感できるが、電気がないだけでメディア社会が一時停止する。

それほどメディア社会は自然に依存し、デリケートなものである。その反面、自然環境に大きな影響を及ぼしている。例えば、世界のインターネットサーバーが必要としている電気の発電によるCO_2排出量は飛行業界とほぼ同じだと述べている研究がある。また、親指の爪くらいのマイクロチップは0.1gしかないが、その生産は多くの廃棄物と排水を生じる。

ポケットの中の携帯電話、仕事で使うコンピューター、街頭にあふれるデジタル看板、自宅で見るテレビというように、私たちはメディア社会において多くのエネルギーと資源を消費し、有害なゴミを排出している。そこには、メディア社会が国境を超えて地球の自然を破壊している現実がある。

人間は自然から切り離されて生存することができない。自然環境は、人間社会にとって必要な生存条件なのである。

海に生息する魚たちが水を意識しないように、メディア社会に生きる人間がメディアを意識しないことは、最近よく指摘されるところである。しかし、海の水と違って、メディアは誰かの手で作られたものである。例えば、ニュースを見て「偏っている」という印象を受けるときにわかるように、制作側の意図や思い込みが含まれている。さらにメディアは誰かの都合に沿って作られている。それはメディアの内容だけではなく、「物」についても言える。例えば、19世紀の写真技術は白人を魅力的に見せるためのもので、皮膚の色が濃い人を撮影することが難しかったという指摘がある。また、女性と映画の研究では、カメラは男性（異性愛者）の性欲的な視線

概念1
メディア社会は自然環境の上で成立している

☞Cubitt, S., Hassan, R. and Volkmer, I. (2011) 'Does Cloud Computing Have a Silver Lining?' *Media Culture & Society*, 33 (1) : 149-58

☞Grossman, Elizabeth, 2006, *High Tech Trash*, Washington, DC: Island Press

☞足跡
温室効果ガス排出、ゴミ、鉱山、水や土の消費や汚染など、自然環境に与える負荷を面積で表す指標。これにより、現代のほぼすべての行動や事業が資源を消費し、ゴミを出す仕組みだとわかる。→ p. 174 参照。

☞電子ゴミ
電子廃棄物。家電、ソーラーパネル、エアコンなど、そして携帯電話、PC、テレビなどのデバイスの廃棄物。→ p. 186 参照。

📖 Maxwell R. 他 (2014) *Media and the Ecological Crisis*, Routledge

概念2
メディアは人工物である

☞Dryer, Richard, 1997, *White*, Routledge

で女性を撮り、女性が受動的な存在にされていることなど、撮影技術に含まれた力関係についての理論もある。なお、メディア研究では、テレビは少数の権力者が匿名の大衆に向けて一方的に放送する仕組みであるため、絶対主義や消費主義を促進する技術であるという見方がある。一方で、インターネットは双方向性をもっていることから、民衆的な可能性があるという見方がある。以上のことから、メディアは中立的な「道具」ではなく、その技術、内容と制度にイデオロギーが含まれていることがわかる。

さらに言うと、メディアは人間同士のコミュニケーションを主眼に作られている。猫の目から見るとテレビ映像はスライドショーに見えるし、犬が遠くにいる飼い主に会いたいときに電話は役に立たない。動物にメリットをもたらすメディアはあまり存在していない。

メディアは様々な意味で「人工物」である。まず、自然なものではなく、人の手で作られているものである。そして、人間中心に考えられて作られており、他メディアの「物」「内容」と「制度」の各側面に人間以外の生き物や自然を監視し、支配しようというイデオロギーが見え隠れする。

メディアは人間による、人間のための、人間のものであることに気づき、異議をとなえ、違う選択肢を考慮することが、環境メディア・リテラシーの一つの目的である。

概念3
メディアは現実味を作り出す

誰だってメディアに夢中になることはある。メディア・リテラシーの専門家でさえ、テレビ画面に向かって泣いたり笑ったりする。特に、ドキュメタリーやニュースなどを見た後は、実際に起きた出来事を自分の目で見たような感覚をおぼえる。それは、人間の本能かもしれない。というのも、チンパンジーも画面に映し出された事柄に対して、実際に目の前で起きているかのような反応を示すからである。しかし、ビデオカメラは目や鏡のように、現実をそのまま映し出すものではない。まったく編集されていないドキュメント映像だったとしても、カメラやマイクの配置をはじめとする、多くの選択肢の中から一つの手法を選んで撮影されている。メディア・リテラシーの第一人者である鈴木みどりは、「自然に見えれば見えるほど構成されている」と警告している。メディアは（事実と別の）独自のリアリティーを作る。

さらに、メディアは社会的なリアリティーに影響する。例えば、「女性らしく」なろうと足の毛を剃ったりダイエットしたり、「男性らしく」なろうと体を鍛えたり髪の毛にスタイリング剤を塗ったりするという「常識」は、メディアによって作り上げられたか、また

☞井上輝子他, 1999,『ビデオで女性学』有斐閣ブックス

☞イデオロギー
観念形態、ものの考え方、世界観や信条。例えば、「人間中心主義」「資本主義」「消費主義」など。→ p. 174 参照。

☞ジェリー・マンダー著, 鈴木みどり訳, 1985, 『テレビ危険なメディア』時事通信社

☞人間中心主義
人間を世界の中心に置き、すべての事象を人間と関連付け、人間が生き物のなかで優位にあるという立場に至る考え方。→ p. 187 参照。

☞Rohr, Claudia Rudolf et al., 2015, "Chimpanzees' Bystander Reactions to Infanticide," *Human Nature*, 26: 2, pp. 143-160

☞鈴木みどり編, 2003, 『Study Guide メディア・リテラシー〔ジェンダー編〕』リベルタ出版

☞アジェンダ設定機能
個人や政治に課題の存在とその優先度を提示するメディアの社会的効果。→ p. 174 参照。

は強調されている。また、スキャンダルやデモをメディアが大きく取り上げることで、政治に影響を与えることもある。ところで、多くのメディアは商業的で、スポンサーに都合の良い内容を作り、多く載せることによって必要以上の消費を煽ることで、環境破壊を促進させていることはメディア効果の「培養分析」研究から言える。

その反面、今や世界的にもよく知られている水俣病事件は、当時の地元メディアが被害者側ではなく企業側に立ってしまったことで報道されなくなった。被害が拡大する一方で、現場で起きていることが世間に知られることもなく、有効な対策が取られることもなかった。当事者の発言が世間の理解や共感を得ることはなかった。ほかにも、火力発電の危険性が報道のタブーとして扱われたままである。被害者団体や環境NPOによる反対の声が存在しているにも関わらず、社会的にはほぼ認識されていない状態である。

メディアは、自然界に物理的な足跡を残すだけでなく、個人と社会の意識に心跡（mindprint）も残す。

メディアの効果は必ずしも制作側が意図した通りになるとは限らない。例えば、日本の政府とメディアは1950年代以降、広報資料やテレビ広告などを通して「原子力発電所は安全・安価・環境に優しい」というメッセージを発信してきた。その結果、原子力発電を支持する世論が生じ、彼らの試みは成功を収めたかに思われた。しかし、フクイチが起きると、「原発推進」のテレビCMや広告看板を、多くの人が今までとは違う目で見るようになった。大手メディアはテレビCMの放映を中止したが、インターネット上に残っていた映像が全国的、いや全世界的な批判にさらされた。例えば、星野仙一が登場する原子力を推進するテレビCMが、フクイチ直後は「嘘つき！」「恥を知れ！」「星野さんも反省してるかなぁ」などという書き込みの対象になった。つまり、オーディエンスが制作側の意図を批判的に読み解くようになったのだ。

メディア・リテラシーでは、「オーディエンスがメディアの意味を作り出す」と強調してきた。つまり、制作側の狙いがあるとしても、その社会的な効果はコントロールしにくい。

啓蒙キャンペーンの場合でも、制作側が想定しない効果を生むことがある。リサイクルなどの環境に優しい行動を普及させる目的の環境コミュニケーション活動の効果について、例えば、自分をエコと考える人は以前よりも熱心にリサイクルに取り組むが、もともと問題意識が低い人のリサイクルへの意欲がさらに低下する傾向があるなどのことを、多くの研究は示唆している。このような矛盾した

📖 西村幹夫, 2001,「第6章：水俣」, 財団法人地球環境戦略研究機関（IGES）編,『環境メディア論』中央法規出版

☞ **沈黙の螺旋**
同調を求める社会的圧力によってマイノリティーの視点が沈黙され、余儀なくされていく過程。→ p. 184 参照。

☞ **メディア・タブー**
メディア産業界が慣例として取り上げない、触れない、深く追求しないような話題。→ p. 190 参照。

☞ **心跡**
メディアの個人または社会への精神的に悪い影響。例えば、環境への負担になる価値観、行動やイデオロギーの宣伝。→ p. 181 参照。

概念4
メディアの効果には想定できない部分がある

📖 丸山重威編, 2011,
『これでいいのか福島原発事故報道』あけび書房

📖 鈴木みどり編, 2013,
『最新 Study Guide メディア・リテラシー【入門編】』リベルタ出版

📖 Kurisu, Kiyo (forthcoming 2016), *Pro-environmental Behaviors*,
San Francisco: Elsevier

> Depoe, Stephen P. ed., 2011, *The Environmental Communication Yearbook: Volume 3*, New York: Routledge

> 丸山重威編、2011、『これでいいのか原発事故報道』あけび書房

☞ **オーディエンス**
テレビの場合は「視聴者」、ラジオでは「聴取者」、映画・演劇などでは「観客」、活字では「読者」という。メディア・リテラシーでは、オーディエンスが意味を作り出すとし、「受け手」と呼ばない。→ p. 175 参照。

効果が生じる理由は、制作側のメッセージの伝え方の問題というよりも、オーディエンス側にいる人の背景によって受け取り方が違うということであり、それがメディア効果の特徴でもある。

2011年にほとんどのテレビ放送局が協力した「がんばろうニッポン」キャンペーンは、東日本大震災の被災地の人々に勇気を与える目的であったかもしれない。しかし、テレビCMで「日本は強い国だ」というスローガンを用いたことで、1923年の関東大地震が招いた朝鮮人虐殺を記憶している人や在日外国人の心を傷つけ、恐怖さえ抱かせる結果になってしまった。一方、ナショナリズムを推し進めたい団体や政治家たちは、そのなかに自分に都合のよい解釈を見出したことだろう。

メディアの効果は、制作側の条件だけでなく、オーディエンス個人の立場や社会の潮流など、様々な想定しにくい要素が絡んでいる。制作側の立場からすれば、効果をコントロールできないことを問題視しがちだが、オーディエンスの観点からすると、肯定的に捉えることができる。我々は単なる「受け手」ではなく、メディアの社会的な意味を作り出すことに積極的に関わっているということだからである。

なお、SNSなどで自分がメディアの制作側に立つときは、そのことを意識することが重要である。自分の言いたいことをうまく表現できたとしても、オーディエンスが必ずしも自分の意図に沿って解釈してくれるとは限らない。想像力を駆使して考えられるシナリオを想定し、そのうえでさらに、想定外の反応がある可能性も視野に入れ、批判的な反応や自分に都合の悪い反応を否定するのではなく、それらを一つの意見として対応すると、より良いコミュニケーションが可能になる。

概念5
今日のメディア社会を変えることができる

☞ **心跡**
メディアの個人または社会への精神的に悪い影響。例えば、環境への負担になる価値観、行動やイデオロギーの宣伝。→ p. 181 参照。

現在のメディア社会には未来がない。それはその社会が依存する多くのメディアが自然界に残す「足跡」とオーディエンスに残す「心跡」があいまって、環境の破壊を促進させているからである。さらに、このメディアが温暖化問題のような、文明を壊すおそれがあるほどの危機さえも十分に把握できず、取り組むために必要な情報や価値観を普及させていない。そこからもこのままのメディアの技術、内容、制度では持続することが不可能であることがわかる。次に、そのメディア社会の足跡と心跡を最小限度に抑える方法を探る。例えば、足跡では、個人のレベルで電気やメディア機器の消費を減らし、周りの人や自分が所属する所（学校、職場、町内など）で電子ゴミ対策、PCなどのデバイスの無駄使いを抑えることを容

易にし、少しずつデフォルトの変え方を学んでいく。いつも最新の電子デバイスを買い替えなければならないというプレッシャーから、自分や周りの人を解放しよう。

そして、自分と社会を不健全な「心跡」から守るために、メディアが作り出す現実味から排除されている出来事、人物、生き物、場所などについて考える習慣を身につけよう。メディアが作り出す現実味から脱出し、身の回りの現実を自らの五感を通して楽しめる力を取り戻していく。そのためには、想像力や多様な情報源を駆使する能力を高めておく必要がある。

メディア社会の現象をクリティカルに読み解き、その問題を分析することは、重要であるが、それで終わらない。新たな取り組み（オルタナティブ）を提示し、実現させる力を育てなければならない。なによりも大切なのは、環境と心への負担を小さくし、再生とバランスを取り戻すための「手跡」を拡大することである。

例えば、メディアを活用して、環境問題に取り組む責務を追う行政や企業が速やかに対策を講じるように働きかける。すでに、多くの環境保護団体のウェブサイトや環境ドキュメンタリーのように、環境により優しい生活や社会制度を促進し、共感する人々の連帯を可能にするメディアが存在している。さらに、環境ニュースや持続可能な社会に向けた対話の場を提供するメディア組織もある。

そのような環境コミュニケーションを経済的に支え、影響力を拡大し、活性化させる動きは、メディア社会の足跡と心跡を、手跡（handprint）で埋めあわせる可能性を示唆している。

環境メディア・リテラシーによって育まれる、自然環境と共生するメディア社会を作り出す力、および、クリティカル（冷静）でクリエイティブ（想像力に富んだ）な市民の存在が持続可能な社会を可能にするだろう。

☞**足跡**
温室効果ガス排出、ゴミ、鉱山、水や土の消費や汚染など、自然環境に与える負荷を面積で表す指標。これにより、現代のほぼすべての行動や事業が資源を消費し、ゴミを出す仕組みだとわかる。→ p. 174 参照。

☞**デフォルト**
初期設定、基準設定、平準／ノーマル／スタンダードなやり方。意図的に別の行動や設定を選択しない場合、自動的に適用される／行われる。→ p. 185 参照。

☞**クリティカル**
メディアの意味、歪みや含まれている価値観とイデオロギーについて深く考え、多面的に読み解いていこうとする視点。ネガティブな意味合いの「批判」と違い、「冷静」と「創造的」のニュアンスが含まれる。→ p. 180 参照。

☞**手跡**
心跡または足跡を小さくする行動、またはそれを推進するメッセージや活動。→ p. 184 参照。

☞**エコ・メディア**
環境ニュース専門サイト、環境や自然を主題にするメディア、環境保護を促進するメディアなど。オルタナティブ・メディアの一種。→ p. 175 参照。

☞**持続可能な社会**
将来の世代の利益や要求に応えうる能力を損なわない範囲内で現世代が環境を利用しながらも要求を満たしていこうとする理念。→ p. 183 参照。

☞IECA（国際環境コミュニケーション学会）http://theieca.org

5. どのように学ぶか

〇「若者と学ぶESD・市民教育—グローバル社会に生きる私たち」編集委員会編, 2014, 『若者と学ぶESD・市民教育——グローバル社会に生きる私たち』開発教育協会

〇市民学習実践ハンドブック編集委員会制作, 2009, 『市民学習実践ハンドブック——教室と世界をつなぐ参加型学習30』開発教育協会

参加型の学び

〇開発教育協会編, 2007, 「学校における教育方法をめぐる一考察〜参加型学習の変遷とその課題」, 『開発教育2007 No.54』明石書店

〇上條直美他, 2012, 『開発教育ハンドブック』開発教育協会

☞Wisdom Research (University of Chicago)
http://wisdomresearch.org

環境メディア・リテラシーの取り組みでは、現在の学校教育の中ではあまり扱わない内容を特徴的な方法で学ぶことになる。その学習法はメディア・リテラシー研究と環境教育研究の双方から継承された方法論であり、1970年代頃から「参加型教育」「ワークショップ」や「アクティブ・ラーニング」などの名前で注目され発展してきた。以下に、一般的な学校教育とここで取り組む学習法の違いについて、簡単に説明する。

学校教育では知識が重視されるが、その知識は、学習者から自立した形で存在していることを前提にしている。知識を持つ者（教師）と持たざる者（生徒）が存在し、教師が与え、生徒が受けとるという構造になっている。知識を獲得するための方法論として、教師は授業で講義を行い、生徒は与えられた情報を学び、学習の成果はテストなどを通して評価される。学習の過程をよく用いられる喩えでいうと、知識がお茶、教師が茶瓶、生徒は茶碗であり、教師が生徒に知識を注ぎ入れる。このイメージでわかるように、学習の過程により力関係が生じる。昔は知識を持つ者が上、持たない者は下という見方が一般的であったが、近年では教育の商業化が進み、知識は商品として扱われ、教師はそれを提供し、生徒はそれを購入するという考えが普及してきている。そのことで、特に高校以上の教育現場においては、伝統的な力関係が反転するケースが増えてきている。

それに対し、環境メディア・リテラシーにおいては、知恵（wisdom）が重視される。知恵とは、事象を理解し自分なりに適応させ、道理を判断する心の働きである。理性と感情がともに含まれており、知識、分析力や考察力ならびに、倫理的な判断力や他者に共感できる能力など、いわゆる「社会的想像力」の部分もある。偏見や思い込みなどの固定化した発想を乗り越える可能性をもたらすものとして捕らえる。環境メディア・リテラシーでは、その（知識が含まれた）知恵を育てることを目指し、それはすでにそれぞれの参加者の中に（潜在的であるとしても）存在していることを前提にしている。それを発見し、共有しながら発展させ、場合によって再建築することが、新たな展開を生み出す。

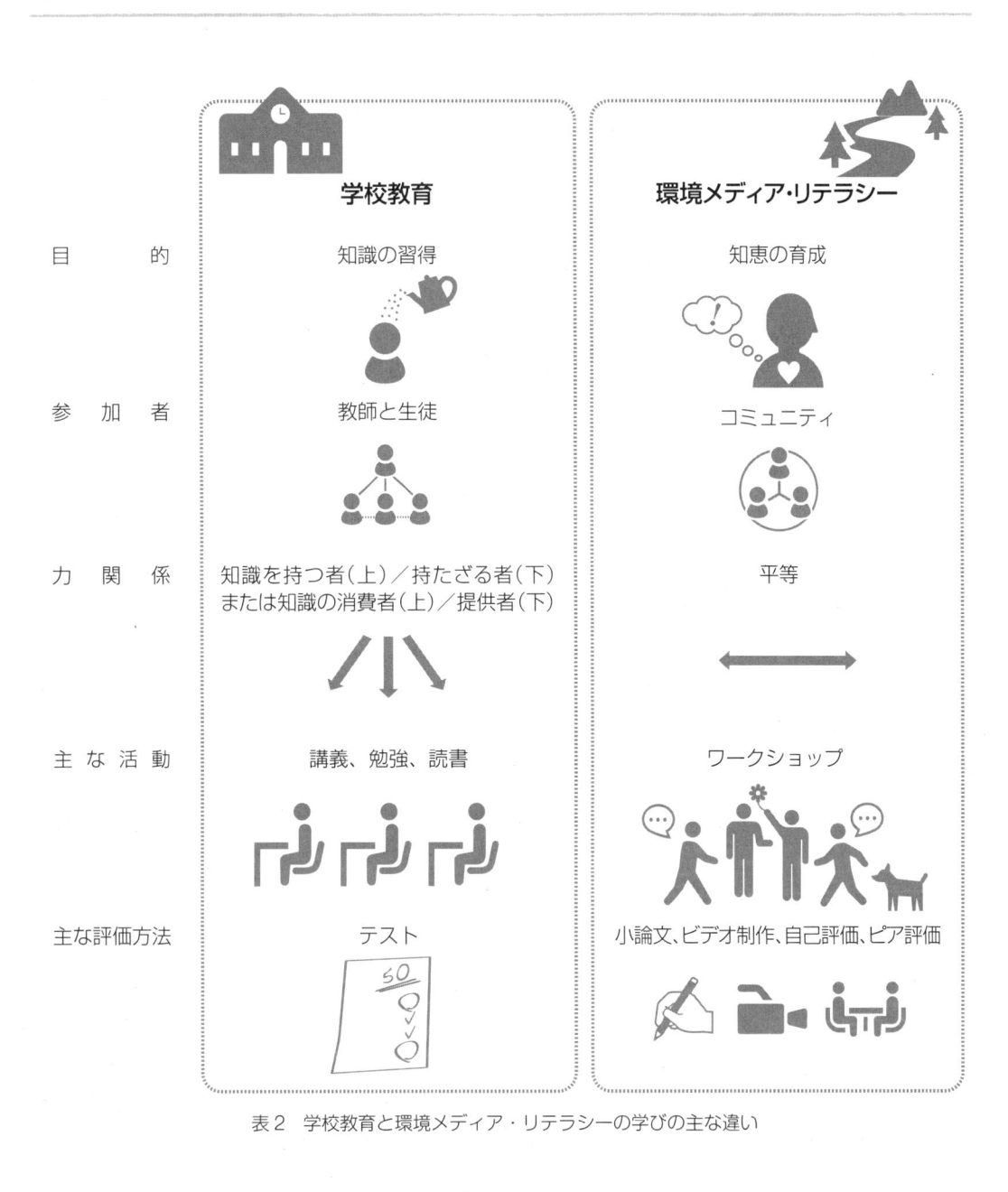

	学校教育	環境メディア・リテラシー
目　的	知識の習得	知恵の育成
参加者	教師と生徒	コミュニティ
力関係	知識を持つ者（上）／持たざる者（下） または知識の消費者（上）／提供者（下）	平等
主な活動	講義、勉強、読書	ワークショップ
主な評価方法	テスト	小論文、ビデオ制作、自己評価、ピア評価

表2　学校教育と環境メディア・リテラシーの学びの主な違い

　つまり、環境メディア・リテラシーの学びは共同作業であり、学習者の共同体（ラーニングコミュニティ）の中で実現できる。具体的に言えば、能動的に調べ、グループでの学習環境を作る。一方、グループばかりで活動をすると学習者の個性や独自の思考が鈍くなる傾向がある。そのため、環境メディア・リテラシーでは、「ひとりでする」活動と「協働でする」活動をバランスよく取り入れたワークショップが主たる学びのツールとなる。ワークショップの事例は第3部で紹介するが、以下に、ワークショップ参加者の役割と効果的な学びに必要な条件を紹介する。

☞参加型学習教材研究会，2014，『主権者教育のための成人用参加型学習教材』
http://www.soumu.go.jp/senkyo/senkyo_s/news/sonota/gakusyu/index.html

学びを支える
ファシリテーター

☞ファシリテーター
会議やミーティングなど複数の人が集う場において、議事進行を務め、中立な立場から活動の支援を行う。→ p. 188 参照。

環境メディア・リテラシーの学習は学校や大学の授業、クラブ、市民講座、学習会、合宿など、様々なところで行える。それぞれに異なる条件（予算、参加者、場所、設備など）があるので、企画を立て、実施する担当者（授業の場合は授業担当者、市民講座の場合はコーディネーター、実行委員会など）に期待されるものも様々であろう。ただし、いずれの場合も知恵を「持つ者」と「持たざる者」という前提がないため、ワークショップを実施する担当者を「講師」とは呼ばない。知識を与える役ではなく、学習共同体（ラーニングコミュニティ）の一人で「共に学ぶ者」として、他の参加者に学びやすい環境を作る役割を果たすため、「ファシリテーター」と呼ぶ。

ところで、環境メディア・リテラシーは新しい分野であるため、著者を含め、基本的にほとんどの人が初心者である。私はそれでよいと思っている。もちろん、ファシリテーターが経験豊富ですぐれた知見を有するのは、有意義なワークショップ設計とファシリテーションをもたらすという意味では、非常によい。一方で、ファシリテーターが自分の知識と経験に頼りすぎ、専門家としてのプライドから自分の知識を与えたいという気持ちが強い場合は、それが学びの妨げとなる。その点では、現役の教育者やジャーナリストといった専門職の人がファシリテーションをすることは、環境メディア・リテラシーに関心のある一般市民よりも難易度が高いかもしれない。現役の教師の場合は、若い人たちを指導してしまう習慣を捨てることが難しいかもしれない。著者は、第1部で述べたように、「世代間正義」という考え方にヒントをもらった。

☞第1部 p. 13 参照。

☞世代間正義主義
現世世代の資源やエネルギーの浪費による地球環境の破壊が将来世代の生存および発展を脅かしており、世代間の正義に関わる問題であるという考え方。→ p. 183 参照。

日本社会では、教師と生徒の「平等な関係」という概念になじみがないかもしれない。特に、現行の教育制度においては、授業担当者が出席管理、知識提供、私語対策、テスト実施と採点といった責務を担っており、「指導者」としての役割が期待されている。生徒間でも、先輩後輩や男女間での複雑な力関係が存在している。そこを少しずつ視点を変えて「平等な対話」を楽しむつもりで臨む。実際に存在している力関係をただ隠すだけにならないよう注意しながら、それを乗り越えやすい環境を作るように心がける。

なお、各ワークショップのテーマなどについて、参加者は能動的に調べてみることが望ましい。しかし、ひとりで調べることに時間がかかる場合は、ファシリテーターや他にテーマに詳しいメンバーがヒントを与えたり資料をあらかじめ用意しておくと効率がよい。

シビアな内容を
楽しく学ぶ

ファシリテーター以外の参加者の役割とは何か。市民講座のような場合は、自分の意思で参加している人が多い一方で、学校の授業

のような場合は、義務として参加している人が多い。また、大学の選択科目の場合には、自分の予定や興味に即して参加するという、その中間であるケースもあるだろう。様々な動機の参加者では、温度差も生じる。例えば、環境問題とメディア問題のテーマは複雑で、アクティブ・ラーニングも手がかかり、やはり「教えてもらう」ほうが楽という見方をもつ参加者がいる。

　そんな場合、ワークショップ型の学びが「非常に楽しい」と、今まで多くの参加者が評価してきたことが環境メディア・リテラシーの大きなセールスポイントになる。その楽しさは、メディアが提供する娯楽感覚とは異なる、知的好奇心を伴った深い快感である。その快感を経験できるのは、消費するのではなく、自ら能動的に関わるからである。例えば、記入シートの記入やテーマについての下調べに積極的に取り組んだ結果、グループでの話し合いに貢献することができ、「みんなの役に立つことができた」という達成感を得ることあったという声はよくある。グループ内での進行役になったとき、自信がなく、難しかったが、新しいスキルや経験を身につけることができたというコメントも多い。また、同じグループに自分よりも「目上」の人がいたとき、できるだけ緊張感を捨てて話してみた結果、新たな関係性が生まれたケースもある。環境メディア・リテラシーのワークショップを通して、何事も楽なことは面白くないということが実感できる。難しそうなこと、面倒なことに取り組んだ先には新たな「楽しさ」が待っている。そうして、刺激を待つだけの受け身的なマインドから脱出し、自分で楽しみを生み出す力を取り戻せるようになる。

　もう一点、学校教育と環境メディア・リテラシーの学習の違いは、成果がすぐには現れないということである。もちろん、ワークショップの最中、または、終わったときに達成感を得ることはあるが、基本的に、環境メディア・リテラシーの学びには時間がかかり、その成果が数年後に現れる場合も珍しくない。環境メディア・リテラシーは、ゆっくりじっくり学ぶ「スローな教育」である。

☞**スロー**
速度中毒の文化に対抗し、ゆっくりしたペースを大切にする生き方、経済、教育、デザイン、食べ物との関わり方など。それを実現するための思想、実践やそれを広めるための活動。社会運動。→ p. 183 参照。

6. 学びの理念

☞Center for Environmental Philosophy, 1995, "Environmental Citizenship", http://www.cep.unt.edu/citizen.htm

📖 Goleman, Daniel et al. 2012, *Eco Literate*, San Francsico: Jossy Bass

☞レン・マスターマン著，宮崎寿子訳，[1989] 2010,『メディアを教える』世界思想社

☞鈴木みどり編，2013,『最新 Study Guide メディア・リテラシー〔入門編〕』リベルタ出版

☞Lopez, Antonio, 2014, *Greening Media Literacy*, New York: Peter Lang

📖リチャード・ルーブ著，春日井晶子訳，[2005] 2006,『あなたの子どもには自然が足りない』早川書房

📖ジョセフ・コーネル著，吉田正人訳，[1979] 2012,『ネイチャーゲーム原典シェアリングネイチャー』日本シェアリングネイチャー協会

**理念1
頭（知識）だけでなく、心（感情）と手（行動力）も使う**

　環境メディア・リテラシーの最終目的は「世界を救う」ことである。そのために、ワークショップなどの取り組みを通して「環境的市民性」（environmental citizenship）を育成する。環境市民とは、人間は自然界の一部であるという認識に基づいて、自然界を保護する責任を担い、そのために行動する人を意味している。この定義は抽象的でイメージしにくいかもしれないので、以下に、環境メディア・リテラシーのワークショップを運営するにあたっての具体的な理念を示す。これは、メディア・リテラシーと環境教育における原則、および、環境メディア・リテラシーの草分け的存在であるアントニオ・ロペズの考えをベースに、著者の経験を反映させた理念である。

　学習と聞くと、椅子に座り、頭を使うことが大切だと考える人も多いだろう。義務教育においては長時間静かに座り続けることが成績評価に大きな影響を与えている。しかし、長時間の着席は集中力の低下と様々な生活習慣病の原因になることが、医学研究で明らかにされている。外国では、会社や学校において「スタンディング・デスク」などを設置し、動きながら仕事や学習できる環境作りに取り組むところが増えている。ワークショップの実践においても、少しでも体を動かす時間を増やすことが望ましい。例えば、話し合いのようなグループワークでは、参加者同士を近づけたり、グループ間を移動したりと工夫を凝らせる。また、できるだけ教室の外に足

を運んだり、色々なものの感触を確かめたり、深呼吸をしたり、体を伸ばしたり、眼を動かすエクササイズを取り入れることもできる。プロジェクターに映された画像やプレゼンテーションを見ている時間を最低限に抑え、対面コミュニケーションや体を動かしながら学習する活動も大切である。自ら体験すること、体で感じること、人と向かい合うことで「わかる」ことは楽しい、ということを知るきっかけになる。

さらに、環境メディア・リテラシーを通じて、頭だけでなく、心と手も使えるようになることを目指す。言い換えると、理性（頭）だけでなく、感情的な要素も含む「社会的知性（social intelligence）」（心）と行動力（ものを動かす手）を育成するということである。例えば、地球温暖化について知るための活動は重要だが、知っただけでは何も変わらない。その問題と自分との関わりを認識し、問題に対して自分は何ができるのかを考えることによって、初めて本質的に学んだことになる。そして、本質的な学びこそが社会的な意味をもつ。

「行動力」に関して言えば、個人的な取り組みは実現しやすい。また、一見、個人的にみえる取り組みも、ひいては政治的および経済的システムに影響を与えることもある。自由な発想で、自分が取り組める範囲のことを考えてみるとよいだろう。

人間には、他の生物や自然とのつながりを希求する本能があると、進化論生物学者のエドワードO.ウィルソンが論じている。自然と触れることで、幸福感や感動を得ることを示す実証研究から、それを「バイオフィリア」（生物や生命システムに対する愛情）と呼ぶ。

自然とのふれあいが人間の健康（肉体的および精神的）に必要であるというウィルソンの仮説は、多くの研究によって裏づけられている。ただし、階級や人種によって、自然へのアクセスに格差があることが、欧米の研究により明らかにされている。こうした研究結果をもとに、市街地に一定の緑の空間（公園や道路沿いの樹木など）を設置することを、「市民の権利」として訴える運動もある。環境メディア・リテラシーを通して、人間の「自然好き本能」を呼び覚まし、さらに育成するとともに、そのために必要な社会的な条件作り、いわゆる「環境正義」をもとめる。

具体的には、教室の外に出かけ、近くの生き物と触れ合うことなどである。どうしても教室が必要な場合をのぞいて、ワークショップは原則として外で行う。様々な生き物や天候によって、思い通りにいかないこともあるだろうが、それも学びの機会として取り入れ

☐ Dornhecker, Marianela, et al. ,2015, "The effect of stand-biased desks on academic engagement: an exploratory study," *International Journal of Health Promotion and Education*, 43: 5, pp. 271-280

☞Orr, David W.,1991, *Ecological Literacy: Education for a Post-modern World*, New York: State U of New York Press

☞Singleton, Julia, 2015, "Head, Hands and Heart Model of Transformative Learning," *Journal of Sustainability Education*, http://www.jsedimensions.org/wordpress/content/head-heart-and-hands-model-for-transformative-learning-place-as-context-for-changing-sustainability-values_2015_03/

☞第1部「自分にできること」p. 24 を参照。

理念2
「自然好き」本能を刺激し、メディアは面白くないことを学ぶ

☞**バイオフィリア**
生命愛、人間の「自然好き本能」。→ p. 187 参照。

☐ Kahn, Peter H. Jr., and Stephen R. Kellert (eds.) (2002), *Children and nature*, Cambridge, MA: The MIT Press

☞**環境差別**
環境リスクが高い施設、環境汚染や健康被害などが、マイノリティーや低所得者層の居住地域や労働環境に集中しているという差別。→ p. 178 参照。

第2部　自然環境とメディア社会の関係

☞**環境正義**
環境保全と社会的正義の同時追及の必要性を示す概念。環境に対する利益と負担の不公平な配分を是正し、すべての人々に良好な環境を享受する権利の保障を求める環境正義運動を発端に理論化された。→ p. 178 参照。

☞リチャード・ループ著，春日井晶子訳，[2005] 2006，『あなたの子どもには自然が足りない』早川書房

☞エドワード O. ウィルソン著，狩野秀之訳，[1994] 2008，『バイオフィリア――人間と生物の絆』筑摩書房

☞Lopez, Antonio, 2014, *Greening Media Literacy*, New York: Peter Lang

☞**メディア社会**
メディアが偏在する社会。ものの考え方や知識のほとんどが、メディアの影響で作られていることが特徴。→ p. 190 参照。

☞**エコ・メディア**
環境ニュース専門サイト、環境や自然を主題にするメディア、環境保護を促進するメディアなど。オルタナティブ・メディアの一種。→ p. 175 参照。

☞**メディア・リテラシー**
メディアに関する「読み書き能力」（リテラシー）。メディアの制作構造・内容・オーディエンスを社会的文脈でクリティカル（冷静）に分析し、メディアを利用し、多様な形態でコミュニケーションを作り出す力。→ p. 190 参照。

　る。例えば、夏に地球温暖化について学ぼうとするなら、エアコンのある快適な教室より、暑さを体で感じる場所のほうが、「頭だけでなく、心と体で学ぶ」ことになる。教室でワークショップをする場合でも、ハエやハチが入ってくることがあるかもしれない。それは絶好のチャンスである。例えば、「気持ち悪い」「殺そう」「かわいそう」や「べつにいいから」など、様々な反応をする参加者に対して、お互いの意見について話し合うグループワークを勧めるとよい。その際には、飛び込んできた「生き物」についての情報を投入すると、話が広がりやすい。例えば、ミツバチに限らず、多くのハチやハエの受粉行為が、重要な経済的役割を果たしていることや、世界各地の農業に危機をもたらしている蜂群崩壊症候群について調べてみると、参加者の考えは新しい方向に展開していくことだろう。

　メディア社会について学ぶとき、ついメディアの影響力や、技術的な面白さに感銘を覚えてしまうことがある。しかし、環境メディア・リテラシーはメディアへの関心を高めることを目的にしているわけではない。ここで、「メディア・リテラシーのグリーン化」を提案してきたアントニオ・ロペズが語るエピソードを紹介したい。ある会議で、当時、若手教育者であったロペズが、1970年代からメディア社会の批判を発展させてきたジェリー・マンダーに会った。ロペズはマンダーにメディア・リテラシーを環境教育に適応するプロジェクト（今ならば「環境メディア・リテラシープロジェクト」と呼ぶだろう）に協力しないかと尋ねると、マンダーは「すばらしいアイディアですね。でも、僕は反対です」と断った。理由は、「メディア・リテラシーはメディアを面白くするから」であった。メディアが多くの問題の原因であるため、何よりもなくす運動が必要というマンダーらしい主張であった。しかし、ロペズはそれを受けて、メディア依存社会とメディアなし社会以外にも、様々な選択肢があるはずだと考え、それらを想像し、実現するための「環境メディア・リテラシー」を探ることを決断したと語っている。

　環境メディア・リテラシーの目的には、多くの人がメディア中毒社会の引き起こす自然離れ、環境破壊、植え付けられる自然観や間違った知識などについて、健全なる違和感を抱けるようになることが含まれている。そのような社会は足跡も心跡も重く、持続可能性がなく、「メディアがいかに面白くない」かということに気づくのがポイントである。

　もう一つのポイントは、メディアが（潜在的に）有する持続可能な社会に貢献できる部分を発見し、メディア社会の健全なあり方を探ることである。例えば、メディアを通して自然に触れること、お

よび、自然について学ぶことは、ある程度の良い効果をもたらす。また、メディアは、環境問題に関する情報を伝え、見る者に他者や生き物の視点を与えることも可能にする。環境メディア・リテラシーは、メディアの問題を理解したうえで、良い部分を活す方法を探りながら、メディア社会のヒーリング（健全にするための癒し）を目指す。

メディアと環境について学ぶ過程では、希望的な部分もありながら、社会の様々な暗い部分が見えてくる。

例えば、メディアに注目する活動では、自分が今まで何気なく見たメディアの内容に、実は他の国の人やある生き物に対する偏見が織り込まれていることに初めて気づいてショックを受ける人がいる。また、重要な視点や関係者の声が排除されていることなどを具体例で分析するときに、陰鬱とした気分になる人もいる。実は、それは学びの最初の段階としては非常に良いことである。

しかし、それによってシニカルになり、自己完結してしまうことは望ましくないだろう。メディア・リテラシーでは、「メディアをクリティカルに読み解く」ことが重視されてきたが、それは「すべて嘘！」と叫び、マスコミのバッシングや陰謀論を楽しもうという意味ではない。あらゆるものに疑問をもちすぎてしまえば、何も信じることができなくなる。あるいは、自分が信じたいことしか信じないようになる。いずれも不健全であろう。疑いと迷いを乗り越え、自分の考えと自分のできることを発見し、改善策を見出せるようになることを目指そう。

環境問題について学ぶ活動でも落ち込むこともあるだろう。それもまた、学びのプロセスにおける重要なステップである。「明るく、元気に」が良しとされる今の日本社会では、なじみのない考え方かもしれないが、「なんとかなる」という非合理的な楽観主義を捨て、事実にしっかりと向き合うことは、なによりも健全な行動である。環境問題のスケールを理解すると、人類にいったん絶望することは当然かもしれないが、うつやシニカルになることがワークショップの目的ではない。悲惨な事実を受け入れたうえで私たちにできることを見つめれば、様々な現実性の高い選択肢が見えてくる。例えば、地球温暖化を1℃未満に抑えることはほぼ不可能であることを知ったうえで、どうしたら2℃未満を実現できるかを話し合い、さらに1.5℃に抑えるために必要な要素を見極めることができる。具体的な取り組みを考えるために、個人、コミュニティ、国にできることを検証し、世界各地ですでに実践されている良い事例

理念3
落ち込んでも、シニカルにならない

☞ **メディア・リテラシー**
メディアに関する「読み書き能力」（リテラシー）。メディアの制作構造・内容・オーディエンスを社会的文脈でクリティカル（冷静）に分析し、メディアを利用し、多様な形態でコミュニケーションを作り出す力。→ p. 190 参照。

☞ **陰謀論**
広く人々に認められている事実や背景とは別に、何らかの陰謀や策謀があるとする説。→ p. 174 参照。

☞ **イデオロギー**
観念形態、ものの考え方、世界観や信条。例えば、「人間中心主義」「資本主義」「消費主義」など。→ p. 174 参照。

☞ 第1部「非常事態を認めて、『平常な運転』をやめる」p. 13 を参照。

からインスピレーションを受けることができる。ワークショップに温暖化対策の現場にいるNPO関係者などをゲストとして呼べるとよいが、ビデオやHPを通して、様々な取り組みを知ることができる。

問題の現状を理解することは、最初のステップとして重要である。ただしそこで終わらずに、次のステップとして、前向きな改善案を見出す。問題の原因を調べ、想像力を働かせ、より良い対策に行き着くことを目指す。

グループワークは、お互いの意見に耳を傾けることで、参加者同士が学び合い、積極的に「対話」をする機会である。ディスカッションやディベートには、相手を説得する目的があるが、対話は相手と一緒に新しい考え方やものの見方を創出することが目的である。自分の考えを的確に表現することと共に相手の考えをよく傾聴することを通して、参加者が新たな情報や視点を獲得しながら、自分の思考を展開することができる。

だからといって、すべての発言を正しいものとして扱い、素直に受け入れる必要はない。グループワークでは、間違った情報、非合理的な意見、個人の価値観で曲解された情報などが共有されることがある。「事実」（facts）と「見解」（opinions）の違いを区別できれば、少し整理しやすくなる。

参加者が持ち寄る情報は、玉石混交であることを認識する。誰かが「事実」に関する情報を提供した場合、必ずその出所を確認したうえで、その信頼性を判断する。例えば、国連の研究報告書と動画サイトで見つけた面白いお爺さんの主張では、どちらの信憑性が高いだろうというように考えてみる。その場での判断が難しい、あるいは、作業の妨げになる場合は、後で調べ続けることもよい。自分が情報を伝えるときには、できるだけ正確な情報提供に心がけよう。

「見解」の場合は、そもそも多様な考え方があるからこそ、グループワークをする意味があることを認識する。ただし、見解にも差があるだろう。また、ただ受け入れやすい見解に賛成し、そうではないものを無視または批判することからは、新しい知恵は生まれない。見解の質を見極めることができるようになるとよい。誰かが意見を述べるときは、意見の根拠となる情報を確認し、論理性があるかどうかを確認する。その際は、話し方ではなく、話す内容を冷静に検証することがポイントだ。話が得意、人柄が良い、意思が強い参加者の意見と、シャイであまり発言をしない参加者の意見のどちらも平等に扱う。そうすることで、自分の意見も修正することや、

理念4
頭は柔らかく、非合理的な話を受け入れない

☞**アクティブ・リスニング**
「積極的傾聴」ともいうコミュニケーション技法。相手の表現にすすんで耳を傾け共感をもって理解しようする姿勢や態度。表現のなかにある事実や感情を積極的につかもうとする聴き方。→ p. 173 参照。

☞**デマ、プロパガンダ、偽情報**
いずれも注意するべき情報や論じ方。意図的に広められる虚偽もしくは不正確またはねじまげられた情報。自分の都合の悪い事実を隠したり、人を混乱させたり、間違った知識を植え付けることが目的。→ p. 185 参照。

📖 大矢勝, 2013,『環境情報学──地球環境時代の情報リテラシー』大学教育出版

論理的なより良い考えを身につけることができる。

参加者がもつ価値観は多様であり、それについて議論することは難しい。価値観や政治的な思想は、個人が所属するコミュニティ（家族、部活動、友だち等）とメディアの影響で作り上げた部分が大きく、個人のアイデンティティと深く関わっている。なお、他の参加者と違うバックグラウンド（例えば、民族、階級、性的マイノリティー、出身地、サブカルチャー等）をもつ参加者と、そのことについて話すことができれば、みんなに良い刺激を与えたことになるが、その参加者にとって話しにくい場合がある（例えば、差別経験があるなど）。そのため、参加者の価値観についての話はデリケートなものであることを意識したほうがよい。ただしそれぞれがもつ価値観は、情報の選択、解釈、見解を形成するのに大きな影響力をもつため、少しでも参加者に自分の価値観を意識し、検証する機会があれば理想であろう。また、グループワークの話し合いでは、価値観や政治的な思想がぶつかり、それによって進まないことがある。

例えば、20世紀に生まれ、冷戦を経験した参加者では資本主義／共産主義など、政治的な考え方に敏感で、自分と異なる政治的価値観をもった人との対話が難しく感じる場合がある。極端な例だが、相手を「○○党系」とレッテルを貼って聞く耳をもたない状態が生じることがたまにある。

そのような場合はまず、とりあえずみんなの話を聞いておくというルールを作る方法がある。そして、話のテーマに関して共有できる部分を探してみる。例えば、原発に反対する人と賛成する人がいて、対立が激しいとする。二人の思想は異なるかもしれないが、再生可能なエネルギーの推進が、国の自給率を高めるために望ましいという点では、同意することができる可能性がある。また、地球温暖化を重視する人としない人がいたとしても、大気汚染対策に炭素税が有効なことには合意するかもしれない。

環境問題に関しては、人類が絶滅するレベルまで自然環境を破壊することを望む人はいないだろう。どんなに価値観が多様であったとしても、この点においては、おそらく全員の参加者がそれについての共通の認識をもつだろう。ワークショップの最初にそれを明確にし、全員の同意を得れば、後は万一の激しい価値観や思想の対立が生じた場合、その共通の認識に戻り、そこから改めて対話を進めることできる。

グループワークの対話で自分の考えを共有しているうちに、根拠

理念5
他者を尊重し、自分も尊重する

☞ **沈黙の螺旋**
同調を求める社会的圧力によってマイノリティーの視点が沈黙され、余儀なくされていく過程。→ p. 184 参照。

☞ **炭素税**
CO_2 排出量を抑えるという政策手段。環境破壊や資源の枯渇に対処する取り組みを促す「環境税」の一種。→ p. 184 参照。

が弱いことや、論理的におかしいことが浮き彫りになる場合がある。ディベートやディスカッションであれば、それを恥ずかしいと感じるかもしれないが、対話において「自分が間違っていること」を認識することは、理想的な成果である。それは自分の考えを言語化し、適切な批判を受け、検証し、場合によっては考えを修正し、さらに発展させ、自分の価値観を見直せるという貴重なチャンスになることだからである。例えば、「人間は食物連鎖の頂点にいる」や「経済発展が何よりも大切」などの、普段あまり意識しない考えが、人間中心主義や経済優先主義のようなイデオロギーにつながることを知ったとたん、それは自分の他の価値観（動物が好き、美しい地球を孫に残したい等）と現実が矛盾していることに気づくことができる。こうした経験を通して、他者を尊重するとともに、自分を尊重するという考えを身につけていける。

第3部
環境メディア・リテラシーを高めていこう

環境メディア・リテラシーの実践へ

第3部の構成と使い方

　第1部と第2部では、環境メディア・リテラシーの背景や理論を紹介してきたが、第3部は実践のための道具箱として執筆した。主な内容は2009年以降に大学の授業や市民講座で実施したワークショップをもとにした、ワークショップのやり方に関するヒントやテーマ及び目的別の事例である。1章から5章までカリキュラム的に構成しているが、個別に抜き出して使用することも可能である。それぞれのワークショップごとに、テーマについて導入するための文章（「まずこの話を」）とワークショップの細かい手順のほか、そのままコピーして使用できる個人用記入シートやグループ用活動シート、配布資料も掲載している。

持続可能な社会のための民主的な学び

☞Milstein, Tema, et al. (eds.), (forthcoming 2016). *Environmental Communication Pedagogy Theory and Practice*. London: Routledge

☞IECA（国際環境コミュニケーション学会）http://theIECA.org

☞鈴木みどりらが促進してきたメディア・リテラシーの主な目的は民主主義の実践であると言える。

☞鈴木みどり編、2001、『メディア・リテラシーの現在と未来』世界思想社

☞環境問題への取り組みが民主主義を再生するための手段になるという見方もある。「温暖化は社会を救う」pp. 20-22 を参照。

　環境メディア・リテラシーは民主的なコミュニケーションを目指しており、平等で参加型の学びが理想である。ただし、本書で紹介する仕組みが想定する平等で参加型のレベルはそれほど高くはない。平等に関して、例えば、大学の講師が一方的に「みんなは平等だ」と宣言すると、学生は「先生は自分の権力を隠そうとしている」と疑うだろう。参加者同士の上下関係が活動の質を邪魔にしない程度に平等なコミュニケーションが実現できれば十分であると私は思う。

　参加型に関しては、やる気と時間的な余裕に依存しない仕組みを想定している。ファシリテーターが主なテーマや方向を決定し、多くの作業と責任を負うと効率は良くなるが、他のメンバーの積極性は低下する。余裕がある場合、企画段階から全員でプランニングすること（例えば、大学のシラバスを学生主体でデザインするなど）や、選任された委員会が主体となること、順番にファシリテーター役を担当すること（例えばNPOや市民の勉強会などの方法）を検討してもよい。

　環境メディア・リテラシーは民主的なコミュニケーションよりも、持続可能社会を作ることが主たる目的だと私は考えている。全員の参加でものを決めることや責任を細かく分担することは、例えばモチベーションを高める、多様な視点を反映した現実性が高い案を作れるなど、多くのメリットをもたらすが、時間と手間がかかる。どこで、どのように、そしてどの程度まで民主主義的なやり方にするかは戦略的に考える必要がある。

ワークショップ計画と実施の工夫
（ファシリテーターへ）

ここではワークショップを実施するうえで役立つヒントを記している。ワークショップに自信がある人はここを読まずに次の項目に進んでも構わない。

第2部では、ファシリテーターが一緒に学ぶことを強調したが、テーマについての事前知識が少しでもあったほうがスムーズにワークショップを実施できるだろう。準備に不安がある場合は、まずは各章とワークショップに紹介されている文献、ビデオやHPを参考にするとよい。なお、ワークショップや参加型授業に初めて取り組む場合は、本書の第2部で紹介した文献などを活用しながら、ファシリテーションの基礎について学習することが望ましい。

ワークショップの計画にあたっては、「今、ここにいる参加者が、世界（または特定な場所）が直面する環境問題を解決するために、一番貢献できることは何か」を考えることが重要である。そこから具体的にどのようなテーマについて、どのように「頭・心・手」を育成していきたいのかを認識する。そのうえで開催の条件、つまり人数や場所、参加者などを踏まえて、具体的なワークショップ計画を考える。例えば、本書第3部のワークショップから、実施するワークショップを選ぶ。ファシリテーターは、ワークショップの全体像を頭に入れながら細かい作業に進むことで、効率性が高い、参加者が納得できるワークショップにつながる。それぞれのワークショップを考えるための方法は様々であるが、なかでもマインドマップ法やKJ法をおすすめしたい。

どちらの方法も、全体像を考えながら「優先度が高い」と判断したテーマや目標を明確にすることができる。そのうえで、与えられた条件（場所、参加者、コストなど）と照らし合わせながら、ワークショップの具体的なテーマや手法を見出すことが可能である。第2部に書かれている理念を読み込み自分なりの理解を得ておくこと、できるだけ事前に目標や目的を参加者と共有することが理想的である。

目的、流れと時間管理を考える

☞第2部「学びを支えるファシリテーター」p. 46を参照。

☞**ファシリテーター**
会議やミーティングなど複数の人が集う場において、議事進行を務め、中立な立場から活動の支援を行う。→p. 188参照。

☞第2部「学びの理念」p. 48を参照。

📖矢嶋美由希, 2015,『実践！ふだん使いのマインドマップ』CCCメディアハウス

📖川喜田二郎, 1970,『続・発想法――KJ法の展開と応用』中公新書

KJ法応用例（写真提供：チャイルドライン京都）

☞青木将幸，2013，
『アイスブレイクベスト50』ほんの森出版

☞今村光章，2009，『アイスブレイク入門』解放出版社

```
10分 挨拶．アイスブレイク
10分 グループ分け
10分 テーマについてミニ講義
 5分 活動1 個人用ワークシート記入
15分 活動2 グループで話し合い
20分 活動3 ポスター作り
20分 発表．まとめ
宿題 エッセー．次回の準備
```

90分のワークショップ時間配分の例

アイスブレイクとグループ作り、そして本番

☞アイスブレイク
ワークショップの最初に緊張感をほぐすために行う簡単なゲームや体を動かす活動。本編に入る前のウォーミングアップにもなる。→ p. 173 参照。

☞ネイチャーゲーム
自然とのつながりを認識したり、体験を通して気づいたことを分かち合うことの重要性を無意識に気づかせるアクティビティ。→ p. 187 参照。

☞日本ファシリテーション協会のHP、アイスブレイク集
https://www.faj.or.jp/modules/contents/index.php?content_id=27

この本で紹介するワークショップは参加人数を6人以上150人以下、時間を1回90〜120分程度で設定し、そのなかで話し合いに30〜45分程度、発表に15〜30分程度を想定している。残りの時間は導入やまとめに使う。導入としては、グループ作りや部屋の設営を行う、ワークショップの「まずこの話を」、そして参考文献などの解説、またはファシリテーターによるテーマに関する短い講義がよい。そのうえで、ワークショップの記入シートと活動シートを活用したグループワークを行う。リラックスした状態でワークショップに集中するためのアイスブレイクや体のストレッチなどの時間も作れるとよい。最後に、発表の後に参加者がお互いにコメントし合ったり、エッセーを執筆するなどの時間が確保できるとよい。

左図はその細かいワークショップ計画の事例だが、基本的に時間管理は非常に大事である。どんなにすばらしい話し合いができたとしても、それを発表できなければ達成感が得られない。また、ひとりで考える時間（準備、エッセー執筆など）を省略すると参加者の自立性を低下させる恐れがある。極端な場合の例示になるが、不確定な情報を元にした話し合いによって、それが「真実」として参加者の記憶にずっと残ってしまうことがある。グループで話し合ったことはその場で整理し、可能な限りファシリテーターはそれについてコメントし、参加者同士がコメントする機会を作ると、少しでもそのような問題の防止になるだろう。

ワークショップの最初は誰もが緊張しがちなので、それを解くための活動を「アイスブレイク」と呼ぶ。アイスブレイクが連続の講座やゼミ、合宿などで最初のチーム作りに役立つ。2〜3分の簡単な自己紹介から、30分程の自然教育の一環でもあるネイチャーゲームまで、それに少し時間をかけることで、後の活動がよりスムーズになる。お互いを知っている参加者同士であっても新しい発見や気分転換にもなり、集中力を高める効果がある。

文献やネットの資料では、多くのアイスブレイクが紹介されているが、そのなかに自分の計画した環境メディア・リテラシーのワークショップで使えるものがあるはずだ。アイスブレイクはワークショップのテーマに必ずしも関係する必要はないが、NPOや企業向けの文献などに紹介されているものを応用して「環境とコミュニケーション」用にアレンジできる。動物や自然環境に少しでも関連させられれば参加者の「自然好き本能」を刺激し、それだけでも環境メディア・リテラシーのワークショップの目的が一つ達成できる。

例として、そのような視点で考えた5分程度のアイスブレイク

「温暖化どう思う？」を紹介する。体を使って自分の意見を示すことや考えの多様性を知ることができるコミュニケーションゲームである。

☞第２部、「理念２『自然好き』本能を刺激し、メディアは面白くないことを学ぶ」p. 49 を参照。

　ファシリテーターができるだけ広い場所で、ロープなどを使って床に十字の座標軸を作る。それを、縦軸（X 軸）は「温暖化の深刻度」を、横軸（Y 軸）は「温暖化の解決可能性」を示す座標軸に見立てる。奥と手前に「非常に深刻」と「まったく深刻ではない」、左右に「解決が簡単」と「解決が不可能」と書く。そして、「温暖化の深刻さと解決の可能性について、どう思いますか？」とファシリテーターが質問して、参加者は自分の考えに近いところに移動する。例えば、下図の左では、A さんは温暖化を非常に深刻で解決が不可能な問題であると考えている。B さんは深刻かどうかどちらとも言えないが、解決は少し難しいと考えている。C さんはかなり深刻だが、解決が非常に簡単と考えている。D さんはあまり深刻ではなく、解決は簡単と考えている。

　それぞれの場所が決まったところで、自分のいる位置の反対側の座標領域（つまり、違う意見をもつ人）に、その位置を選んだ理由を尋ねるとともに、自分の考えを説明してみる（下図、右）。このような交流を複数回行うことで緊張感がほぐれていく。参加者が多い場合は、一度に全員が移動すると混乱する場合があるので、移動する順番を左側にいる人、次に右側、奥、手前というようにファシリテーターは呼びかけるとよりスムーズに移動できる。

　グループ作りもアイスブレイクとして使う方法がある。友達同士

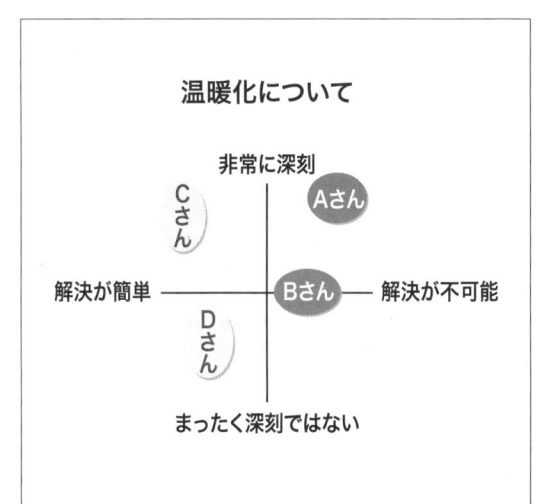

アイスブレイク・ゲーム「どう思う？」の様子（シミュレーション）

アイスブレイク・ゲーム「どう思う？」では、それぞれの立つ位置が意見を表現する

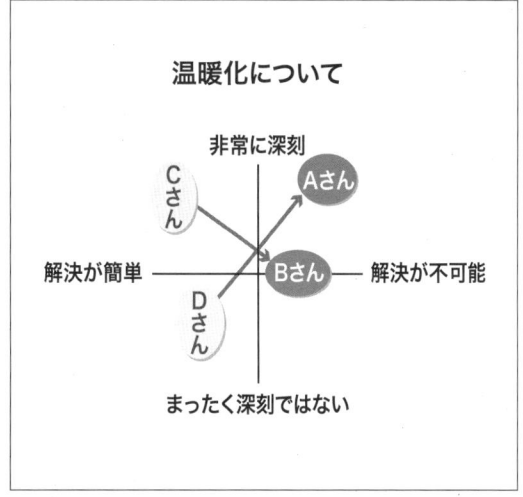

アイスブレイク・ゲーム「どう思う？」の意見についての交流の仕組み

第3部　環境メディア・リテラシーを高めていこう

☞1章の4つのワークショップ (pp. 71-92) にもアイスブレイク機能がある。

でグループを作ると話が広がらず、せっかくの新しい視点を得る機会を失うことになりかねないので、できるだけ話をしたことのない人同士の組み合わせが望ましい。グループごとに3人以上7人以下の人数にすると参加しやすい環境になるが、グループ分けには「番号カード」などくじ引き式がよい。ユニークな例として「動物の声でグループ分け」という方法がある。例えば、参加者24人で4人ずつ6グループを作る場合には、6種類の異なる動物の名前を書いたくじを4枚ずつ用意して、1人ずつ1枚くじを引いてもらう。何を引いたのかは秘密にし、くじ引きが終わったら、一斉に引いたくじに書いてある動物の鳴き声を出し合い同じ鳴き声同士で集合すればグループ分けが完成する。牛を引いた人は「モー」と、犬を引いた人は「ワンワン」と鳴く恥ずかしさで笑いが生じることによってアイスブレイクになる。

☞詳しくは、それぞれのワークショップの節に書かれている。

ワークショップ本番ではグループのメンバーが自主的に進める。ファシリテーターはそれをサポートする形で時間の管理やナビゲーション、必要なものの用意などをすればよい。グループワークの最中は、各グループを回りながら進み具合を見たり、どのような話がされているかを把握したりするが、進行の妨げにならない配慮をしよう。

発表の仕方の様々なパターン

☞書記がとったメモやグループで作ったマインドマップなどをOHCプロジェクターでみんなに見せながら、発表する方法もある。携帯などでビデオを撮影するワークショップの発表（上映会）の場合にも適応できる（詳しくは各ワークショップの活動シート参照）。

ワークショップでは、必ずグループ同士が発表し合う活動を行う。グループ発表を聞くときには、他の参加者はメモをとる。各自の個人メモに加えて誰かが黒板や大きなポスターに書き込んで、発表が終わったら、もう一度発表の内容を確認しながらまとめていくと新しい発見につながる。

発表の仕方は、グループごとの発表者が全員の前に立ち、マイクを持って説明することが一般的で効率がよい。ただし、ときには他の方法を取り入れることで内容は深刻でも、学びを楽しむことができる。その一例として、ポスター発表があるが、4人のグループが6つある場合、各グループは発表したいことをポスターに書いて壁に貼り出し、発表者を決める。6人の発表者はそれぞれのポスターの前に立ち、発表者以外の人は他のグループのポスターを回って、自分の関心があるポスターの近くに集まる。ファシリテーターの合図に合わせてそれぞれの発表者は、自分のポスターの前に集まった人にポスターの内容を説明し、質問があればそれに答える。そして次の合図に合わせて、聞く人は別のポスターに移動する。このステップを2〜3回（時間があればすべてのポスター発表を回るまで）行い、最後に全員元のグループに戻り、それぞれのメンバーが

自分の聞いたポスター発表の内容を共有する。特に他のグループのポスター発表は聞く機会がなかった発表者に、内容をていねいに説明するよう心がけると自分が聞いたことと考えていることを整理する訓練になる。

　最後にファシリテーターがコメントを加えるが、きれいにまとめる必要はない。逆にいえば、まとめすぎると全員が「ファシリテーターが聞きたい結論」だけ頭に入れる傾向がある。参加者の思考力をサポートしようと思うならば、例えば、事実関係や論理性の確認、情報の追加、聞きながら浮かんできたアイディアや疑問、出てきたキーワードや関連テーマについてコメントする程度でよい。まとめは、後で参加者各自が書くエッセーなどに任す。

ポスタープレゼンテーションの様子

　ファシリテーターは名称通り学びやすい雰囲気を作る役割である。ただし、それが必ずうまくいくとは限らない。

　大学の講義や学校の授業の場合は参加人数が多い、関心が薄い、参加型授業に慣れていないなど、学びの障害となるような要素がある。それをできるだけ早く把握し、トラブルを未然に防ぐことが望ましい。

　まず参加人数が多い場合、時間管理を綿密に計算したつもりでも、移動、話し合い、発表や資料配布などに思った以上の時間がかかることは珍しくない。スケジュールに少し余裕をもたせて、うまくいかないときのための代理計画を立てておくと安心だろう。なお、ファシリテーターが先に到着し、早めに必要な準備を行うことはこの場合は特に重要であろう。

　他の時間管理技法としては、ミニ講義の時間はできるだけ短くし、かわりにワークショップの時間外に（例えば宿題として）テーマについての文章を読んでもらうなど、参加者にもしっかりと準備してもらう方法がある。また、人手を増やすことも望ましいだろう。アシスタントのような専用スタッフがいなくても、参加者からのボランティアを募集することや、全員に座席の移動、名札の配布、資料の配布、部屋の設置に協力を呼びかけるなどの方法がある。それらを通して、ワークショップは誰かの提供するサービスや商品ではなく、参加者の努力で出来上がる共同作品であるというメッセージを送れる。

スムーズな運営のために

☞事前の打ち合わせが必要だが、グループ分けの準備と実施、最後にするコメントも何人かの参加者に担当してもらうと、当日のスムーズな運営につながることが多い。

市民講座の場合は参加者を募集する際に、目的と内容、所要時間や事前の準備について簡潔に示しておくとよい。さらに事前打ち合わせなどで、各自の参加動機などの条件に基づき、共通の認識を作れると、深刻なトラブルや時間不足は起こりにくくなる。また、経験の違いにより進み具合に激しい差が生じることがあるが、それを事前の準備と一つひとつのワークショップをていねいに説明することで予防できるだろう。例えば、名札は事前に準備し、時間配分は掲示するだけでなく読み上げながら一緒に確認すると進行しやすくなる。

また、年齢や場所に関わらず、どんなときでも携帯やタブレットなどのデバイスをいじる人が増えており、それはワークショップの学びに重要な対面コミュニケーションの妨げになる。しかし、環境メディア・リテラシーのワークショップでは、撮影や情報収集にデバイスを使うこともある。そのため、単なる「使用禁止」にするよりも、意識的に目的達成に限った使用を許可しながら、無意識的で気が散るような使用を制限する方法として「デバイス眠り箱」を推奨する。グループのメンバーが着席したら、まずは蓋付きの空き箱などに全員の携帯デバイスを入れて、みんなの目が届く安全な場所に保管する（貴重品でもあるので紛失防止の意味で）。グループワークにデバイスが必要なときには、担当者のみ（数人はよいが全員はなし！）がデバイスを取り出し、目的のために限られた時間のみ使用できるルールを作ることも有効だろう。「触りたくなったり、不安になったりした場合は『依存症気味なのかも』と疑ってみて！」などと、そのデバイスとの関わり方をユーモラスに話すのもよいだろう。終了後に「携帯を忘れないように」と声をかける必要があるような、すぐに携帯を箱から取り出そうとしない状態になれば「携帯から離れる体験」が成功した（しすぎた？）と言えるだろう。

☞デバイス
PC、タブレット、携帯電話などの、保存、受信、送信するための機器、装置や道具。→ p.185 参照。

お菓子の空箱などを「デバイス眠り箱」として活用する。

グループワークがうまく進まない場合

ワークショップの中心部である 15 〜 20 分程度の話し合いがなかなか進まないことがある。ファシリテーター（とアシスタント）がグループワークのときに静かに回り、それぞれのグループの進み具合を把握すれば、必要と判断したときに対応できる。

様々な「進まない」パターンがあるが、時間的に遅れている場合は、ファシリテーターがそのグループの司会にタイムキーピングを意識させるだけでスピードアップできることが多い。ただし、決まった時間で全グループが必ずすべての問いに答えなくてもよい。実は、各ワークショップのグループ活動のシートで用意している話し合いの問いを狭く深く話し合えば、充実した学びになる。極端に

言えば、ある一つの問いについて深く議論できれば、他の問いについてあまり話せなくともよい。そのグループには最後に発表をしてもらうことで、他のグループが気づかなかった、または表面的にしか扱えなかったことが見えてくることが多い。グループはお互いに発表をし合う仕組みになっているので、それぞれの「専門」を組み合わせて新しい発見を参加者全員で共有する。

　反対に他のグループよりはるかに早いグループがあれば、ファシリテーターは一時的にそのグループに入り、まず発表者と司会に話し合った内容と進み方（どのように話し合ったか）を聞いてみる。

　そこから、本当にしっかり、効率よく話し、新しい発見があったことがわかれば、それをさらに追求するためのアイディアを投げかけたり、関連する情報を調べるなど、新しい活動を提案する。ただし、普段は3つの問いを10分以下で「話せた」というのは、大抵浅く話したということだろう。参加型学習になじみがないメンバーであれば、ワークショップの活動シートをテストなどの競争的なものと間違えている可能性がある。その場合、まず、第2部に書かれたようなグループワークの意義を再確認しよう。そのうえで、それぞれの問いにもう一度集中してみることや、他のグループで話し合っていることなどを紹介してみる。

　もう一つ「話が進まない」パターンとしては、どのように話したら良いかよくわからないことがある。それにファシリテーターが早く気づき、サポートできると一気に進み始めることが多い。

　例えば、問いの内容や狙いがよくわからないということであれば、ファシリテーターが問いを別の言葉で説明し、活動シートに書かれているヒントを参照させてみる。それでも進まない場合は、そのワークショップの最後のセクション（「話を深めていきたいときに～」）の項目で書かれたものを共有して、刺激を与えよう。

　一方、一部のメンバーの準備不足（記入シートをあまり記入していなかったなど）が原因であれば、能動的な学びの仕組みを再確認する。これがきっかけに、ワークショップの楽しさは受動的に消費するエンターテイメントではなく、みんなの能動的な参加があるときに限って経験できるものであることを実感できる。そのうえで、グループメンバーが準備不足の状況でもできる活動を考え、進め方を自分で決めればベストである。

　発表の準備の活動でも注意点があるが、それはまず「意見はみんな一緒だった」というまとめ方である。ファシリテーターは回るとき、そのような傾向に気がつけば、その原因を司会や書記に尋ねてみる。多くの場合はグループワークの目的が共通の認識を作ること

☞アクティブ・リスニング
「積極的傾聴」ともいうコミュニケーション技法。相手の表現にすすんで耳を傾け共感をもって理解しようする姿勢や態度。表現のなかにある事実や感情を積極的につかもうとする聴き方。→ p.173 参照。

☞第2部「5. どのように学ぶか」pp.44-47 を参照。

第3部　環境メディア・リテラシーを高めていこう

☞各ワークショップの最後のセクション（「話を深めていきたいときに」）にも参考例がある。

☞第2部「理念4 頭は柔らかく、非合理的な話を受け入れない」p. 52を参照。

☞**アクティブ・リスニング**
「積極的傾聴」ともいうコミュニケーション技法。相手の表現にすすんで耳を傾け共感をもって理解しようする姿勢や態度。表現のなかにある事実や感情を積極的につかもうとする聴き方。→ p. 173参照。

☞第2部「6. 学びの理念」特にpp. 52-53を参照。

☞グループのメンバーが自主的に以上のような問題を防止し、自分で取り組むためのヒントは、次のセクション（「グループメンバーのそれぞれの役割（参加者全員へ）」pp. 65-69に書かれている。

であると勘違いし、実は多様な意見を無理矢理にまとめようとしているだけである。ただし、同じような年齢や社会的な背景をもつメンバーであれば、本当に微妙な違いしかなかったことがあり得る。その場合、共通する情報源・価値観は何か、なぜ同じ答えになっているかなどと問いかけてみる。また、違う視点を投げかけたり、ほかのグループで出てきた話を紹介したりするなどオルタナティブな情報を与えれば、刺激になることが多い。もう一つのパターンであるが、話し合いを通して意見が一致した場合、そうなった過程を振り返り、倫理性などに問題がないかを確認してみる。

　また、逆に「いろんな意見があって楽しかった」だけで終わってしまいそうなケースを見つけた場合、お互いに一方的に発言して終わってしまった可能性が高い。お互いの話の内容に柔軟に対応し、冷静に検証し、それにより自分の視点を再検討し、新たな知恵の育成がワークショップの目的であるなど、再確認してみる必要があるかもしれない。そのうえで、もう少し話し合いの時間を与えられるとよい。

　他にもグループワークを良くするために、例えば、各グループにオブザーバーを配置する方法もある。人手は外部からでもグループメンバーから選んでもよい。オブザーバーはグループワークに参加せず、テーマや目的に対してどのように話し合いが行われているのか、グループ内のやり取りを観察してメモを取る（詳細である必要はない）。一通りのグループワークが収束した段階でメンバーに気づいたことを伝える。例えば、情報収集を改善したいときには、オブザーバーに「各メンバーはどのような検索方法をとったのか」や「用いた情報源の特徴はどのようなものだったか」などに注目をしてもらう。また、私語や運営方法の改善に全体のワークショップのオブザーバーを配置する方法がある。なお、司会のやり方を改善したい場合は、一人のオブザーバーがいくつかのグループを回って司会のやり方を観察し、その比較から見えてきたものをコメントするといった工夫もある。

　いずれにしても、ファシリテーターは問題を把握し、それに対する取り組みをサポートするが、他の参加者は基本的に自分の力で活動を進める。つまり、ファシリテーターは「助けてくれる」立場ではない。諺にもあるように、人に魚をあげるより、魚釣りを教えたほうが助けになる。

グループのメンバーのそれぞれの役割
（参加者全員へ）

　第3部のここまでは、どちらかと言えばファシリテーターやアシスタント向けのアドバイスだったが、以下はそれぞれの役の詳しい説明をその他の参加者のために書かれている。

　グループワークのときには、ファシリテーターが活動内容、時間の流れとグループ作りの方法を紹介するが、それから先はグループごとに役割を決めて、自主的に進めていく。この本で紹介するワークショップの多くが、司会、書記と発表者、場合によってオブザーバー（観察者）役もある（撮影のワークショップでは、監督、撮影者や出演者）。そして、それらの役を引き受けないメンバーにも期待される作業と高めていきたい能力がある。

　グループ内の役割分担は「司会をやりたい人は手を上げて」と呼びかけるのは自発性を促すことであるが、多くの場合は逆に「自分は……が得意」や「私は……が不得意」という固定化した自己イメージが強調されてしまい、新しいスキルを身につける機会を失う場合もある。また、「女性が書記役」や「年上の人が司会役」のような思い込み（ステレオタイプ）に陥ることも問題だろう。くじ引きやジャンケン、あみだくじなど無作為に選び出す方法で役割分担すると、その問題が発生しにくい。ファシリテーターが前もって各グループにくじ引きセットを用意するとゲーム感覚で役割分担ができる。

　司会は時間管理とメンバーの参加のサポートを担当する。皆の「上司」や「部長」ではなく、ファシリテーター的な役割を果たす。時間管理に関して、決められた時間内に作業が完了するためにメンバーに努力してもらうように工夫する。例えば、まずいつまでに何をしたらいいのかを自分がしっかりと把握したうえで（必要な場合、ファシリテーターに確認する）、それをメンバーに説明しておく。そしてファシリテーターの説明や配布資料（活動シート）にそって活動を行うことをメンバーに案内する。

　話し合いの活動では、メンバーが平等に参加できるよう、発言する機会を作ることを担当する。いろいろな技法があるが、例えば、活動内容の説明と問いを読み上げ、「あなたはどう？」とメンバーそれぞれに話しかけ、その発言に対してアイコンタクトと相づち（「うん」、「そうですね」、「なるほど」、「それで？」など）を返しながら聞く。そして、話した内容を自分の言葉でまとめて「そういう

役割分担の仕方

☞**ファシリテーター**
会議やミーティングなど複数の人が集う場において、議事進行を務め、中立な立場から活動の支援を行う。→ p. 188 参照。

☞**ステレオタイプ**
人、国、動物やその集団に対する非常に単純化・類型化した表現。特定の集団について流布している考えや推測に基づいており、偏見や差別などの価値観を含んでいることが多い。→ p. 183 参照。

司会

☞第2部「理念4 頭は柔らかく、非合理的な話を 受け入れない」p. 52 を参照。

☞第2部「理念5 他者を尊重し、自分も尊重する」p. 53 を参照。

☞**アクティブ・リスニング**
「積極的傾聴」ともいうコミュニケーション技法。相手の表現にすすんで耳を傾け共感をもって理解しようす姿勢や態度。表現のなかにある事実や感情を積極的につかもうとする聴き方。→ p. 173 参照。

意味だったか？」と発言者に尋ねる。それにより発言者が自分の言いたかったことが伝わったかが確認でき、必要な場合に言い直す機会になる。それがお互いの安心にもつながる。また他のメンバーにその段階で「内容に関して確認したいことがありますか？」と聞いておくのもよいだろう。

　一人目が終わったら、このペースでいくと間に合うか確認してみる。そうでない場合、それぞれの発言時間と内容確認の時間を制限し、例えば、メンバーに「1人に1分」のような目安を伝え、タイマーを使用する。スムーズに進めるため、ボールなどを利用する方法もある。ボールを順番に回していき、それを持っている間は必ず話さなければいけないなどのルールを作る。

☞ 司会の作業が多い場合、タイムキーピングを他のメンバーにしてもらう方法もある。

　自分を含めて全員の話が一通り済んだときに、「発表し合った」で終わらず、次のステップに進む。それは「対話」である。そこでは、それぞれの話を思い出しながら、メンバー同士でコメントを出し合おう。必要な場合は自分または書記のメモを参考にし「〇〇さんが〜と言ったが、それに関して、皆さんどう思うか？」と聞く。反応があまりなければ、何人かに「どう思う？」と問いかけよう。このように少し話し合いができたところで、まだコメントしていない人がいないかどうかを確認する。メンバーは一人ひとり違うので、話が上手い人もそうでない人も、それぞれ耳を傾け、発言を聞くようにしよう。そうすればみんなの新しい気づきが可能になる。

　司会をするときには、それぞれのメンバーの個性がよくわかるなど、面白い半面、悩むこともあるだろう。例えば、なかなか話さないメンバーがいることもある。その場合、そのメンバーにプレッシャーを与えすぎてしまうことも、放っておくことも、いずれもよくないだろう。まず、少し待ってあげることや、とりあえず他のメンバーを先にして、準備の時間を与えよう。反対に、話すことに自信がある人がいれば、簡潔で短くしてもらうとよい。「平等の参加をサポートする」というのは、「みな同じ」く扱うよりも、それぞれに適切な時間やサポートを与えることである。ところで、一人の話が長くなってしまうこともある。そのときに、他のメンバーの話す機会を失わないように、勇気を出して、「そろそろ〜」とヒントを与えるのは司会の仕事である。また、司会として、緊張してしまい、つい喋りすぎてしまうことがある。そんなときには主役は相手で、自分はサポート役であることを思い出せるとよいが、他のメンバーもヒントを与えてくれると助かるだろう。困ったときにはまず自分で対応するが、難しいときにはファシリテーターに声をかけて素早く解決しよう。司会は忙しい分、新しい発見が多い役である。

☞ 話すことが難しいメンバーが多い場合は、まず少し時間を与えると各自言いたいことが整理できる。そうして準備できれば、他のメンバーの話も落ち着いて聞けるようになる。

書記

　書記は話し合いのキーワードや主な内容を記し、重要なポイント、そして疑問点、解決できなかったことをメモにする。できる限り司会の隣に座り、司会が「今まで何を話したか」がわかるようにメモを整理しておく。メモ用紙にタイトルとグループ名を書くことから始め、話している人の内容をきちんと聞き取り記述していくが、うまく聞き取れなかったときは、「ごめん、今は〜？」と本人に確認する。実は、「よくわからなかった」という発言は、恥ずかしいことではなく、話した人に「今、私の言ったことがわかりにくかった」と知らせる側面があるので、話し合いを深めていく機能もある。ところで、「文字が汚いからやりたくない」と心配する必要はない。メモは発表者が読める程度でよい。また、ポスターなどを作るときには、共作を監督するような役割になる。

　自分の発言する順番がきたら、メモは他のメンバーに頼むか、自分で後からメモする。メモの仕方にはいくつかのコツがあるが、なかでも、あまり書き過ぎないことが重要である。誰が何を言っていたかまで書かずとも、話の要点を記すだけで十分であろう。なお、ワープロなどでメモすることも可能だが、マインドマップや付箋にキーワードを書いて、それを後で整理するという方法などのほうが正確性をもち、発表者にとって使いやすい。なお、発表のために、書記のとったメモを一緒に見ながら、その内容を再検討するので、書記の作業はみんなの出し合ったことを「記録」より「形にする」役である。グループのメンバーの人数が少ないときに、書記と発表者役を同じ人、逆に多いときに複数のメンバーでやるのもよい。

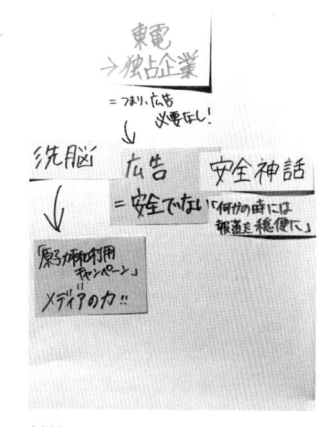

付箋でメモを書き、整理する方法（活用例）

発表者

　発表者の出番は、話し合いの後にあるグループ発表だが、そのために、グループワークの過程を終始フォローする必要がある（つまり、最後だけ活躍すればよいわけではない）。話し合いが始まったら書記の近くに座り、そのメモを参考にしながら、自分でもメモをとると安心だろう。気づいたこと、疑問に思ったことなどをしっかりと残せば、それが後の発表で独自の視点が求められたときに役立つかもしれない。

　話し合いが終わったところで、発表の準備となるが、まず書記がメモを読み上げてみて、みんなでそれをどう整理するか相談する。発表するのは最終的に発表者の役だが、その内容を決めるのはメンバー全員の仕事である。

　話のまとめ方にはいくつかのポイントがある。まずは全体的にどのような傾向があったかを整理し、そのうえで独自の側面を示す。グループでお互いに学び合うことは重要だが、その目的はそれぞれ

の視点の発展である。そのため、グループのメンバーが最終的に共通の意見や視点をもつようになることはあまり望ましくない。なので、発表の準備でみんなの共通の見方しか見つからない場合、多様性に気づいていないだけの可能性がある。「みんなと違う」視点もしっかりと取り上げるようにし、その視点に対する他のメンバーの反応も紹介しよう。発表者や書記のメモからわからなくても、他のメンバーが気づいたことがあるかもしれない。他にも、あまりにきれいにまとめるより、例えば、グループワークで発生した問題、解決できなかった疑問、どう考えたらよいかよくわからなかったことを報告すれば、他のグループから、またはファシリテーターから新しい視点や解決になるような話を聞けるかもしれない。いずれにしても無理矢理な「統一」や極端な「単純化」はできるだけ避ける。また反対に皆の意見があまりにも違っていて、まとめにくい場合がある。それはおそらくお互いに準備したことを発表し合うステップで終わり、対話まで進まなかったことが原因であろう。司会の項での説明と重複するが、時間管理がうまくいかなかったなどの理由で、結果的にそうなってしまうこともある。その場合は、他のメンバーに相談しながら、少しでも共通の視点やものの考え方を見つけられるように努力する。それでも見えてこない場合、ファシリテーターのアドバイスを聞けばよい。

☞第3部「グループワークがうまく進まない場合」p. 62 を参照。

　　グループ同士の発表で自分が最初に発表することになったら、まずは全体像を示したうえで、そのなかでも重要な部分を詳しく述べるようにしよう。なお、自分のグループの順番が後のほうで、全体像などがすでにカバーされた場合、今までの発表と違うところをクローズアップするようにしよう。話す順番としては、まずグループで話したことを紹介したうえで、自分が考えたことをつけ加えるようにすると話が聞きやすくなる。

　　発表者とは書記が書いたことを読み上げるのではなく、グループの代表として登場し、話し合ったことを整理し、さらに新しいレベルに持っていく役である。

「役がない」メンバーが主役?!

　　以上の役でないメンバーも、自分の出番や対話のところではしっかりと話し、他の人の発言をていねいに聞き、メモをとり、わからないことを確認し、疑問を述べ、結果を整理し、発表の内容を考えるなど、いわばすべての「役」をこなすつもりで参加する。また、役のあるメンバーも自分の役を優先しつつ、自らも発言し、ていねいに聞き、メモをとる。

　　発言することが難しく感じることもあるだろう。また言いたいこ

とがありすぎて整理できない、自分の考えていることをうまく言葉にできない、そんなときは、「すみません、まだ整理できていない」と言ってみれば、司会がもう少し時間を与えるか、番を後ろにまわしてくれるだろう。慌てず少しメモするなどすれば、少しでも話に貢献できるようになるだろう。一方で、自分の言いたいことが表現できたとしても、他のメンバーの発言に対してどのように反応したらよいのか、よくわからないことがある。コミュニケーション・スキルを高めるためのアドバイスのウェブサイトや本などたくさんあるが、ここではいくつかのコツを紹介する。例えば、相手の発言についてファシリテーターから「あなたはその話についてどう思う」と聞かれた場合、「良かった」や「面白かった」などの感想より、具体的にどこが、どのように新しい視点をもっていたかを示せば、次の話に繋がる。また、疑問や問題に感じたところを具体に示すことで、相手の話をよく聞いてそれを慎重に考えていること、つまり尊敬しているというメッセージになる。他にも、自分の考えや気持ちを疑問形で伝えたり、難しい質問をするときは、同じことを別の言葉で「つまり～」と言い換えたり、二者択一で聞くなどの工夫もある。できるだけ聞くことと話すことのバランスをよくすれば、自分の「不得意」なことにも取り組んでみる姿勢をもてるようになる。

　自分のグループの作業が終わったら、他のグループの発表を聞いて、しっかりとメモをとると、それは次のステップに繋がる。発表やファシリテーターのコメントを含めて、ワークショップが終わってから、自分ひとりで調べ、そのうえで考えたことを新しい展開にもっていく活動をする。そのために、できるだけワークショップで起こったことと自分がそのときに考えたことを記録し、グループで作った資料や、他のメンバーや書記のメモの写真を撮ったりする（またはファシリテーターにとってもらい、提供してもらう）とよい。それを少し「熟成」させ、さらに情報を収集し、最後に文章にまとめるなど、アウトプットを作る。それは自分のオリジナルなもので、人に見てもらったり、何度も考え直しながら、最終的に小さな「作品」として残す。あまり文章を書く自信がない場合は、次の頁にあるようなガイドラインを参考にし、ファシリテーターに相談すれば、自分の文章力を高められるはずだ。

　メンバー全員が主役と言われると、忙しく感じるかもしれないが、その努力の分、楽しく、刺激的に感じる機会が多い。失敗や迷いを怖がらず、努力すればするほど楽しくなるという雰囲気を味わえることは、環境メディア・リテラシーの学びの魅力である。

☞ビジネス向けの本では、コミュニケーション・スキルはあくまで自分が成功するためのツールとして捉えている。環境メディア・リテラシーではビジネスと違い、「勝ち組／負け組」はなく、みんな一緒に進もうという視線である。

☞**アクティブ・リスニング**
「積極的傾聴」ともいうコミュニケーション技法。相手の表現にすすんで耳を傾け共感をもって理解しようする姿勢や態度。表現のなかにある事実や感情を積極的につかもうとする聴き方。→ p. 173 参照。

☞第 3 部「文章の書き方のヒント」p. 70 を参照。

文章の書き方のヒント

【様式】
* 3パラ（段落）/600字程度
* 名前、日付け、グループ番号など
* レポート様式（簡潔で論理的に。箇条書きや話し言葉、感想は避ける）

【内容】
①導入
話し合ったテーマとグループワークの概要（1〜2センテンス程度）。

②報告
自分のグループの話し合いの主な成果、キーワード、特に面白い発言、問いについての答え、残った疑問、他のグループの発表との比較、新しい課題、自分の発言などを含める。

③調べ
様々な情報・視点を視野に入れる：例えば、他のグループの発表、教員のコメント、自分でネットまたは書籍などで調べた情報（引用する場合は必ず文献リストや注で明記する）。

④考察
以上から自分が得たもの。

【ポイント】
* できるだけグループワークで話したことを発展させる。
* 万一、グループワークの前とその後の自分の考え方に変化がなかった場合はその理由を明確にしよう（例えば、他のメンバーの意見の根拠が薄かった、全員の意見は一緒だったなど）。

【注意点】
* 感想文にならないよう意見と報告をはっきりと区別する。
* 根拠を示しながら意見を述べる。
* すべての情報源を明確にする（自分でわかったこと、グループのメンバーやファシリテーターが言ったこと、文献やウェブサイトで調べたものなど具体的に引用する）。

(配布資料の例)

1章 ビデオ・ゲームとネイチャーゲーム

workshop 1 携帯がないと不安になることがある？

デバイスを持っているとその技術が必ず自分の注目と自分のいる環境との関わり方に影響を与える。

アントニオ・ロペズ（環境メディア教育者）

スマホを使いながら歩いて、人にぶつかったことがあるか、という質問に対し、ある日本の大手通信事業者のユーザー調査によると66%のユーザーが「ある」と回答をした。さらに歩きスマホで16%が転んだことがあり、3%は電車のホームから落ちたことがあると答えている。

海外でも、携帯やスマホの使用が原因の交通事故が増えており、米国では2012年に起こった事故の4分の1、飲酒運転よりも危険と見なされている。イギリスでは公園で遊ぶ子どもの事故の増加は、デバイスに夢中になる親が増えているからだと考えられている。なお、会社のミーティングでは、デバイスの使用が効率に影響を与えるとされ、持参禁止ポリシーをもつ会社が増えている。

社会のあらゆるところで、携帯デバイスが増えているなか、自分が現実にいる場所についての意識が薄くなっている人が増えていることは間違いないだろう。すぐ隣にいる人より、SNSなどでメッセージを交換する人のほうが身近に感じられる。携帯やスマホのようなデバイスが「便利で楽しい」といわれている反面で、実はいつでも友だち、家族や職場に繋がっていることに精神的な負担を感じる人は少なくない。また、携帯に夢中になると幸せの機会を失う可能性もある。ある心理学実験研究では、実際に同じ場所にいる知らない人と一緒に過ごすと、良いことでも悪いことでも、会話をしなかったとしても、より強い経験として感じられることが示された。その研究に関わった研究者はインタビューで「パーティー会場で友だちにメッセージを送るなど、実際にその場にいる人と一緒に経験を共有せずに過ごすと、パーティーの楽しさをより強く感じるチャンスを失うことになる」と結論づけた。

そこから、美しい夕焼けを見たとき、それを周りにいる人と一緒に経験すれば一番楽しめると考えられるだろう。ただ、そのときに

まず、この話を

☞スマホ（スマートフォン）は携帯電話の一種、多機能携帯電話のこと。

☞デバイス
PC、タブレット、携帯電話などの、保存、受信、送信するための機器、装置や道具。→ p.185参照。

📄小林明、2015、『『歩きスマホ』の実態、どんな危険があるのか？』日経新聞
http://www.nikkei.com/article/DGXMZO93746520X01C15A1000000/

📄Association for Psychological Science, 2014, *Sharing makes both good, bad experiences more intense*,
www.sciencedaily.com/releases/2014/10/141007103433.htm

☞National Wildlife Federation, 2010,
Why connect kids and nature?,
https://www.nwf.org/What-We-Do/Kids-and-Nature/Why-Get-Kids-Outside.aspx

☞**携帯（スマホ）依存症**
携帯電話などのデバイスが手元にない、または電波が届かないなど、使用できないと不安になる人が多いという社会的現象。心理学的な病気より、社会問題の意味合いが強い。
→ p. 181 参照。

ワークショップの概要

おそらく多くの人はデバイスを取り出し、シャッターを押し、画面を見つめながら、遠い知り合いに写真を送り、そして返事のチェックをしたり……となってしまう。不思議だが、ちゃんと経験していないことも、後でその写真を見ると「きれいだったね」と言いながら、「良い思い出」にしてしまう。社会と技術の理論学者の多くが指摘するように、メディア技術が時間と距離を縮め、我々の存在する空間を分離させてしまう。

携帯電話会社は歩きスマホ防止を呼び掛けるキャンペーンを実施するが、携帯は「モバイル・テクノロジー」であり移動中に使用するために開発されているのだから、そうした呼びかけには矛盾があるだろう。シニカルに言えば、タバコ会社が「マナーよく吸いましょう」と呼びかけているのと同様である。イギリスの調査では携帯が手元にない、または使用できないと不安になるユーザーは半分以上に上り、平均的ユーザーは1日30回以上も携帯を使用することがわかった。なお、前記の日本の歩きスマホ調査では「ながらスマホ」が危険だと99％のユーザーが知っているが、ほとんどの人はそれでもやっているということがわかる。多くのユーザーは依存症のリスクにあると考えられる。

一方、タバコと違い、デバイスのおかげですぐ救急車を呼べて命が助かったことや、生活に必要な情報にアクセスしやすくすることも事実だろう。ただし、健全なバランスをとることが重要である。多くの先進国と同じく、日本人の外で過ごす時間（外タイム）が減り、メディアと過ごす時間（メディア・タイム）が増え、そのギャップがどんどん大きくなっている。特に子どもの外タイムは、心身の発達に非常に重要であるが、アメリカやイギリスでは1980年代と2000年代の比較でその時間が半分になっているなど、健康問題として危惧されている。

このワークショップでは、メディアとの接し方を意識して、他の人との違いと共通点を知り、そのうえで新しい関わり方を可能にしていく。

このワークショップで学ぶ基本概念

☞第2部
「環境メディア・リテラシーの基本概念」p. 39 参照。

- △ 自然環境がメディア社会の源である。
- 〇 メディアは「人工物」である。
- ◎ メディアはリアリティーを作り出す。
- △ メディアの効果は想定できない部分がある。
- ◎ 今のメディア社会を変えることができる。

特に意識したい学びの理念

☞第2部
「学びの理念」p. 48 参照。

- 〇 頭（知識）だけでなく、心（感情）と手（行動力）も使う。
- ◎ 「自然好き」本能を刺激し、メディアへの関心度を低くし美化しない。
- 〇 落ち込んでも、シニカルにならない。
- 〇 頭は柔らかくするが、非合理的な話を受け入れない。
- ◎ 他者を尊重し、自分も尊重する。

用意するもの

- ☐ 活動ができる場所（可能な限り外。必要に応じて、メモ取りやポスター作り用のテーブル、ピクニックシート、クリップボードなど。活動段階ごとの移動も可能）

- ☐ グループ用の活動シート（p. 75 のコピー、1 グループに 1～3 枚）

- ☐ 個人用の記入シート（p. 74 のコピー、1 人に 1 枚）

- ☐ ポスターを作るための文房具（ポスター発表の場合。大きめの紙、はさみ、のり、テープ、マーカー、付箋など）

- ☐ 参加者の持参するデバイス（活動2のみ）

- ☐ デバイス眠り箱（「スムーズな運営のために p. 62 参照）

workshop 1　携帯がないと不安になることがある？

記入シート　個人用

1. 外タイム／メディア・タイム

一週間に、外で過ごす時間（外タイム）はどれぐらいか？
携帯やテレビのようなデバイスを使用しながら過ごす時間（メディア・タイム）はどれぐらいか？
外タイムは、どのような場所だろうか？
少しでも自然があるところだろうか？

a. 小学生のころ
「外タイム」　週 _____ 時間　　　「メディア・タイム」　週 _____ 時間

b. 現在
「外タイム」　週 _____ 時間　　　「メディア・タイム」　週 _____ 時間

2.「ながら携帯」

a. 歩きながら、運転しながら、自転車やバイクに乗りながら携帯を使ったことで危険な経験、または恥ずかしい思いをしたことがあるか？
自分ではなく、他の人が（ながら携帯が原因で、危険や恥ずかしいことになってしまった）場面を目撃したことがあるか（メディア報道、ネット動画や聞いた話を除く）？

b. 人と話しているとき、または一緒に何かをしているときに、相手が突然携帯を触りだし違和感をもったことがあるか？
もしあれば、どのような状況だったか？

3. 自然な場所での良い経験

a. デバイス使用なし
自然が少しでもある（「足の下は土、頭の上に空」程度でもよい）場所で、デバイスを使用せず、良い経験をしたことがあるか？
それはどのような経験だったか？
デバイスを使用していたら、その経験はどのように変わっただろうか考えてみよう。

b. デバイス使用あり
自然が少しでもある（「足の下は土、頭の上に空」程度でもよい）場所で、デバイスを使用しながら、良い経験をしたことがあるか？
それはどのような経験だったか？
デバイスがなかったと想定した場合に、その経験はどのように変わっただろうか考えてみよう。

記入者名 _____

ガブリエレ ハード, 2016,『環境メディア・リテラシー』関西学院大学出版会

1章 ビデオ・ゲームとネイチャーゲーム

workshop 1 携帯がないと不安になることがある？

活動シート　グループ用

【活動1】個人で準備
① このワークショップの「まず、この話を」と「概要」を読む（またはファシリテーターの説明を聞き、メモをとる）。疑問や後で調べたいことを含めてメモをとる。用語の意味を用語解説（pp.173-191）で確認する。
② 記入シートを個人で記入する。

💬 ファシリテーターへ：できるだけ事前にやってもらう（例えば、宿題として）。不可能な場合は10分程度時間をとる。①について、読んだ後、隣の人と2分間のミニ話し合いをする。

【活動2】10分間デバイス使用好き放題
グループ分けを行ったところで、メンバー全員はデバイスを出し、できるだけたくさんの友だちなどにテキスト、電話やSNSで連絡をとってみる。音声を最大の設定にしておく（5分程度）。そこで取りあえず活動3に進んでみる。電話がかかってきたときやSNSなどで返事があった場合、必ず対応するようにする。10分ぐらい、その状態で活動を行ってみる。その後、デバイスの電源を切る、またはマナーモードに設定したうえ、デバイス眠り箱に入れる。デバイスを持っていない及び使用できないメンバーは、他のメンバーを観察して、メモをとっておく。

💬 ファシリテーターへ：少しでも活動に影響がでたか、それに気づくことが目的。

【活動3】グループで話し合い
メンバーが各自に記入してきた記入シートをお互いに見せ合い、報告し合う。
① 記入シートの「1. 外タイム／メディア・タイム」では
メンバーの間に類似点と相違点があるか？　パターンが見えるか？　どのような点で？
なぜ、そうなっているのか？
② 記入シートの「2. ながらスマホ」では
メンバーの間に類似点と相違点があるか？　パターンが見えるか？　どのような点で？
なぜ、そうなっているのか？
③ 記入シートの「3. 自然な場所での良い経験」では
メンバーの間に類似点と相違点があるか？　パターンが見えるか？　どのような点で？
なぜ、そうなっているのか？

【活動4】発表
グループごとに準備し、みんなで発表し合う。

💬 ファシリテーターへ：「発表の仕方の様々なパターン」p. 60参照。

【活動5】個人で考察
活動1～4で得たことをふまえて、自分が考えたことを文章にまとめる。気づいたことや疑問に思ったことなどについて、さらに情報を収集し、自分の考えを発展させる。

💬 ファシリテーターへ：連続講座や授業の場合は宿題にする。そうではない場合はその場で15分程度でやる。必要に応じて文章の書き方のヒント（p. 70）を配布し、説明する。

【さらにやってみる】
① 自分は携帯（スマホ）依存症ぎみではないかをチェックをする。ネットでのテストを使用するか、自分で今までの携帯依存症についての研究を調べてテストを作ってみる。Google ScholarやCiNii（http://ci.nii.ac.jp/）などの研究のデーターベース、日本語と英語（nomophobia, cellphone dependency）などと検索してみる。
② 携帯なしで自分の住んでいるところを2時間以上歩き回り、気づいたことをメモにしたうえ、エッセーを書いてみる。

ガブリエレ ハード, 2016,『環境メディア・リテラシー』関西学院大学出版会

話を深めていきたいときに〜

過去のワークショップでは、次のような発言があがった。自分と同じような傾向があるかどうか、それについてどう思うか、話し合いを進めてみよう。

- 活動3①、②、③のそれぞれの「パターン」と「なぜそのパターンになるか」について

  「年齢、家庭環境、それぞれの時代の背景、技術の発展、所属のクラブ、ジェンダー（社会的な性）、流行（とその裏にあるマーケティング）など、様々な要素が見えてきた」。

- 活動3①「1. 外タイム／メディア・タイム」について

  「小さいころのほうが外で過ごす時間が多かったメンバーがほとんどだったが、一部のメンバーは最近のほうが外で過ごす時間が多くなっている。その原因は、アウトドア系のクラブに所属しているからと思われる」。

- 活動3③「3. 自然な場所での良い経験」について

  「多くのメンバーが自然な場所で良い経験があることがわかったが、デバイスなしは想像しにくいという感想があった。なお、メンバーの1人がデバイスあり、なしに関係なく、自然での経験は一つも思いつかないことがあった。それはかなり深刻な自然離れではないかという意見もあったが、私はその自然離れがなぜ悪いのかということに疑問が生まれ、もっと自然離れについての研究を調べなければならないと思った」。

米国にある世界遺産グランド・キャニオン国立公園にてビデオゲームで遊ぶ少年。
アドバスターズ誌から。http://adbusters.org

トルコにある世界遺産ヒエラポリス - パムッカレで自分を撮影する観光客。
活動3Bでは、このような経験があったとしても、携帯がなかったとすれば、どうだっただろうということを考える。
撮影：shankar s. (2014)
https://flic.kr/p/qyTjYx

さらに学ぶために

- イディス・コッブ著，黒坂三和子，村上朝子訳，[1977] 2012,『イマジネーションの生態学』新思索社
- リチャード・ルーブ著，春日井晶子訳，[2005] 2006,『あなたの子どもには自然が足りない』早川書房

workshop 2 私のメディア史に含まれた「自然観」

メディア社会に生きる人の多くは様々なメディアに接触しながら育つ。その内容や技術が与える影響は、生活リズムや人間関係などに深く関わっている。例えば、小さい頃に流行った音楽、キャラクターやゲームが今でも好きだという人が多いだろう。その自分が愛用していたメディアには「世の中で何が重要なのか」、「何が美しいのか」、などについて多くのメッセージが含まれていたはずである。それらが自分に与えた影響はどのくらいなのか考えてみた時、不安を感じる人がいるかもしれない。逆にあまり関連性を感じていない人もいるだろう。

メディア効果についての研究の主な成果をとても簡単にいうと、普段はメディアが視聴者を「洗脳」することはないが、「まったく影響がない」とも限らない。まず、メディアの影響は見た人の性格や趣味、友達や兄弟、家庭環境などによって大きく左右される。次に、メディアの中の暴力とそれを見た人の暴力的な行動の因果関係は現時点の研究では言い切れない。一方、調査研究からは長時間のメディアに接していることが、例えば犯罪が増えたように感じるなどの「ずれた現実感」につながっていることが明らかにされている。

メディアが一人ひとりに及ぼす効果はそれほど表面化しないが、社会全体には共通の認識、価値観や文化に影響を及ぼしていると多くのメディア研究者が考えている。そのような効果を環境メディア・リテラシーでは「心跡」と呼ぶ。

では、私たちが「自然」について考えていることはどのように成り立ってきたか。幼い頃に「馬」、「オオカミ」、「山」や「田んぼ」などの「自然」を最初はどのように知ったのだろうか。自分の目で本物を見たのか、それとも、絵本やテレビなど、メディアの中のレプレゼンテーションのほうが先だっただろうか。メディア社会に生きる人々は、家庭・学校・友達ならびに、メディアによって育つと言っても大げさではない。なぜなら、自分が実際にいた「自然環境」より、メディアによって構成された「バーチャル環境」に生きてきた部分があるからだ。それこそがメディア社会の特徴なのである。

「直接経験が少ないほど、メディアの影響が大きい」ことを示す

まず、この話を

☞ **メディア**
単なる「情報を送る手段」ではなく、社会的な現象。活字、音声、画像、動画などの記録、再生、伝送する技術を用いる。「物」「内容」「制度」などの複数の側面をもつ。→ p. 189 参照。

☞ **メディア社会**
メディアが偏在する社会。ものの考え方や知識のほとんどが、メディアの影響で作られていることが特徴。→ p. 190 参照。

☞ **心跡**
メディアの個人または社会への精神的に悪い影響。例えば、環境への負担になる価値観、行動やイデオロギーの宣伝。→ p. 181 参照。

☞ **レプレゼンテーション**
社会の人びと、生き物、場所、出来事、考え方などがメディアにより描かれている姿。メディアを通して再構成し、再提示したもの。再提示された表現。メディア言語によって構成されている。→ p. 191 参照。

📖 Corbett, Julia B., 2006, *Communicating Nature*, Washington DC: Island Press

☞ **自然観**
人間の自然に対する位置づけや評価の方法。自然界についての考え方や感じ方。自然や動物についての価値観、イメージ、ものの考え方。→ p. 182 参照。

☞ **価値観**
個人や社会的集団にとって何が大切で、何が大切でないか、についての信念。世の中の事象を評価し判断する基準。→ p. 177 参照。

☞ **メディア・テクスト**
メディア内容の単位。例えば、1本の映画、1つの新聞広告、1本のCM、1つの新聞記事など、またはその（読むことが可能な）一部。メディア研究においては、内容分析の対象にできるもの。→ p. 190 参照。

☞ **デバイス**
PC、タブレット、携帯電話などの、保存、受信、送信するための機器、装置や道具。→ p. 185 参照。

☞ **人間中心主義**
人間を世界の中心に置き、すべての事象を人間と関連付け、人間が生き物のなかで優位にあるという立場に至る考え方。→ p. 187 参照。

☞ **擬人化／擬獣化**
いずれも動物と人間の特徴を混ぜた表現。「動物が人間のように描かれている」場合は擬人化、「人間が動物のように描かれている」場合は擬獣化と呼ぶ。→ p. 179 参照。

ワークショップの概要

☞ **クリティカル**
メディアの意味、歪みや含まれている価値観とイデオロギーについて深く考え、多面的に読み解いていこうとする視点。ネガティブな意味合いの「批判」と違い、「冷静」と「創造的」のニュアンスが含まれる。→ p. 180 参照。

メディア効果に関する研究がある。その研究から、都会育ちで自然体験が少ない人にとっては、自分の「自然なもの」について考えている・感じていること、自分がもつ「自然観」に対してのメディアの影響が大きい可能性があると言える。では、自分はどこまで、どのような影響を受けているだろうか。また、多くの人が共有しているメディア経験では、どのような価値観が含まれているのか。それを見つめていきたい。

　このワークショップでは、自分が生きているメディア社会が育てる自然観を意識する。自分の今までよく接してきたデバイスとテクストとを思い出し、その中に含まれた自然界についてのメッセージを考えていく。その一人ひとりの経験をグループのメンバーと共有し、比較し、整理しながら分析してみる。自分と同じようなメディアを愛用した人もいれば、珍しい経験をもった人もいることを知る。

　そして、自分の印象に残ったテクストに人間と他の生き物の関係について、どのようなメッセージが含まれていたかを一緒に考えていく。例えば、自分が小さい頃によく見たアニメでは動物や自然の風景が多く登場したが、それは何を意味しているか。また、そうではないメディアとよく接したメンバーもいるかもしれない。個人差があれば、年齢ごとに違いがあることにも気づくだろう。それぞれに、どのような「自然観」が含まれていただろうか。人間がとても特別な、至上な生き物として登場したか。それともただ多くの生き物の一つか。主人公は人間か、それともそうでないか（例えば擬人化／擬獣化された動物または機械や生き物）。それはなにを意味しているか。自然ドキュメンタリーでは、人間が登場しないことがあるが、それは何を意味するか。人間が作ったものは良いイメージか。動物は人間をうらやましがるか、それともそもそも登場しないか。それぞれが何を意味するのか。以上のような問題を考えると今までなんとなく接していたメディアについて、様々な新しい発見があるだろう。

　このワークショップでは日常的に使っているデバイスとその内容によって、自然についての考え方（自然観）が影響を受ける可能性をみつめていく。「自分の」だと思っていた価値観は、実は植え付けられた部分があることを意識する人もいれば、自分の直接に経験した「自然」の印象のほうが強いメンバーもいるかもしれない。自分はどちらなのか。

このワークショップで学ぶ基本概念

- △ 自然環境がメディア社会の源である。
- ○ メディアは「人工物」である。
- ◎ メディアはリアリティーを作り出す。
- ○ メディアの効果は想定できない部分がある。
- ○ 今のメディア社会を変えることができる。

☞第2部
「環境メディア・リテラシーの基本概念」p. 39 参照。

特に意識したい学びの理念

- ◎ 頭（知識）だけでなく、心（感情）と手（行動力）も使う。
- ◎ 「自然好き」本能を刺激し、メディアへの関心度を低くし美化しない。
- △ 落ち込んでも、シニカルにならない。
- △ 頭は柔らかくするが、非合理的な話を受け入れない。
- ○ 他者を尊重し、自分も尊重する。

☞第2部
「学びの理念」p. 48 参照。

用意するもの

- ☐ 活動ができる場所（可能な限り外。必要に応じて、メモ取りやポスター作り用のテーブル、ピクニックシート、クリップボードなど。活動段階ごとの移動も可能）

- ☐ グループ用の活動シート（p. 81 のコピー、1グループに1〜3枚）

- ☐ 個人用の記入シート（p. 80 のコピー、1人に1枚）

- ☐ ポスターを作るための文房具（大きめの紙、はさみ、のり、テープ、マーカー、付箋など）

- ☐ 参加者の持参するデバイス（活動1②を授業中にする場合のみ。ネット接続可能な携帯電話、タブレット、ノートPCなど）

- ☐ デバイス眠り箱（「スムーズな運営のために p. 62 参照」）

workshop 2 私のメディア史に含まれた「　自然観」

記入シート　個人用

	1 主に使用したメディア技術／デバイス 例えば、雑誌、テレビ、ゲーム機など	2 その使用で印象に残ったメディア・テクスト（内容） （例えば、好きなキャラクター、テレビ番組、ゲームの種類と内容など、できるだけ具体的に） ＊可能な限り、キャラクターなどの画像を持ってくる（別紙）	3 そのテクストでは、「自然」について、どのようなメッセージ（自然観）が含まれていたか？ （例えば、「自然」「人間」「動物」「生き物」「機械」「都会」「田舎」などの存在、特徴、役割）
（記入例）	テレビ……	アンパンマン（アニメ）……	登場人物：擬人化／擬獣化された食べ物、機械や動物、菌まで（！）；機械＝バイキマンのもの（悪い）…… 場所：「健全な田舎」（？でも、人間の手が加えられていない自然がない）
乳幼児期			
小1-3			
小4-6			
中学			
高校			
高校以上			

記入者名 ＿＿＿＿＿＿＿＿＿＿＿

ガブリエレ ハード, 2016,『環境メディア・リテラシー』関西学院大学出版会

1章 ビデオ・ゲームとネイチャーゲーム

workshop 2 私のメディア史に含まれた「自然観」

活動シート　グループ用

【活動1】個人で準備

① このワークショップの「まず、この話を」と「概要」を読む（またはファシリテーターの説明を聞き、メモをとる）。疑問や後で調べたいことを含めてメモをとる。用語の意味を用語解説（pp.173-191）で確認する。

② 記入シートを個人で記入する。可能な限り、欄2で書いた好きなキャラクター、テレビ番組、ゲームなどの画像を印刷し、グループの他のメンバーに見せられるようにしておく（ポスターに貼ることも想定）。

💬 ファシリテーターへ：できるだけ事前にやってもらう（例えば、宿題として）。不可能な場合は10分程度時間をとる。①について、読んだ後、隣の人と2分間のミニ話し合いをする。必要に応じて、情報を調べる／画像を探すためのネット接続可能なデバイスを用いるか検討。

【活動2】グループでポスター作り

メンバーが各自が書き込んだ記入シートをお互いに見せ合い、報告し合う。それを使って、「私たちの環境メディア史」とそのなかの「自然観」をビジュアルにまとめて、ポスターを作る。

【活動3】グループで話し合い

自分が作ったポスターを見ながら、以下の問いについて話し合う。

💬 司会へ：この活動では、自分の趣味や好きなキャラクターの話から始まるが、メディアの内容に含まれている自然観をクリティカルに読み解くことが目的である。問い①と②は話しやすいが、それに時間をかけすぎないように、速やかに問い③に進もう。時間があまりないときは①はやらずに、②と③だけについて話す。

① 欄1（使ったデバイス）では
メンバーの間に類似点と相違点があるか？　パターンが見えるか？　どのような点で？
なぜ、そうなっているのか？

② 欄2（印象に残った内容）では
メンバーの間に類似点と相違点があるか？　パターンが見えるか？　どのような点で？
なぜ、そうなっているのか？

③ 欄3（自然観）では
類似点と相違点があるか？　パターンが見えるか？　どのような点で？
なぜ、そうなっているのか？

【活動4】発表

グループごとに準備し、みんなで発表し合う。

💬 ファシリテーターへ：「発表の仕方の様々なパターン」p.60参照。

【活動5】個人で考察

活動1～4で得たことをふまえて、自分が考えたことを文章にまとめる。気づいたことや疑問に思ったことなどについて、さらに情報を収集し、自分の考えを発展させる。自分がもっている動物や自然についてのイメージや価値観がどのような影響を受けたか（または受けてないか）を考えていく。

【さらにやってみよう】

① 話し合いで出てきたテクスト（例えば、多くの人の印象に残った映画やアニメ）から一つを選んで、一緒に見る。「自然観」の観点から詳しく分析してみる。

② 環境倫理の分野などで、「人間中心主義」（p. 187）や「擬人化／擬獣化」（p. 179）の概念について調べ、議論する。

ガブリエレ ハード, 2016,『環境メディア・リテラシー』関西学院大学出版会

話を深めていきたいときに〜

過去のワークショップでは、次のような発言があがった。自分と同じような傾向があるかどうか、それについてどう思うか、話し合いを進めてみよう。

- 欄1（デバイス）と2（テクスト）の「パターン」と「なぜそのパターンになるか」について
「年齢、家庭環境、それぞれの時代の背景、技術の発展、ジェンダー（社会的な性）、流行（とその裏にあるマーケティング）、事件や災害のような大きな出来事、政治的な動き、様々な具体的な要素が見えてきた」。
- 欄3（自然観）について
「小さい子ども向けのメディアでは、主人公が動物であることが多いが、その動物には人間的な特徴がある。その擬人化／擬獣化には、どのような「自然観」が含まれているかに関して、例えば、「動物は人間の仲間だ」「動物の耳がついても、あきらかに人間だから、ただ人間の一つの構成を表す」など、様々な考え方があった」。
- 欄3（自然観）について
「中学生以上向けのドラマに登場する「自然」はあくまで人間が活躍する舞台や背景である。登場する動物がペットに限られている。動物は人間に付随する存在のように映るかもしれないなど、人間中心主義的ではないかという意見があった」。

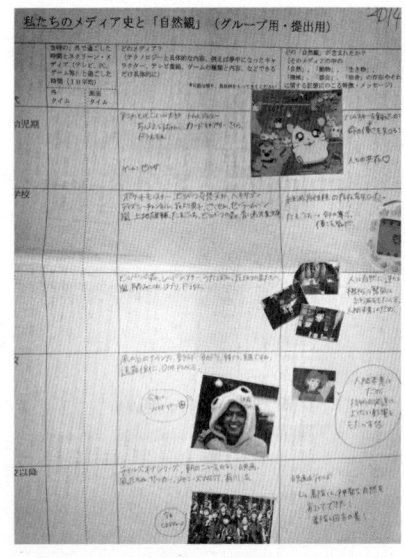

活動2で作ったポスターの例（p. 80の個人活動シートを拡大し、グループごとに記入する方法。ポスター作りに自信がない参加者でもやりやすい）

さらに学ぶために……………………………………………………………

- Stephen Rust et al.(eds.), 2013, *Eco Cinema Theory and Practice*, Oxon: Routledge
- ヒトと動物の関係学会誌　http://www.hars.gr.jp/

workshop 3 メディアを使った大人のネイチャーゲーム

本当の発見の旅とは、新しい風景を探すことではない。
いつもの風景を別の目で見ることなのだ。
　　　　　　　マルセル・プルースト（小説家 1871-1922）

テレビ、PC、ゲーム機、スマホやタブレットなどのデバイスがあふれる生活は、メディア社会に生きる人々の生活を便利にするに違いない。しかしその陰では、中毒やネット犯罪なども話題になっている。ただそれは比較的にマイナーで珍しい問題であろう。実はもっと大きくて、一般的な被害がある。例えば、長時間スクリーンに向かっていることによって、ブルーライトによる目への被害からうつ病やメタボまで、多くの人々が悪影響を受けていることが様々な分野の研究からわかってきた。米国やイギリスではその生活習慣病の原因を「自然体験不足障害」と名づけ、防止する運動が行われている。

都市化が進んでいる多くの先進国では、子どもの外で遊ぶ時間が減っている。「犯罪が怖い」という親の過剰な意識や塾通いで忙しいこともその背景にあるのかもしれないが、メディアと一緒に過ごす時間が長くなっていることやデバイスの多様化、小型化、個人化も影響していると考えられる。なお、多くの教育、仕事、遊び、レジャーのほとんどは「屋内で過ごす」ことが前提である。いわば、自然に触れないことは社会的なデフォルトになっている。

では、「自然体験不足障害」から自分を守るにはどうすればよいだろうか。単純に言えば、外で過ごす時間を増やし、少しでも自然なものがある場所にいることである。「できるだけ外に行こう」という考えは、健康維持の一部である。さらに、学校、病院、企業や市町村などでは自然と触れる機会を増やすによって、テスト成績、労働生産性、犯罪、社会的一体性、医療コストなど、様々な分野で改善が期待されている。

そのため、日本を含む、多くの国に「ネイチャーゲーム」や「プロジェクト・ワイルド」などの自然体験を増やす取り組みが広まっている。ただし、その多くは子ども（特に小学生）が対象とされ、

まず、この話を

☞ **自然**
人為が加わっていない、あるがままの状態・現象。人間を除いた自然物および生物全般を指すこともあれば、人間も含めた天地・宇宙の万物を指すこともある。社会学では、「あるがまま」に見えるものが実は（完全に、または部分的に）社会的なコミュニケーションにより構成されているとされる。

☞ リチャード・ルーブ著, 春日井晶子訳, [2005] 2006『あなたの子どもには自然が足りない』早川書房

☞ **デフォルト**
初期設定、基準設定、平準／ノーマル／スタンダードなやり方。意図的に別の行動や設定を選択しない場合、自動的に適用される／行われる。→ p. 185 参照。

☞ **ネイチャーゲーム**
自然とのつながりを認識したり、体験を通して気づいたことを分かち合うことの重要性を無意識に気づかせるアクティビティ。→ p. 187 参照。

第3部 環境メディア・リテラシーを高めていこう

☞プロジェクト・ワイルド
http://www.projectwild.jp/

☞シェアリング・ネイチャー協会
http://www.naturegame.or.jp/

▶柴静『穹頂之下』（中国のドキュメンタリー）
https://youtu.be/UfXNyfxT3yo（CCアイコンにクリックすると日本語字幕が見られる）

☞環境権
人間にとって良好な環境の中で生活を営む権利。→ p. 178 参照。

ワークショップの概要

☞自然観
人間の自然に対する位置づけや評価の方法。自然界についての考え方や感じ方。自然や動物についての価値観、イメージ、ものの考え方。
→ p. 182 参照。

高校生以上になるとアウトドアの趣味や仕事をもたない限り、「外」で過ごす時間は少なくなる傾向がある。「高校生は公園で遊ぶと変に見られる。外で過ごすには言い訳が必要」と私の学生がその困難さを表現した。それに加えて、スマートフォンなどのデバイスを携帯する習慣がある多くの高校生以上の人々にとって、いきなりそれを手離した状態で「自然体験をする」というのも受け入れにくいところがある。

そして、外に行きたくても、なかなか行きにくい環境に住んでいる人も世界各地に増えている。大気汚染、放射性物質による汚染やゴミ問題などの公害がある所に住めば、「外」とは、必ずしも健全な場所であるとは限らない。例えば、フクイチ（東京電力の福島第一原子力発電所の 2011 年の事故）の影響で、日本国内に放射線量が比較的に高い場所が増えており、そこに住めば「野外」と「屋内」のそれぞれのメリットとデメリットを考えなければならない。子どもを外でよく遊ばせれば、放射性物質からの影響がないかと不安になるが、外で遊ぶ時間を制限すると肥満リスクを高くする。フクイチに影響を受けている地域の保護者、学校や保育施設は厳しい選択肢に直面している。なお、中国の大気汚染は悪名高いが、デリー、パリ、ロンドン、テヘラン、リオ・デ・ジャネイロ、ヨハネスブルクなど世界各地の都市でも大気汚染の注意報や警報が出る日が多い。日本にも中国からの影響だけではなく、フクイチ後の火力発電所のフル稼働などの影響で、大気汚染の悪化が心配される。

このように考えると「健康のために外へ」という呼びかけはかなり複雑に聞こえる。

問題のある場所に住めば、「汚染されていない環境への権利」「自然に触れる権利」や「青い空への権利」を訴えなければならない立場になる。自然とは人間に資源を提供するものだけではなく、個人個人の身体的・精神的な健康を支えている。自然に触れ合う機会がないと、他がどんなに恵まれていても、健全で幸せに生きることはできない。自然を楽しむことは、一部の人の趣味ではなく、すべての人の権利であるという考え方がある。

このワークショップでは、近くにある、ふだん見落としていた自然なものに気づく。いつもいる（または通る）場所を再発見する活動をするが、それを通して色に気づくことに注目したい。まず使い慣れたデバイスを持って、写真を撮りながら歩く。そして、もう一度、デバイスを触ることを我慢しながら、散歩にでかける。写真は目で見た情報を記録するが、他の五感ではどのようなことを感じるのかを意識しよう。そうすることで、メディアからは体験できない

感覚が得られる。自分がいる「場所」の空気、季節、温度、生き物などに少しでも気がつければ、「何でもない」と自分が思っていたところに、実は小さな命がたくましく生きていることが分かるかもしれない。また、カメラに映った光景と比べると、自分の五感で感じた「リアリティー」とは大きく異なっていることを感じることができる。

身近なものから、「自然」の意義や存在の重要性を再認識する。このワークショップでは、こころと体に良い、大人でもできる「ネイチャーゲーム」を提供する。それを通し、いつも何気なく歩いていたところを、新しい目で見られるようになるだろう。

このワークショップで学ぶ基本概念

☞第 2 部
「環境メディア・リテラシーの基本概念」p. 39 参照。

△　自然環境がメディア社会の源である。
○　メディアは「人工物」である。
◎　メディアはリアリティーを作り出す。
△　メディアの効果は想定できない部分がある。
○　今のメディア社会を変えることができる。

特に意識したい学びの理念

☞第 2 部
「学びの理念」p. 48 参照。

◎　頭（知識）だけでなく、心（感情）と手（行動力）も使う。
◎　「自然好き」本能を刺激し、メディアは面白くないことを学ぶ。
△　落ち込んでも、シニカルにならない。
△　頭は柔らかくするが、非合理的な話を受け入れない。
○　他者を尊重し、自分も尊重する。

用意するもの

☐　活動ができる場所（外、少しでも自然なものがある場所）
☐　グループ用の活動シート（p. 86 のコピー、1グループに1～3枚）
☐　鉛筆、紙、クリップボード、ノートなど
☐　参加者の持参するデバイス（写真撮影／再生可能なものデジタル・カメラや携帯電話など。保存できるデータ量を確認して持参してもらう。1人または1ペアに1台）
☐　デバイス眠り箱（「スムーズな運営のために p. 62 参照。」）

1章 ビデオ・ゲームとネイチャーゲーム

workshop 3 メディアを使った大人のネイチャーゲーム

活動シート　グループ用

【活動1】個人（またはペア）の色探し散歩
① このワークショップの「まず、この話を」と「概要」を読む（またはファシリテーターの説明を聞き、メモをとる）。疑問や後で調べたいことを含めてメモをとる。用語の意味を用語解説（pp.173-191）で確認する。
② デバイスを持って、散歩をしながらできるだけ多くの色を探し、写真を撮っておく。
③ デバイスの電源を切って、またはファシリテーターに預けてから同じコースを歩き、見つけた色とそれが何かを鉛筆などで記録する。

　💬 ファシリテーターへ：参加者がよく知っている、少しでも自然があるところがよい。近くの公園、建物の前のグリーンベルト、道路の安全地帯でも十分。

【活動2】グループで話し合い
① どうだったか、それぞれの発見をお互いに紹介をする。色にどのようなバリエーションがあったか？　デバイスで撮った写真を見せ合うことだけではなく、言葉で説明する。
② デバイス「あり」と「なし」で、どのような違いがあったか？　それぞれが感じたことを比較してみる。
③ グループのメンバーはお互いに歩いた場所を案内する。歩いた場所について、新しい発見があったか？
④ 色を探すときに目にとまる情報があったと思うが、「デバイスなし」のときでは、視覚以外の五感から得た新しい情報があったか？　それはどのようなものであったか？　他のメンバーと一緒に回ったときには、どうだったか？　様々な場所で一緒に止まり、1分間目を閉じて、視覚以外の感覚から得られる情報を探して、それを共有する。

【活動3】発表
グループごとに準備し、みんなで発表し合う。

　💬 ファシリテーターへ：「発表の仕方の様々なパターン」p. 60 参照。

【活動4】個人で考察
活動1～3で得たことをふまえて、自分が考えたことを文章にまとめる。気づいたことや疑問に思ったことなどについて、さらに情報を収集し、自分の考えを発展させる。

【さらにやってみる】
① 「サウンドマップ」など、様々なネイチャーゲームについてシェアリングネイチャー協会のHPなどネイチャーゲームの実例がある文献を調べてみる。
メディアを使用しながらできるゲームもあるか？　もし、メディアを使うとしたら、どのようなゲームになるのか？　自分のオリジナルなメディアを持ちながらできるネイチャーゲームを発明してみる。
② 自分の職場／学校／住宅の周辺を歩き、そのエリアの「自然と触れ合える地図」（自然なものがある場所をクローズアップした地図）を作ってみる。
どこか緑を増やせるところがあるか（例えば、木や花を植えられる、鳥やミツバチを増やせるところ、グリーン・カーテンが作りやすいところなど）？　それも地図に記入する。比較のため、周囲の様子がまったく違うエリアに出かけて、同じことをやってみる。開発の進んでいるエリアとそうでないエリアでは「自然に出会える」チャンスが違うかなど、わかったことを報告書にして、市町村の行政に出してみる。

記入者名 _____

ガブリエレ ハード, 2016,『環境メディア・リテラシー』関西学院大学出版会

話を深めていきたいときに〜

過去のワークショップでは、次のような発言があがった。自分と同じような傾向があるかどうか、それについてどう思うか、話し合いを進めてみよう。

- 「自然なものの色と人工的なものの色の違いに驚いた。同じ「緑」でも、葉っぱはグラデーションが豊かだが、プラスチックのゴミ箱は全体が同じ色合いだった。ただし、人工のものでも、古びたら、グラデーションが見えてきて、自然なものになっていく気がする」。
- 「カメラなしで調べたときに、ことばにできない色に出会えた」。
- 「写真を撮るとは、ただ撮りたいものを狙って、シャッターを押せばいいと思ったが、そうすると自分が見た色合いが変わって写ってしまった。角度や明るさを考え、写真で自分が気づいたことを表現するための工夫が必要だとわかった」。
- 「違うメンバーが同じものを見ても、それをことばで表現すると人によってかなり違う。同じものを注目したが、見た人によって違う色に気づくことがあった」。

活動1③では、まず個人（またはペア）でデバイスなしで調べる。

さらに学ぶために

- ジョセフ・コーネル著, 吉田正人訳, 2012,『ネイチャーゲーム原典シェアリングネイチャー』日本シェアリングネイチャー協会
- 御代川貴久夫, 関啓子, 2008,『環境教育を学ぶ人のために』世界思想社
- 能條歩, 2014,『人と自然をつなぐ教育 ── 自然体験教育学入門』法人北海道自然体験活動サポートセンター
- 小松正史, 2010,『みんなでできる音のデザイン ── 身近な空間からはじめる12ステップのワークブック』ナカニシヤ出版

workshop 4 スローなメディアで、小さな自然を楽しむ

まず、この話を

☞**メディア**
単なる「情報を送る手段」ではなく、社会的な現象。活字、音声、画像、動画などの記録、再生、伝送する技術を用いる。「物」「内容」「制度」などの複数の側面をもつ。→ p. 189 参照。

☞**メディア社会**
メディアが偏在する社会。ものの考え方や知識のほとんどが、メディアの影響で作られていることが特徴。→ p. 190 参照。

☞Akamai, 2015, "Average Global Connection Speed Up 14%" https://www.akamai.com/us/en/about/news/press/2015-press/

📖ポール・ヴィリリオ著, 市田良彦訳, [1977] 2001, 『速度と政治』平凡社

☞Eriksen, Thomas Hylland, 2001, *Tyranny of the Moment*, London: Pluto Press

☞**自然**
人為が加わっていない、あるがままの状態・現象。人間を除いた自然物および生物全般を指すこともあれば、人間も含めた天地・宇宙の万物を指すこともある。社会学では、「あるがまま」に見えるものが実は（完全に、または部分的に）社会的なコミュニケーションにより構成されているとされる。

朝起きたら、どの服を着ようかと考えるため、あなたはまずどうするか。①窓を開けて、天気と気温を確認する。②家族に聞いてみる。③気象情報を確認する。おそらく、窓を開けて、肌で確認する人は少ないだろう。私たちは、自分の周りのこと（いわば「環境」）について、自分の体より、メディアまたは対面コミュニケーションのほうを信頼する傾向がある。どんな小さなことでも、誰かが発信した「情報」の上に行動することは一般的になっている。それは、人類の歴史では珍しい状況で、「メディア社会」の特徴である。

メディア社会は速度中毒だといえる。技術的な側面では、より早い通信技術が開発され続けている。あるプロバイダーの 2015 年の調査によると、インターネットの接続速度の世界平均は前年より 14% 以上も増加した。なお、2009 年のデータでは 40% のユーザーがアクセスに 4 秒以上かかるサイトを見ようとしないことがわかった。IT 業界では消費者が年々より早いスピードを求めていることが前提になっている。メディアの内容にも、スピード感がみられる。例えば、言いたいことを早く、短く、わかりやすく表現できる人が注目を集めやすく、逆にじっくりと考え、検討しないとわからない話をする人は無視されがちである。最近人気があるマイクロブログでは「早く・短く」ということがデフォルトになっているが、他にも、例えばテレビの 5 分間で使用されている編集技法の平均数や政治家のスピーチで使われている数が増加していると示す研究がある。スピード感は個人にとって刺激的で楽しい一方、過剰な刺激が精神状態に負担になるという見方もある。退屈という精神状態は、ある程度想像力に必要であるという指摘もある。また、スピードを求めている社会が環境へ非常に大きな負担を与えるという考えから、よりゆっくりした文化を創造する、いわゆるスローライフ運動がある。

メディア社会では、場所と時間、自分と環境についてのイメージは、メディアの影響で作られている。例えば、「自然」という言葉を聞くと、浮かんでくるものは自分が経験した自然なのか、それとも、メディアで見たものか。また、それは、自分の毎日の生活のも

のだったか？ それとも、いわゆる「大自然」的なものだったか。メディアでは、「自然」は非日常的な風景や珍しい動物で表現され、都会に住めば、自然は非常に遠い存在に感じてしまう。しかし、都会でも様々な生き物や自然を感じられる風景がある。そうしたグリーンスペースは精神的及び肉体的な健康に大きな役割を果たしている。

　日本全国の森林率は先進国では第2位で、1人当たりにテニスコート8つ分でありながら、町の中の緑が非常に不足している。世界保健機関は都市の市民1人当たり平均9㎡以上のグリーンスペースが必要とするが、東京は3㎡で世界ワーストとされる（ちなみに著者の出身国の首都のウィーン市は120㎡／人で世界第1位）。公園を新しく作ることが難しいなか、屋上ガーデンや植木、空き地のグリーン化などを増やすことで、大気汚染や下水の浄化にかかるコストなどを削減できる取り組みが多くの都会で進められている。また、世界各地の市民がコミュニティーガーデンやグリーンカーテンなどを作り、ミツバチ、蝉、コウモリ、鳥、蝶、蛾など、生態系のバランスに重要な都市野生生物に少しでもスペースを与える活動を行っている。

　メディア社会の中に生きると「自然」は、自分から遠いというイメージをもつ人が多いだろう。アウトドアや農業をやっている人を除くと、自分が「自然の一部であるはず」や「周りのものが全部、自然の資源からできている」ことがわかっているつもりでも、それはなかなか実感しにくい。

　このワークショップでは、「スローメディア」を楽しむ。自分の使い慣れたデバイスで1分間、歩きなれたところにある自然なものの観察ビデオを制作し、上映し合い、そのプロセスを通して経験したことを共有する。このワークショップは大阪市のメディアアートなどの表現活動に取り組んできたNPO法人「記録と表現とメディアのための組織」（remo）のメンバーが開発したフォーマットremoscopeを環境教育に適応させたものである。remoscopeは動画の先覚者とされるリュミエール兄弟の作品に影響を受け、民主的でスローなアートとして再発見したものである。撮影と編集技法はほぼ無限にある現在の技術にくらべて、シンプルでありながら、奥が深い動画になる。

　自分の近くにある「自然」とメディアが構成する「自然」の差に気づき、自分がもっている「自然」についてのイメージを意識化し、再検討の機会をつくる。見慣れたメディアのスピードと実際の世界の「スロー」な展開に気づき、自分なりの自然観と自分なりの時間感覚をとり戻すためのヒントがもらえる。

☞**自然観**
人間の自然に対する位置づけや評価の方法。自然界についての考え方や感じ方。自然や動物についての価値観、イメージ、ものの考え方。→ p. 182 参照。

☞WHO, 2015, *Health Indicators of Sustainable Cities* http://www.who.int/hia/green_economy/indicators_cities.pdf

☞私の森.jp（2012）
http://watashinomori.jp/study/basic_01.html

☞Economist Intelligence Unit, 2012, Green Cities Index, http://www.siemens.com/press/pool/de/events/2012/corporate/2012-06-rio20/gci-report-e.pdf

☞Tokyo Urban Permaculture（環境アクティビストの海（カイ）ソーヤーのブログ）
http://tokyourbanpermaculture.blogspot.jp/

☞Miazzo, Francesca, and Minkjan, Mark (eds.), 2013, Farming the City, Amsterdam:Valiz

ワークショップの概要

☞**スロー**
速度中毒の文化に対抗し、ゆっくりしたペースを大切にする生き方、経済、教育、デザイン、食べ物との関わり方など。それを実現するための思想、実践やそれを広めるための活動。社会運動。→ p. 183 参照。

☞remo http://www.remo.or.jp

☞第2部
「環境メディア・リテラシーの基本概念」p. 39 参照。

このワークショップで学ぶ基本概念
○　自然環境がメディア社会の源である。
○　メディアは「人工物」である。
◎　メディアはリアリティーを作り出す。
○　メディアの効果は想定できない部分がある。
◎　今のメディア社会を変えることができる。

☞第2部
「学びの理念」p. 48 参照。

特に意識したい学びの理念
◎　頭（知識）だけでなく、心（感情）と手（行動力）も使う。
◎　「自然好き」本能を刺激し、メディアは面白くないことを学ぶ。
△　落ち込んでも、シニカルにならない。
△　頭は柔らかくするが、非合理的な話を受け入れない。
○　他者を尊重し、自分も尊重する。

用意するもの

☐ 活動ができる場所（活動段階ごとに移動。撮影は外、少しでも自然なものがある場所。上映は屋内、動画を再生／上映できる設備、プロジェクターなどがある場所。ただし、ポスター発表型の上映の場合、それは不要。p. 91 活動シートの上映会の活動で「ファシリテーターへ」を参照）

☐ グループ用の活動シート（p. 91 のコピー、1グループに1～3枚）

☐ 参加者の持参するデバイス（動画撮影／再生可能なビデオカメラ、携帯電話など。保存できるデータ量を確認して持参してもらう）

☐ デバイス眠り箱（「スムーズな運営のために」p. 62 参照）

1章 ビデオ・ゲームとネイチャーゲーム

workshop 4 スローなメディアで、小さな自然を楽しむ

活動シート　グループ用

【活動1】個人で準備

① このワークショップの「まず、この話を」と「概要」を読む（またはファシリテーターの説明を聞き、メモをとる）。疑問や後で調べたいことを含めてメモをとる。用語の意味を用語解説（pp.173-191）で確認する。
② あなたにとっての「自然」とは何か？　ということについて個人で考え、メモをとる。

　🗨 ファシリテーターへ：できるだけ事前にやってもらう（例えば、宿題として）。不可能な場合は10分程度時間をとる。①について、読んだ後、隣の人と2分間のミニ話し合いをする。

【活動2】グループで準備

3～4人のグループを作る。グループごとに1台の撮影デバイスを用意し、外に行く。役割分担では、監督と撮影者、そして報告者（プロセスについて観察し、メモをし、報告する）、それぞれの役1人以上が受け持つ（書記は今回不要）。

　🗨 司会とファシリテーターへ：第3部「グループ分け」p. 60と「役割分担の仕方」p. 65を参考にする。

【活動3】グループで撮影

以下の条件にそって、「自然（と思われるもの）」をテーマに1つのremoscope動画を撮影する。何回撮り直してもよいが、上映のために1つを選ぼう。撮影の対象を決めるために、まずメンバーが各自に記入してきた「自然の定義」について、どう思うかを共有する。

6つの条件（リュミエール・ルール）：
無加工／無編集／長さ1分間（ちょうど）／固定カメラ／無音／ズーム無し

　🗨 ファシリテーターへ：グループを回り、ルールがわかっているかを確認する。なお、「自然」はテーマであるが、ジャンルをドキュメンタリーに限定する必要はなく、演技も可能であることを伝えてもよい（リュミエール兄弟のドキュメンタリー作品には実は多くの演技が含まれたようである）。

【活動4】全員の前で上映会

① 上映準備：グループで自分たちの上映したいビデオを選び、制作過程についての説明とコメント（制作過程で気づいたことなど）を相談する。
② 上映実施：各グループの発表者が制作過程の説明とコメントを紹介し、作品を上映する。

　🗨 ファシリテーターへ：全員に同時上映したい場合、各グループのビデオのデータをPCに入れる。ポスター発表的な仕方の場合（p. 60参照）、各発表者はデバイスを持ち、3～5人ずつを対象に上映、コメントをする。

③ 参加者全員がすべての作品について、できるだけ細かくメモをとる。技法（カメラアングルなどで）何が特徴的だったか、何が面白かったか、自分が今まで見たことがある画像との関連性はあるか？　自分の考えた「自然」の定義との関係があるか？
④ 発表ごとに、全員で作品についての話し合いを進める。

【活動5】個人で考察

活動1～4で得たことをふまえて、自分が考えたことを文章にまとめる。気づいたことや疑問に思ったことなどについて、さらに情報を収集し、自分の考えを発展させる。

【さらにやってみる】

① 各メンバーがさらに1～3つのremoscopeを制作し、共有し、コメントをする。
② リュミエール兄弟の作品をネットなどで見てみる。

ガブリエレ ハード, 2016,『環境メディア・リテラシー』関西学院大学出版会

話を深めていきたいときに〜

☞作品の事例に本書の専用チャネル、EcoMLit（環境メディア）https://vimeo.com/user47635996 からアクセスできる。ただし、見てから撮影すると真似してしまう傾向があるので、活動3の前に見ないほうがいい。

過去のワークショップでは以下のような作品が作られてきた。

雨の中の笹
バス停の隣に見えた、暗やみと雨の中の植木
コンクリートの穴から出てくる黒アリ
時計の隣の鳩の求愛行動
犬のおなか（前足の間から撮った）
5本足のゴミグモの巣作り
大学の芝生にいる様々な人間や鳥
森の中のキノコ

過去のワークショップでは、次のような発言があがった。自分と同じような傾向があるかどうか、それについてどう思うか、話し合いを進めてみよう。

活動3　撮影

- キノコの作品について
  「何かが起こるかなという期待感が高まったが、何も起こらなかった。まったく動かない、写真みたいだった。退屈すぎて、怒りを覚えたぐらいでイライラしたが、1分間で生き物を見つめることは普段はないということに気づいた」。
- 雨滴に当たった葉っぱの作品について（オーディエンス側）
  「雨滴のリズム感に驚いた。ハンドベルみたいに動き、音楽が聞こえそうになった。いつも見ているのに、一度も気づいたことがない風景だった」。
- 雨滴に当たった葉っぱの作品について（制作側）
  「自分が流れる水を撮影したとき、撮っているものに完全に集中ができ、メディテーションのような空間に入っていたような気がする」。

さらに学ぶために

🏠 NPO法人「記録と表現とメディアのための組織」（remo）レモスコープ・プロジェクト http://www.remo.or.jp/ja/project/remoscope/

2章 メディアが「自然」と「生き物」をどのように構成するか

workshop 1 リアリティーを作り出すメディア言語

映画は説明しにくい。なぜなら、わかりやすいから。
　　　　　クリスチャン・メッツ（フランスの映画理論家）

動画を見ると、そのなかに描かれていることが自分の目で見ているような印象を受けることが多い。しかし、それは錯覚だ。その印象は非常に多くの技術と工夫、そして自分が身につけた知識によって作られている。動画の「わかりやすさ」の裏には多くの、かなり説明しにくい要素が働いている。

確かに、静止した画像を見る能力はほとんどの人が生まれつき持っている。しかし、画像の意味を読み解くにはある程度学ばなければならない。例えば、紙に書かれている 2D の画像（例えば椅子の絵）を 3D として解釈するには、経験と練習が必要である。そうした事実が 1920 年代から多くの調査で明らかになった。

ベルギーの画家のルネ・マグリットの有名な作品では非常に現実的に描かれている喫煙用のパイプの絵の下に教科書のようなフォントで「これはパイプではない」と書かれている。それはパイプの絵も言葉の 'pipe'（パイプ）もパイプ自体とは別であるというような意味であろう。マグリットは「パイプではないのか？」と聞かれたときに「タバコを入れて吸ってみてごらん」と答えたという話がある。言葉も絵もいずれもパイプのレプレゼンテーションにすぎない。

メディア社会に育ってきているならば、静止画はもちろん動画で描かれている、複雑なストーリーでも読み解くことができる。それは我々が小さいころからメディアの言語を学んできたからである。そのメディア言語は画像と音声を組み合わせる決まりと技法からできている。

例えば、映画のはじめに広い風景がフレームに入るロング・ショットがあるとそれを見たオーディエンスは「これからここでいろいろなことが起こるだろう」と期待する。また、人物の顔がクローズ・アップされると「この人の表情に注目」とオーディエンスは受け取るだろう。他にも画面が次第に暗くなるフェードアウトという技法を見ると「時間がたった」と無意識に感じる人が多いだろう。

まず、この話を

Ceci n'est pas une pipe.

「イメージの裏切り」
ルネ・マグリット（1929年）

☞**レプレゼンテーション**
社会の人びと、生き物、場所、出来事、考え方などがメディアにより描かれている姿。メディアを通して再構成し、再提示したもの。再提示された表現。メディア言語によって構成されている。→ p. 191 参照。

☞**メディア言語**
言語が単語で意味を構成するように、メディアがカメラワーク、編集技法、音声技法などにより意味を構成すること。例えば、「昔々」という日本語をメディア言語（画像）ではフェード・インと色合いを加工してナレーターの声やトーンを加えたりして構成する。→ p. 189 参照。

音声技法も驚くほど多くある。そのなかでも、動画のストーリーの世界に属する（と思われる）音とそうではない音、主に2つの種類がある。「属する音声」は、例えば登場する人の声やその場面にありそうな音（雨の音、虫の鳴き声など）がある。「所属しない」音としては、例えばBGM（音楽）やナレーションがあげられる。後者は明らかに編集技術を使って動画の「上に乗せられた」ものであるが、実はストーリーの世界に「属している音」も後で入れられていることが多い。映画などで聞く鳥の鳴き声の多くは、撮影現場から遠いところで録音されている。それはハリウッド映画やテレビドラマのようなフィクションに限った話ではない。ニュースやドキュメンタリーのときも、現場で録音したものとしなかったものがある。何を録音したか、編集のときにどの音を大きくし、どれを小さくするか、制作者のチームのメンバーが様々な選択肢から一部だけを選ぶ。

▶ニコラウス・ゲイハルター（監督），2005,『いのちの食べかた』

『いのちの食べかた』というドキュメンタリー映画のように、カメラとマイクを置いておくだけにすれば、その結果は非常に「現実そのまま」に見えるが、その置き方によってフレームとマイクに入るものとそうでないものが決まる。メディア研究では、メディアは見せながら隠す、とよく言われている。

メディアは窓や鏡のようなものではなく、言語のようなものである。世界のレプレゼンテーションを提示するだけであり、現実を見せることができない。

ワークショップの概要

メディア言語を読むことはメディア社会に生まれ育った人なら誰でもできるが、「書く」ことは意図的に身につけようとしないとうまくいかない。このワークショップでは、少しだけ自分のメディアを書く能力を高めていく。

☞付録、「メディア言語」pp.169-172 掲載。

まず、主なメディア言語の用語、意味合いと使い方を一緒に学ぶ。そして、多くの参加者が手元にある使い慣れたデバイスを使って、グループで10秒程度のマイクロビデオを制作して、技法の使い方と意味について考える。

☞説明に使えるビデオを本書の専用チャンネルで見ることができる。EcoMLit（環境メディア）https://vimeo.com/user47635996

ただし、メディア言語の複雑さに気づいても目的はプロの製作者を目指すことではない。このワークショップでは他のワークショップで行うメディア分析に必要な知識を身につける。

練習すれば、誰でもメディア言語でコミュニケーションができるようになる。おまけに、自分の愛犬の可愛いビデオを作りたいときに、様々なカメラアングルを選ぶことができるようになる。

このワークショップで学ぶ基本概念

△ 自然環境がメディア社会の源である。
◎ メディアは「人工物」である。
◎ メディアはリアリティーを作り出す。
○ メディアの効果は想定できない部分がある。
△ 今のメディア社会を変えることができる。

☞第2部
「環境メディア・リテラシーの基本概念」p. 39 参照。

特に意識したい学びの理念

△ 頭（知識）だけでなく、心（感情）と手（行動力）も使う。
◎ 「自然好き」本能を刺激し、メディアへの関心度を低くし美化しない。
△ 落ち込んでも、シニカルにならない。
△ 頭は柔らかくするが、非合理的な話を受け入れない。
△ 他者を尊重し、自分も尊重する。

☞第2部
「学びの理念」p. 48 参照。

用意するもの

☐ 活動ができる場所（活動段階ごとに移動。メディア言語の基礎の説明＝活動2は動画上映できる設備、プロジェクターなどがある場所。グループワーク＝活動3〜5は可能な限り外、少しでも自然なものがある場所）

☐ 活動2に必要なもの（必要に応じて、編集技法がわかるビデオ、OHC、ぬいぐるみ、ビデオカメラなど。詳しくは p. 96 の活動シートで活動2「メディア言語の基礎」の「ファシリテーターへ」を参照。p. 97 左図参照）

☐ グループ用の活動シート（p. 96 のコピー、1グループに1〜3枚）

☐ 参考資料（「メディア言語」pp. 169-172、1人に1部コピー、配布。そのままコピーするか、「図」と「説明」の欄を空欄にして、記入シートとして使用する。p. 97 右図参照）

☐ 参加者の持参するデバイス（動画撮影／再生可能なビデオカメラ、携帯電話など。保存できるデータ量を確認して持参してもらう）

☐ デバイス眠り箱（「スムーズな運営のために p. 62 参照）

workshop 1 「リアリティー」を作り出すメディア言語

活動シート　グループ用

【活動1】個人で準備
このワークショップの「まず、この話を」と「概要」を読む（またはファシリテーターの説明を聞き、メモをとる）。疑問や後で調べたいことを含めてメモをとる。用語の意味を用語解説(pp.173-191)で確認する。

> 💬 ファシリテーターへ：できるだけ事前にやってもらう（例えば、宿題として）。不可能な場合は10分程度時間をとる。①について、読んだ後、隣の人と2分間のミニ話し合いをする。

【活動2】メディア言語の基礎
個人の配布資料（本書付録、「メディア言語」pp.169-172）を見ながら、メディア言語を確認する。

> 💬 ファシリテーターへ：1人またはグループで資料を見て、わからないところを確認する方法やファシリテーターが全部説明する方法などがある。後者の場合、ビデオカメラ（OHCのカメラでも）をプロジェクターにつなげて、フレームサイズやアングルを説明する。映す対象としてぬいぐるみ、人形や鉢植えなどがよい。編集技法については、PCについている編集ソフトや、人気の映画、ネットの編集マニュアルの動画などを使って説明する方法がある（p. 94「概要」参照）。

【活動3】グループワークの準備
4人以上のグループを作る。グループごとに1台の撮影デバイスを用意し、撮影する場所（時間が許す限り外）に行く。役割分担では、監督（内容を考えるメンバー）と撮影者、出演者、そしてプロセスについて観察し、メモをし、報告する報告者、それぞれの役に1人以上が受け持つ（書記は今回不要）。

> 💬 ファシリテーターへ：第3部「グループ分け」p. 60と「役割分担の仕方」p. 65を参考にする。

【活動4】撮影
同じ場面を様々なフレームサイズ、アングルと動きで撮る。記入シートに書かれた技法ごとに1本の短い（5～10秒程度）のビデオを撮影する（合計13本）。

> 💬 監督へ：演技者に動いてもらうのは非常によいが、毎回同じ場所で同じ動きを繰り返すように注意する。1本のビデオの中では、カメラの位置は変わらない（トラックを除く）。カメラにズーム機能がついていない場合は、Zout, Zinを飛ばしてもよい。取り直してもよいが、上映にどれを使うかを決めておく。

【活動5】グループで話し合い
自分が作ったミニ作品を見ながら、それぞれの役割がどのような経験だったかを話す。
① 何か気づいたことがあるか？ 難しかったこと、不思議に思ったこと、など。
② 作った作品を見て、それぞれの技法の意味について、何か感じた、わかったことがあるか？例えば、アングルを変えるとどうなったか？
③ カメラの前にいるときと後ろにいるとき、自分がどういう気持ちだったか？

【活動6】発表
グループごとに準備し、みんなで発表し合う。発表が終わったら、撮った動画を必ずデバイスから消しておく（プライバシー対策）。

> 💬 ファシリテーターへ：OHCプロジェクターにデバイスを置き、その画面が映るようにする。

【活動7】個人で考察
活動1～4で得たことをふまえて、自分が考えたことを文章にまとめる。気づいたことや疑問に思ったことなどについて、さらに情報を収集し、自分の考えを発展させる。

2章 メディアが「自然」と「生き物」をどのように構成するか

過去のワークショップでは、次のような発言があがった。自分と同じような傾向があるかどうか、それについてどう思うか、話し合いを進めてみよう。

話を深めていきたいときに〜

・「くじ引きで出演者の役があたったが、自分がどう撮られるか不安だった。特に顔のXCUは恥ずかしかった。カメラの前と後ろに立つ人の力関係についていろいろと考えさせられた」。
・「今までテレビや映画をなんとなく見ていたが、このワークショップの後、技法に注目し始めた結果、制作側の様々な意図を推測できるようになった」。
・「カメラアングルが力関係を表すことがよくわかった。ニュースなどである政治家が微妙に下から撮られていることがあるが、それは良い印象を作るためのからくりではないかと思った」。

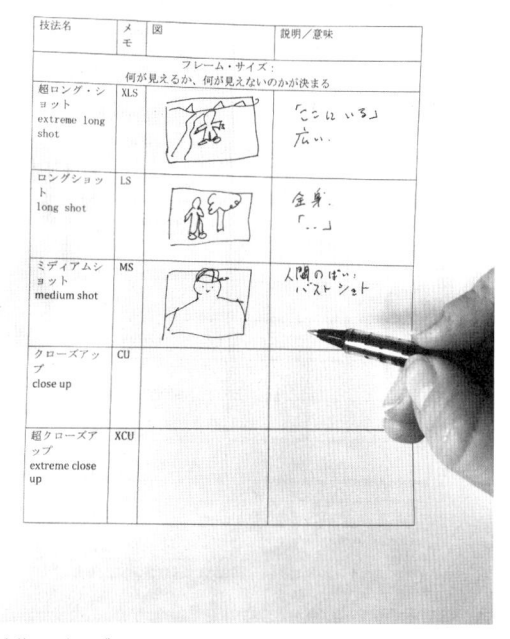

活動2（メディア言語の基礎）用に記入シートを作り、それを参加者に記入してもらう方法

活動2（メディア言語の基礎）用に映画専門学校の授業向けのビデオを使用する方法
撮影：Scott Bradley "Intro to Film Technique and Terminology", https://youtu.be/oFUKRTFhoiA から

さらに学ぶために

白石草, 2008,『ビデオカメラで行こう』七つ森書館

97

workshop 2 サメが怖い？ 美しい？ それともかわいそう？

まず、この話を

ミッキーマウスからネズミ（マウス）について何も学ぶことはできない。しかし、私たち（人間）について学ぶことはたくさんある。
　　　　　ジュリア・B・コルベット　（環境コミュニケーション学者）

☞Corbett, Julia B., 2006, *Communicating Nature*, Washington DC: Island Press

☞WWF, 2014, 『生きている地球レポート2014』
https://www.wwf.or.jp/activities/lib/lpr/WWF_LPRsm_2014j.pdf

☞**人間中心主義**
人間を世界の中心に置き、すべての事象を人間と関連付け、人間が生き物のなかで優位にあるという立場に至る考え方。→ p. 187 参照。

☞**環境権**
人間にとって良好な環境の中で生活を営む権利。→ p. 178 参照。

☞**レプレゼンテーション**
社会の人びと、生き物、場所、出来事、考え方などがメディアにより描かれている姿。メディアを通して再構成し、再提示したもの。再提示された表現。メディア言語によって構成されている。→ p. 191 参照。

☞**ステレオタイプ**
人、国、動物やその集団に対する非常に単純化・類型化した表現。特定の集団について流布している考えや推測に基づいており、偏見や差別などの価値観を含んでいることが多い。→ p. 183 参照。

　世界の人口は1970年から2010年の間、ほぼ倍に増えているが、反対に野生の脊椎動物は約半数に減っている。その急速な減少の原因は狩猟や水産業（37%）、生息地破壊（44%）、気候変動（7%）とその他（11%）である。人間は世界各地で生態系の最上位捕食者になっている。それは一見「人間の成功」に見えるが、実際はそれぞれの種が人間社会を支えている生態系に大きな役割を果たしているため、危機的な状況である。

　生態系のバランスを取り戻すために、人間と他の生き物との関係を見直す必要があるといえる。例えば、現代社会は人間中心主義に基づいているが、それが環境破壊を正当化していると指摘する人がいる。他の生き物にも存在する権利があり、それを尊敬するべきであるという考え方（生物中心主義、地球中心主義）が注目を集めている。では、文化に大きな影響を及ぼすメディアが、どのような役割を果たしているのか？　動物のレプレゼンテーションについての研究から、多くのメディアに登場する生き物のレプレゼンテーションが単純化されていることがわかる。その一部は伝統文化から引き受けた遺産であると考えられるが、現在のメディア文化にも影響し、再構成されている。

　例えば、西洋アニメの代表のディズニーのキャラクターでは、ミッキーはネズミ（マウス）とあまり関係がなく、ドナルドはくちばし以外にアヒル（ダック）の特徴がない。ただその性格は、西洋文化のネズミは頭が良く、アヒルは頭が悪いというステレオタイプにつながっている。一方、日本のアニメを代表する宮崎駿監督（スタジオ・ジブリ）の『もののけ姫』や『となりのトトロ』などの作品では、日本の伝統文化やアイヌ神話のアニミズムの影響を受け、人間以外の生き物に対する尊敬を抱かせるレプレゼンテーションが見える。そのような動物と自然のレプレゼンテーションが、オー

ディエンスの持続可能な社会を想像する力を高めているとされ、そのジブリの作品が環境映画の研究者に高い評価を受けている。

一方、米国人の動物のイメージについての調査は、以下のことを明確にした。まず、ほとんどの人が動物を「良い」／「悪い」という単純なカテゴリーで考えた。また、その判断には個人差がありながらも、例えば、サイズが大きい、人間と共通点が多い（哺乳類など）、文化的に「美しい」と見なされてきた、人間に害を及ぼさない、人なつこい、遠い国の動物などが「良い」と思われるなどの傾向が見えた。

動物についてのステレタイプは文化によって大きく異なる。例えば、カラスのイメージはほとんどの西洋や東アジアの文化では悪いのに対して、北米の先住民やアイヌの文化では人間を救う鳥として尊重されている。いずれの見方にも科学的根拠はない。

伝統文化から生まれたステレオタイプはメディア社会にも影響している。欧米のメディアにおける動物のレプレゼンテーションについての研究では基本的に「シンボルとして」、「かわいい／弱者」（目や額が大きいなど、人間の赤ちゃんの特徴をもっている）、「人間に対して危険」や「行動や外見が人間に似ている」などの分類があるが、さらに、絶滅危機を背景に、「かわいそう／助けを必要としている」という、新しいレプレゼンテーションが目立つようになった。例えば、実際には人間を獲物にすることもある、大きくて強く、本来最上位捕食者であるホッキョクグマは「温暖化の被害者」として登場したり、かわいいぬいぐるみとして販売され、動物園の人気者になっているという現象がある。このようにパワフルな動物さえもかわいそうな弱者として描かれていることから、人間と他の生き物の関係は大きく変わっていることが推測できる。人間が生き物のなかであまりにも支配的になっている。

このワークショップでは、サメを事例に、人間と動物の関係について考えていく。まず、参加者はサメについてもつイメージを話し、それからサメに関する情報を調べてみる。そのうえで、メディアはサメをどのように描いているかを3つの異なるサメのレプレゼンテーションから検証していく。サメを「怖い」（テクスト1）、「美しい」（テクスト2）と「かわいそう」（テクスト3）に見せようとしている3つの短いビデオを見ながら、それぞれのメディア言語に注目をする。各レプレゼンテーション（「怖い」、「美しい」、「かわいそう」という、制作側が意図しているメッセージ）がどのように作られているのかを客観的に整理する。自分のもつイメージはメディアが作るレプレゼンテーションとどのような関係をもつのか？

☞Kellert, R. Steven, 1989, 'Perceptions of Animals in America', R. J. Hoage (ed), *Perceptions of Animals in American Culture*, Washington DC: Smithsonian

☞Thevenin, Benjamin, 2013, 'Princess Mononoke and Beyond', *Interactions Special Issue Eco-Cinema*, 4: 2, 147-170

☞生物学研究では、カラス科では道具の活用でチンパンジーに負けないぐらいのカレドニアガラスなどがいることがわかっている。

ワークショップの概要

☞メディア・テクスト（p. 190）、メディア言語（p. 189）、オーディエンス（p. 175）、第3部2章ワークショップ1（pp. 93-97）を参照。

☞テクストの事例に本書の専用チャンネル、EcoMLit（環境メディア）https://vimeo.com/user47635996からアクセスできる。動画サイトから検索する方法もある。p. 103の図も参照。

このワークショップを通して、自分の自然界についての価値観（自然観）とメディアが作り出すリアリティーについて、様々な発見があるだろう。

☞第2部
「環境メディア・リテラシーの基本概念」p. 39 参照。

このワークショップで学ぶ基本概念
△ 自然環境がメディア社会の源である。
◎ メディアは「人工物」である。
◎ メディアはリアリティーを作り出す。
○ メディアの効果は想定できない部分がある。
○ 今のメディア社会を変えることができる。

☞第2部
「学びの理念」p. 48 参照。

特に意識したい学びの理念
○ 頭（知識）だけでなく、心（感情）と手（行動力）も使う。
◎ 「自然好き」本能を刺激し、メディアの「面白くない」ところに気づく。
◎ 落ち込んでも、シニカルにならない。
○ 頭は柔らかくするが、非合理的な話を受け入れない。
◎ 他者を尊重し、自分も尊重する。

☞付録、「メディア言語」pp.169-172 参照

用意するもの

☐ 活動ができる場所（屋内。動画を再生／上映できる設備、プロジェクターなどがある場所）
☐ 分析用メディア・テクスト（サメについて3本のビデオ：テクスト1「怖い」、テクスト2「美しい」、テクスト3「かわいそう」）
☐ グループ用の活動シート（p. 102 のコピー、1グループに1〜3枚）
☐ 個人用の記入シート（p. 101 のコピー、1人に3枚）
☐ 参考資料（「メディア言語」pp.169 -172、必要に応じて1人に1部コピー、配布）
☐ ポスターを作るための文房具（ポスター発表の場合。大きめの紙、はさみ、のり、テープ、マーカー、付箋など）
☐ 参加者の持参するデバイス（活動1を授業中にする、またはネットで調べる必要がある場合のみ。ネット接続可能な携帯電話、タブレット、ノートPCなど）
☐ デバイス眠り箱（「スムーズな運営のために p. 62 参照）

2章 メディアが「自然」と「生き物」をどのように構成するか

workshop 2 サメが怖い？ 美しい？ それともかわいそう？

記入シート　個人用

メディア言語	☐ テクスト1「怖い」 ☐ テクスト2「美しい」 ☐ テクスト3「かわいそう」	何がどの技法で撮られているかを詳しく記入する。 (記入例) CU (サメの目)
映像技法	カメラワーク (サイズ、アングル、動き、など)	
	編集、映像処理 (カット、フェード、ディソルブ、など)	
	画面の色調	
	テロップ、字幕など (色、字体などを含む)	
	アニメ、コンピューター・グラフィック (CG) など	
	どこからの映像 (現場のオリジナルな撮影、演技、スタジオ撮影、資料映像、など)	
音声技法	BGM (種類、楽器など)	
	現場音 (その音量を含む)	
	ナレーション (＝VO) (性別、年齢、トーンなど)	
	その他の声 (シンクロ、VO、現場で録音したなど) (声の性別、年齢、トーンなど)	
	サウンド・エフェクト (＝音響効果)	
	どこからの音声 (オリジナルな録音、演技、ドキュメント、スタジオ、アーカイブなど)	
全体の構成	登場している生き物 (その特徴) 登場人物 (性別、年齢、外見、表情、目線、セリフなどの特徴)	
	ストーリー	
	状況設定 (出てくる場所、その順番；音声・映像の順番など)	

記入者名 ＿＿＿＿＿＿＿＿＿＿＿＿

ガブリエレ ハード, 2016, 『環境メディア・リテラシー』関西学院大学出版会

2章 メディアが「自然」と「生き物」をどのように構成するか

workshop 2 サメが怖い？ 美しい？ それともかわいそう？

活動シート　グループ用

【活動1】個人で準備

① このワークショップの「まず、この話を」と「概要」を読む（またはファシリテーターの説明を聞き、メモをとる）。疑問や後で調べたいことを含めてメモをとる。用語の意味を用語解説（pp. 173-191）で確認する。
② メディア言語について、1人で学習／復習するか、ファシリテーターの説明を聞きながら、自分がわかったかを確認する。
③ サメについて調べる。主な種類、それぞれの生態系における役割などの特徴、保護の課題、人間との関係、サメに関する人間文化や神話などを簡単にメモする。事典、生物学の教科書やNPOのHP（例えば、http://www.jwcs.org/、http://www.trafficj.org/、http://www.wwf.or.jp/ サイト内検索）など、様々な情報源を使う（一般の検索エンジンの効率性は低い）。

💬 ファシリテーターへ：できるだけ事前にやってもらう（例えば、宿題として）。不可能な場合は、その場でする。① 10分程度で1人で読んだ後、隣の人と2分間のミニ話し合いをする。② メディア言語のワークショップ（pp. 93-97）を先に行えば、ここは簡単に復習。そうではない場合、メディア言語を説明する（20分程度で、p. 96の活動2のみ）。③ネット接続可能なデバイスの使用を許可。

【活動2】グループでサメのイメージと事実について話し合い

以下の問いを考え、その結果を整理する。
① 各メンバーがサメについて、活動1③で何がわかったか？
　情報を出し合い、情報源の信頼性を判断しながら整理する。
② サメについて、どのようなイメージをもっているか？
③ サメを自分の目で見たことがあるか（例えば、水族館、スキューバダイビングなどで）？
　そのとき、どのような印象を受けたか？

💬 ファシリテーターへ：あまり時間がない場合、この活動を省略しても可能。十分に時間がある場合、ここは中間報告。

【活動3】個人で分析シートを記入

メディア・テクスト1、2と3を見ながら、各記入シートを記入する。いずれのテクストも3回以上視聴する。1回目はそのまま見る。2回目は画像だけに集中。音声を消して約10秒おきに一時停止ボタンを押しながらゆっくりと再生する。3回目は画面を見ず音声技法に集中する。

【活動4】グループで記入シートを確認

3つのテクストから、中心的に話すテクストを1つ選ぶ。
各メンバーが映像技法欄、音声技法欄と全体の構成欄に記入したこと、他に気づいたことを話し、他のテクストと比較しながらできるだけ多くの技法や気づいたことをメモにする。

💬 司会へ：具体的な技法とその意味合いから考える。必要な場合、ビデオをデバイスで再生し、技法を確認する。

（例）CU（サメの目）→「視聴者/カメラを見ている」→獲物として見ている？

【活動5】グループで分析

① 以上活動3でとったメモを見ながら、テクストの主なレプレゼンテーション（怖い/美しい/かわいそう）がどのように作られているかを確認する。映像技法、音声技法や全体的な構成から詳しく説明する。
② 以上の主なレプレゼンテーション（制作側が意図的に作ったメッセージ）以外に、どのようなメッセージが含まれているか？
③ 活動2で確認したこと（実際のサメの姿、各メンバーが持つサメのイメージ）とこのテクストは、関係があるか（例えば共通点など）？
④ 以上をふまえてこのテクストについて、あなたはどう思うか（例えばその現実性、自分のイメージとの関係など）？

【活動6】個人で考察

活動1〜5で得たことをふまえて、自分が考えたことを文章にまとめる。気づいたことや疑問に思ったことなどについて、さらに情報を収集し、自分の考えを発展させる。

ガブリエレ ハード, 2016,『環境メディア・リテラシー』関西学院大学出版会

2章 メディアが「自然」と「生き物」をどのように構成するか

過去のワークショップでは、次のような発言があがった。自分と同じような傾向があるかどうか、それについてどう思うか、話し合いを進めてみよう。

話を深めていきたいときに〜

- テクスト1（「怖い」）について
 「最初はサメが怖そうに登場するような、なんとなくの印象しかなかったが、分析により、例えば口の超クローズアップ（XCU）により、サメの「危険性」が強調されていることがわかった」。
- テクスト2（「美しい」）について
 「サメが登場する前に小さな魚やアザラシのシーンがあり、サメと他の生き物との平和共存の意外な側面が描かれていた」。
- テクスト2（「美しい」）について
 「ネットでコメント欄を見て、サメの保護の観点から、野生動物を触ってはいけないと書かれていた」。
- テクスト3（「かわいそう」）について
 「最初のBGMはテクスト2のような優しい音楽だったが、そのあとテクスト1に近い暗い、怖いイメージの音楽に変わった。私は最初にサメが船の近くで泳いでいる画像と一緒だったせいか、『サメが人間に危険』というメッセージになるかと思ったが、その後はサメの水産業の画像で『人間がサメに危険』という意味を読み解いた」。

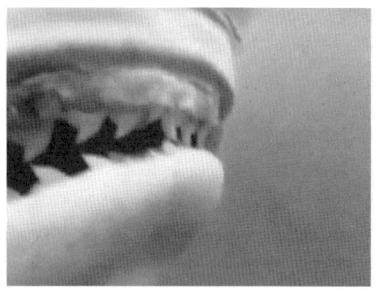

テクスト1 「怖い」事例
natgeojpweb, 2012, 「水中の殺し屋」
https://youtu.be/ta1-CQM_dBQ

テクスト2 「美しい」事例
GoPro, 2013, Ocean Ramsey and a Great White Shark, https://youtu.be/d-1xU0VfJ-g

テクスト3 「かわいそう」事例
Louie Psihoyos（監督）2015,『Racing Extinction』の予告編（サメ版）, https://vimeo.com/117815581

さらに学ぶために

- Stibbe, Arran, 2012, *Animals Erased*, Middletown, CT: Wesleyan U. Press
- Corbett, Julia B., 2006, *Communicating Nature*, Washington DC: Island Press
- WWFジャパン https://www.wwf.or.jp/
- 絶滅危機についての動画参照先の例 http://racingextinction.com/

workshop 3 環境に優しくない「エコCM」

まず、この話を

　私たちの商品は、公害と、騒音と、廃棄物を生み出しています。
　　　　　　　　　自動車メーカーVOLVO（新聞広告、1990）

　みんなの愛で、走っていく。
　　　　　　　　　自動車メーカートヨタ（ハイブリッドカーCM、2008）

　きれいな森や海岸を走る車、環境に優しいシャンプー、木の陰でごくごくと飲める清涼飲料、美しい山が描かれているボトルに入ったミネラルウォーター。CM、看板・ネット・新聞・雑誌広告パッケージデザインからすれば、日本で販売されている商品は買えば買うほど自然に触れ、環境に良いことができるように思える。もちろん、そんなはずはないが、一瞬でもそのように思わせてしまうのは、広告の不思議な力である。

　自然の美しい風景、動物、「自然」なイメージの色（グリーン、茶色など）を使った広告は多く見られる。その商品が実際は自然と関係なくても、自然なものと一緒に見せることで、なんとなく良いイメージを持たせる狙いである。人の「自然好き本能」（バイオフィリア）を利用していると言えるだろう。

　さらに、言葉やロゴマークを通して、その商品が「環境に優しい」や「エコ」であることをアピールする「エコ商品広告」や企業が社会と環境保護への責任（CSR）を意識しているというメッセージを含めた「エコ・イメージ広告」がある。既存の商品に比べて環境への影響が少ない商品を宣伝することで、メーカーにも社会にもメリットをもたらす側面がある。また、そもそも商品の生産と会社の運営、そして商品そのものが環境に大きな負担になるということを意識させる、上記した1990年のVOLVOの新聞広告のような広告も、（会社のイメージアップとともに）環境問題を重視する文化を普及させる効果があり、社会的に望ましい側面がある。

　しかし、消費者の「自然好き」や環境意識へアピールする（CMやパッケージを含む）広告のほとんどが誤解を招く方法及び根拠の薄い主張が含まれており、いわゆる「グリーンウォッシュ」である。

☞**グリーンコンシューマー**
環境に配慮して購買決定を行う消費者。→ p.180 参照。

☞関谷直也, 2001,「『環境広告』の生成」, 財団法人地球環境戦略研究機関（IGES）編『環境メディア論』中央法規出版, 213-238

☞**バイオフィリア**
生命愛、人間の「自然好き本能」。→ p.187 参照。

☞Hansen, Anders, 2010, *Environment, Media and Communication*, New York: Routledge

☞**グリーンウォッシュ**
商品や企業活動について、環境にやさしい、エコである、環境保護に熱心である、といった印象を植え付けようとする虚飾。→ p.180 参照。

☞環境市民, 2012,『調査報告書グリーンウォッシングをなくそう』
http://www.kankyoshimin.org/newsletters4public/201210.pdf

☞Corbett, Julia B., 2006, *Communicating Nature*, Washington DC: Island Press

2章 メディアが「自然」と「生き物」をどのように構成するか

そうした指摘は米国の広告代理店が2010年に行った調査の結果だが、日本の状況もおそらく大きく変わらない。

グリーンウォッシュではまったくの嘘もあるが、どちらかといえば、大げさ、曖昧な表現やなんとなくの印象付けのほうが多い。国内外の広告業界や消費者団体は消費者に注意をはらうように教育するとともに、企業と広告のプロを「グリーンウォッシュしない環境広告」について啓蒙している。なお、多くの国では、広告で間違った印象を与えるような表現（ミスリード）は規制されており、海外ではそれをもとにグリーンウォッシュに対する規制機関へのクレームや裁判になるケースも少なくない。さらに、グリーンウォッシュを行う企業にアカデミー賞のようなパフォーマンスで「グリーンウォッシュ賞」を与え、ユーモラスな形で恥をかかせる取り組みもある。様々な形で消費者を混乱させるグリーンウォッシュを減らし、正確な環境広告を促進する動きが見られる。

一方、そもそも「より環境に負担が少ない商品」を買うより、「買わない」オプションこそ一番環境に優しいのだから、「グリーンな消費」を問題にすべきという考え方もある。

このワークショップでは、環境へのアピールが強いCMを分析していく。まず、そのアピールはどのようなメディア言語を通して作られているかを確認する。そして、その正当性を検証していく。例えば、優しい声で「エコ」というキーワードを言っているが、その商品は具体的にどこが、どの程度「エコ」なのかを提示しているか？　また、仮にエコであるとしても、そのメーカーの本業は環境への負担が大きい物ばかりで、一部の商品だけが比較的にましなだけかもしれない（上図「グリーンウォッシングの7つの罪」5）。

最初はなんとなく「矛盾」や「ちょっと大げさ」と感じたときの違和感を大切にし、様々な側面から調べていく。このワークショッ

グリーンウォッシングの7つの罪

1. 隠れたトレードオフの罪：
他の重要な環境問題には注目せず、ごく限られた理由だけで、ある製品が「グリーン（環境に優しい）」であると言うことの罪。例えば、紙はただ持続的に伐採できる樹木から作られているからというだけで、環境上必ずしも望ましいわけではない。エネルギー消費や温室効果ガスの排出、水質汚染や大気汚染など、製紙工程における他の重要な環境問題も、同等かそれ以上の重要性があると言えるかもしれない。

2. 証明しないことの罪：
入手しやすい裏付け情報や第三者による信用性の高い認証によって立証できない環境関連の宣伝をする罪。ティッシュの宣伝で、証拠を示さずに製品の何パーセントかがリサイクル材料で作られていると宣伝しているのが、その一般的な例である。

3. あいまいさの罪：
定義があやふやであったり、広義すぎるために消費者が本当の意味を誤解しやすい宣伝をする罪。「全天然」という謳い文句がその例。ヒ素、ウラン、水銀、ホルムアルデヒドなどは全て自然発生するが有毒である。「全て天然」だからといって「グリーン」であるとは限らない。

4. 的外れの罪：
本当のことではあっても、環境上好ましい製品を求める消費者にとって重要ではなく、役に立たない環境関連の宣伝をすることの罪。「フロン不使用」というのがその一般的な例で、フロンの使用は法律で禁止されているにもかかわらず、頻繁に宣伝文句に使われている。

5. 環境に悪いもののうち、まだ「まし」であるものを環境に良いと宣伝する罪：
ある製品カテゴリーの中では本当のことではあっても、その製品カテゴリー全体が環境に及ぼす影響を消費者が見落としかねないような宣伝をすることの罪。オーガニック煙草や燃費の良いSUVなどがその例である。

6. うそをつく罪：
全く虚偽である環境関連の宣伝をする、頻度は一番少ない罪。エネルギースター認定製品であるとか、登録済み製品であるという虚偽の宣伝がよくある例である。

7. 偽りのラベル崇拝の罪：
偽りのラベル崇拝とは、言葉や画像を通じ、ありもしない第三者の推薦をまことしやかに示す製品が犯す罪で、虚偽のラベル表示をすることである。

出典：TerraChoice, The Seven Sins of Greenwashing: Home and family edition 2010 より引用、翻訳、訳責 環境市民

TerraChoice 著，環境市民訳，[2010] 2012,「グリーンウォッシングの7つの罪」
http://www.kankyoshimin.org/newsletters4public/201210.pdf

☞UL Environment, 2010, *Greenwashing Report* 2010, http://sinsofgreenwashing.com/findings/greenwashing-report-2010/

☞例えばノルウェーでは、車メーカー（日本のメーカーを含めて）に対してグリーンウォッシュを中止するように名指し批判が出ている。

☞日本では「景品表示法」（不当景品類及び不当表示防止法：消費者庁所管）にあたる。

ワークショップの概要

☞メディア・テクスト（p. 190）、メディア言語（p. 189）、オーディエンス（p. 175）、第3部2章ワークショップ1（pp. 93-97）を参照。

☞テクストの事例に本書の専用チャンネル、EcoMLit（環境メディア）https://vimeo.com/user47635996 からアクセスできる。動画サイトから検索する方法もある。p. 109の図も参照。

プを通して、簡単に騙されないグリーンウォッシュを極める技法を身につける。

☞第2部
「環境メディア・リテラシーの基本概念」p. 39 参照。

このワークショップで学ぶ基本概念
◎ 自然環境がメディア社会の源である。
◎ メディアは「人工物」である。
○ メディアはリアリティーを作り出す。
○ メディアの効果は想定できない部分がある。
○ 今のメディア社会を変えることができる。

☞第2部
「学びの理念」p. 48 参照。

特に意識したい学びの理念
○ 頭（知識）だけでなく、心（感情）と手（行動力）も使う。
◎「自然好き」本能を刺激し、メディアへの関心度を低くし美化しない。
◎ 落ち込んでも、シニカルにならない。
○ 頭は柔らかくするが、非合理的な話を受け入れない。
○ 他者を尊重し、自分も尊重する。

用意するもの
☐ 活動ができる場所（屋内。動画を再生／上映できる設備、プロジェクターなどがある場所）
☐ 分析用メディア・テクスト（環境や自然好きへの強いアピールがある車、電力会社、化粧品などのCM、1本）
☐ グループ用の活動シート（p. 108 のコピー、1グループに1〜3枚）
☐ 個人用の記入シート（p. 107 のコピー、1人に1枚）
☐ 参考資料（「メディア言語」pp. 169-172、必要に応じて1人に1部コピー、配布）
☐ ポスターを作るための文房具（ポスター発表の場合。大きめの紙、はさみ、のり、テープ、マーカー、付箋など）
☐ 参加者の持参するデバイス（活動1を授業中にする、またはネットで調べる必要がある場合のみ。ネット接続可能な携帯電話、タブレット、ノートPCなど）
☐ デバイス眠り箱（「スムーズな運営のために p. 62 参照）

workshop 3 環境に優しくない「エコCM」

記入シート 個人用

メディア言語	☐ テクスト1 (主流メディア) ☐ テクスト2 (オルタナティブ・メディア)	「自然」や「エコ」へのアピール効果が強いと感じるところに、◎をつける。何がどの技法で撮られているかを詳しく記入する。(記入例) WA（海と山の風景）				
	タイム・カウンター	0分0秒				
映像技法	カメラワーク (サイズ、アングル、動き、など)					
	編集、映像処理 (カット、フェード、ディソルブ、など)					
	ライティング、画面の色調					
	★テロップやロゴ (色、字体などを含む)					
	アニメ、コンピューター・グラフィック（CG）など					
音声技法	★BGM (その種類、楽器など)					
	★ナレーション（=VO）と台詞 (いずれも声の性別、年齢、トーンなど)					
	その他の音 (音響効果、鳥の鳴き声など)					
全体の構成	登場人物 (性別、年齢、外見、表情、目線、など)					
	★人間以外の登場する生き物					
	ストーリー					
	★風景（場所）					

記入者名 ＿＿＿＿＿＿＿＿＿＿＿＿

ガブリエレ ハード, 2016, 『環境メディア・リテラシー』関西学院大学出版会

workshop 3 環境に優しくない「エコCM」

活動シート　グループ用

【活動1】個人で準備
① このワークショップの「まず、この話を」と「概要」を読む（またはファシリテーターの説明を聞き、メモをとる）。疑問や後で調べたいことを含めてメモをとる。用語の意味を用語解説（pp.173-191）で確認する。
② メディア言語について、1人で学習／復習するか、ファシリテーターの説明を聞きながら、自分がわかったかを確認する。
③ メディア・テクストを見ながら、各記入シートを記入する（特に★の欄は詳しく）。いずれのテクストも3回以上視聴する。1回目はそのまま見る。2回目は画像だけに集中。音声を消して約10秒おきに一時停止ボタンを押しながらゆっくりと再生する。3回目は画面を見ず音声技法に集中する。

💬 ファシリテーターへ：できるだけ事前にやってもらう（例えば、宿題として）。不可能な場合は、その場でする。①10分程度で1人で読んだ後、隣の人と2分間のミニ話し合いをする。②メディア言語のワークショップ（pp. 93-97）を先に行えば、ここは簡単に復習。そうではない場合、メディア言語を説明する（20分程度で、p. 96の活動2のみ）。③事前に各ビデオのURLを前もって伝えておき参加者に記入しておいてもらうか、その場で上映しながら各自記入する（10〜20分）。

【活動2】グループでメディア言語を分析
各メンバーが①映像技法、②音声技法と③全体の構成について記入したこと、気づいたことを共有して、他のビデオと比較しながらできるだけ多くのメモを取る。

💬 司会へ：具体的な技法とその意味合いからできるだけ客観的に分析する。

【活動3】グループでグリーンウォッシュについて考える
活動2で分析したメディア言語からレプレゼンテーションについて考える。
① 「自然」または「エコ」へのアピールが強いと思った言語はどれだったか？　具体的にどのような技法や全体の構成であったか？
② そのアピールの正当性はどうか？　根拠があるか？　曖昧な表現がないか？　本書 p. 105掲載の図の7つの罪を犯していないか？　グリーウォッシュ度を計ってみる。

💬 ファシリテーターへ：宣伝された商品や宣伝する企業の環境への負担も考えてみる。

③ 以上のことから、このCMについてどう思うか？　また、グリーウォッシュの評価の仕方をどう思うか？

【活動4】発表
グループごとに準備し、みんなで発表し合う。

💬 ファシリテーターへ：「発表の仕方の様々なパターン」p. 60 参照。

【活動5】個人で考察
活動1〜4で得たことをふまえて、自分が考えたことを文章にまとめる。気づいたことや疑問に思ったことなどについて、さらに情報を収集し、自分の考えを発展させる。

【さらにやってみる】
① グリーンウォッシュに関する国内外の規制を調べてみよう。
② グリーンウォッシュ賞を作る。できるだけ多くのエコ広告をメンバー各自が持ち寄り、そのなかで一番悪質なものをグリーンウォッシュ賞に選ぶ。表彰式を行い企業の代表とマスコミを招待する。

話を深めていきたいときに〜

過去のワークショップでは、次のような発言があがった。自分と同じような傾向があるかどうか、それについてどう思うか、話し合いを進めてみよう。

・電気自動車のCMについて
　「そもそも電気自動車はどれぐらいエコなのか？　生産、電気、廃棄、全部を含めたライフサイクルの研究を見つけたが、確かに多くの電気自動車は同じサイズのガスエンジン自動車より環境への負担が少ないことがわかった」。
・ハイブリッドカーCMについて
　「消費者にハイブリッドカーの購入を宣伝しているが、マイカーなしの生活が一番エコだろう」。
・ハイブリッドカーCMの1990年代からの変化について
　「近年、環境意識へのアピールがまったくなくなりエコカーで走ることの楽しさや機能性、経済性だけをアピールしたCMになったことは、企業側の環境への意識がなくなってきていることを表しており、グリーンウォッシュよりも深刻な問題なのではないだろうか」。

テクストの事例
沖縄（八重山諸島）を舞台にしたトヨタのハイブリッドカーCM（1999）
https://youtu.be/hjEZAEqS9es

さらに学ぶために……………………………………………………

□環境市民，2012，『調査報告書グリーンウォッシングをなくそう』環境市民
http://www.kankyoshimin.org/newsletters4public/201210.pdf
□Union of Concerned Scientists, 2015, *Cleaner Cars from Cradle to Grave*,
http://www.ucsusa.org/clean-vehicles/electric-vehicles/life-cycle-ev-emissions
□鈴木みどり編，2013，『最新 Study Guide メディア・リテラシー〔入門編〕』リベルタ出版

workshop 1 温暖化を実感しよう

まず、この話を

☞Pew Research Center, 2015, *Climate Change Seen as Top Global Threat*, http://www.pewglobal.org/2015/07/14/climate-change-seen-as-top-global-threat/

☞**温暖化否定キャンペーン**
温暖化の現象またはその原因に「疑問」を投げかける米国の石油会社が1980年代に始めたキャンペーン。シンクタンクや政治家のネットワークを通して、いわゆる「懐疑論」の普及に働きかけ、偽情報やメディア操作を通じて、主に英語文化圏の温暖化対策を遅らせた。→ p. 176 参照。

☞第1部、「目から鱗」pp.4-17参照。

☞Brechin, Steven R., 2010, 'Public Opinion,' *Routledge Handbook of Climate Change and Society*, New York: Routledge, pp.179-218

☞**グリーンコンシューマー**
環境に配慮して購買決定を行う消費者。→ p. 180 参照。

☞National Geographic/Globescan, 2015, *Greendex*, http://environment.nationalgeographic.com/environment/greendex/

会場の皆さん、大きく息を吸いましょう……いま私たちが胸に入れた空気は、二酸化炭素濃度が平均400ppm以上のものでした。それは人類史上最高の濃さです。

クリスティーナ・フィゲレス（国連気候変動枠組条約 事務局長）

温暖化による異常気象などが深刻になり、多くの研究・経済・政府機関は早急な対策が必要であると警告している。世論調査からも、世界各地の人々にとって、地球温暖化は最も深刻な国際問題であることがわかる。しかし、日本では危機感はあまりなく、対策もなかなかとれていないように見える。それは温暖化の問題があまりに大きく抽象的で、自分に直接的な影響が少ないと多くの人が思っているからかもしれない。また、深刻であるからこそ、誰もがなかなか直視したくないようなところがある。さらに、ネットでは様々な矛盾した情報を耳にすることもある。また、温暖化について知っているとしても、関心をもつことと、行動することは別である。それは多くの環境と社会の研究から明確である。

例えば、2008〜2012年の16カ国の環境意識と行動についての世論調査（Greendex）によると、多くの国で環境問題についての意識が高くなっているものの、それに対する行動は少ない。日本に関しては、温暖化についての知識のレベルは他の国に比べて高い。温暖化の原因はCO_2の大気中の増加であり、その原因は人間活動（なかでも主に化石燃料の使用や森林破壊）であることが多くの日本人は理解できている。一方で、2008年から国際的な関心が高まっているなか、日本人の関心度は低くなっている。そして問題なのは行動である。日本では他の国に比べて、自分の環境への影響を少なくするグリーンコンシューマーが少なく、米国、カナダと並んで最も低いレベルにある。さらに、自分の政府や企業の温暖化対策についての関心も低い。また、Greendexと別に、日本の政府は国際政策に近年あまり貢献しておらず、エネルギー政策では火力発電を推進する計画になっている。つまり、日本では温暖化対策についての知識がありながら、実際の行動は不十分であることから、対

策や行動する意欲を高めることが課題といえる。

大気中のCO_2濃度が記録的に高くなっているなかで、古代のCO_2の固まりである化石燃料をそのまま燃やし、大気に排出し続けるとどうなるのか？　そうした問題への関心を高め、行動にどうつなげていけるか？

このワークショップでは、温暖化についての知識、関心と行動力を高めていく。まずは、温暖化の科学的な事情がわかる動画や映画を見ながら、自分の疑問や曖昧な知識を確認する。よくわからないところはできるだけ整理する。例えば、アカデミー賞を受賞した『不都合な真実』という映画の気候科学についての説明の部分などがある。活字では、IPCC報告書の信頼性が一番高いとされ、それに基づく一般読者向けの科学雑誌もよい。日本の気象庁や地球環境研究センターのホームページにある、「よくある質問」のセクションからも「太陽が原因ではないか」などの疑問についての専門家による答えを参照するとよい（「太陽活動が活発化しているとは考えられません」など）。

ゲストスピーカーを温暖化に関する研究や教育活動を行う組織から招く方法もある。例えば、『不都合な真実』の中心になっているノーベル平和賞受賞者のアル・ゴアによるプレゼンテーションをClimate Reality Projectのメンバーが日本語で実施する無料の制度がある。なお、日本の温暖化対策に大きく貢献してきた気候ネットワークのようなNPOや行政機関も講師やスピーカーを派遣している。

このように知識のレベルアップをしてから、温暖化は他人事ではなく、自分のものとして実感する活動をする。そのために、科学実験から見えるもの、ぬいぐるみやイギリスのデザイナーがまとめた資料を使う。見ながら、感じながら、触りながら、温暖化の今までとこれからのシナリオを学ぶ。

そして、温暖化対策には何が効果的で現実的で、何が自分にできるかを考え、可能な範囲で具体的な行動につなげていく。

このワークショップを（ゲストスピーカーを除き）90分程度の時間で実施することも可能だが、もっと時間をかけると次々と新しい展開が見えてくる。ワークショップシリーズや連続講座、1学期の授業の一部としてこのワークショップを行うとシラバスや計画を変えようという熱意が出てくることもある。結果として、自分の平常通りの運転から脱出し、良い意味でレールから外れていくかもしれない。温暖化を生き抜くためには、そのような柔軟性も必要だ。

☞NIES編, 2014,『地球温暖化の事典』丸善出版

ワークショップの概要

▶デイビス・グッゲンハイム（監督）, 2006,『不都合な真実』

▶Leo Murray（監督）, 2007, Wake Up, Freak Out, then Get a Grip, https://vimeo.com/1709110

☞地球環境研究センター（NIES）『ココが知りたい温暖化』
http://www.cger.nies.go.jp/ja/library/qa/qa_index-j.html

☞ナショナルジオグラフィック, 2015,『2015年11月号 気候変動大特集 地球を冷やせ！』日経ナショナルジオグラフィック社

☐ニュートン別冊, 2010,『地球温暖化 改訂版』ニュートンプレス

☞IPCC著, 気象庁訳, 2013,『気候変動2014年（自然科学的根拠）』
http://www.data.jma.go.jp/cpdinfo/ipcc/ar5/#spm

☞Climate Reality Project
http://realityhub.climaterealityproject.org
（スピーカー派遣申請のページは英語だが、自動翻訳機能がついている）

☞気候ネットワーク
http://www.kikonet.org/category/activities/local/consulting/

☞平常通りの運転（BAU）
温暖化対策を取らず、今まで通りの行いを続けること。→p.189参照。

☞第2部
「環境メディア・リテラシーの基本概念」p. 39 参照。

このワークショップで学ぶ基本概念
◎ 自然環境がメディア社会の源である。
△ メディアは「人工物」である。
△ メディアはリアリティーを作り出す。
△ メディアの効果は想定できない部分がある。
○ 今のメディア社会を変えることができる。

☞第2部
「学びの理念」p. 48 参照。

特に意識したい学びの理念
◎ 頭（知識）だけでなく、心（感情）と手（行動力）も使う。
○「自然好き」本能を刺激し、メディアへの関心度を低くし美化しない。
◎ 落ち込んでも、シニカルにならない。
◎ 頭は柔らかくするが、非合理的な話を受け入れない。
◎ 他者を尊重し、自分も尊重する。

用意するもの

- ☐ 活動ができる場所（可能な限り外。必要に応じて、メモ取りやポスター作り用のテーブル、ピクニックシート、クリップボードなど。活動段階ごとの移動も可能）
- ☐ グループ用の活動シート（p. 114 のコピー、1グループに1〜3枚）
- ☐ 参考資料（「CO_2 排出量」p. 113 を1人に1枚コピー、配布）
- ☐ 活動3用の2つのほぼ同じ形の貝殻（または珊瑚の破片）のうち1つを事前に、食酢の瓶に入れて1週間ほど置いておく。中身を取り出すための箸（p. 114 の活動シート、「ファシリテーターへ」を参照）
- ☐ 活動3用のゴミ袋、様々な野生動物のぬいぐるみまたは野生動物のカード（グループごとに1点以上、合計3で割れる数。「ファシリテーターへ」を参照）
- ☐ 活動4用の黒板またはポスターを作るための文房具（大きめの紙、はさみ、のり、テープ、マーカー、付箋など）
- ☐ 参加者の持参するデバイス（ネットで調べる必要があるときのみ。ネット接続可能な携帯電話、タブレット、ノートPCなど）
- ☐ デバイス眠り箱（「スムーズな運営のために p. 62 参照）

3章 環境破壊のリスクはどう描かれているか？

CO₂排出量の「これまで」と「これから」

二酸化炭素ギガトン［GtCO₂］単位　　配布資料　個人用

過去に排出した量

1035 GtCO₂
1850年〜2000年の間の排出量

440
2000年以降の排出量

追加で排出しても安全とされる量*

825
人類の「カーボンバジェット」

今後、排出が予想される量
総埋蔵量：2785

725
すべてのエネルギー企業が保有する化石燃料の埋蔵量

780
それ以外の企業が保有し、将来、採掘されうる埋蔵量

1,280
その他、国有分を含む埋蔵量

*2050年までに排出しても、平均気温の上昇を80％の確率で2℃以下に抑えられるとされる量

現時点での人類が1年間に排出する量　**37 Gt**

このままのペースで排出した場合に「カーボンバジェット」を越えるまでの年数　**17年**
2015年以降の排出量は毎年2.4％増加すると仮定

それぞれの量のCO₂が排出された場合の気温上昇	+0.8℃	+1.5℃	+2℃	+3-4℃	+5-6℃
シナリオ	すでに起きたこと	避けられない事態	「安全」の限界	破局への転換点	悪夢
2100年時点で予想される海面上昇（1990年時点との比較）		0.85m	1.04m	1.24m	1.43m
水没する都市			アムステルダム	ニューヨーク	バンコク（深刻な洪水）
海水の酸性化	30％以上の酸性化	サンゴの成長が止まる	サンゴの融解が始まる	サンゴが死滅する	150％以上の酸性化
猛暑	猛暑の世界的増加		欧州の夏が毎年猛暑になる	イタリア、スペイン、ギリシャが砂漠化する	予測不可能
穀物の収穫量		-10％	-20％	-30-40％	予測不可能
降雨量の増加		7％	13％	20-26％	35-42％
絶滅危惧種の割合			最悪で30％	40％	予測不可能

工業化以前の平均気温との比較

CO₂を吸収すると海水の酸性度が増す

米国およびアフリカにおけるトウモロコシと小麦の収穫量

現在との比較。気温が上昇すれば、空気中に多くの水分が保持される。

想定される深刻な事態

グリーンランドの大氷原が融解を始める。2℃の気温上昇で溶けるには5万年かかるが、海水面は6m上昇する。

シベリアと北極の永久凍土層が溶け、大量のCO₂とメタンガスが放出されるおそれがある。

急激な気候の変化により海底のメタンハイドレートが融解し、メタンガスが放出される恐れがある。地球上の生命の大量絶滅に繋がる可能性がある。

かつて地球の大気にCO₂の濃度がこれほど高かったのは
3,500,000 年前のこと

現在の大気中のCO₂濃度
399 ppm

この量のCO₂を再度固定化するのに必要な年数
300,000 年

David McCandless, 2014, How Many Gigatons v.2.1, http://www.informationisbeautiful.net/visualizations/how-many-gigatons-of-co2/

ガブリエレ ハード, 2016,『環境メディア・リテラシー』関西学院大学出版会

workshop 1　温暖化を実感しよう

活動シート　グループ用

【活動1】個人で準備
① 「まず、この話を」と「概要」を読んで、紹介された文献、映画やHPを活用しながら、温暖化についてわかったこと、疑問や後で調べたいことなどのメモをとる。用語の意味を用語解説（pp. 173-191）で確認する。
② 配布資料「CO_2排出量」（p. 113）を見て、自分が面白い、知らなかった、怖い、気になったところに○をつけ、考えたことをメモする。

【活動2】温暖化の原因と効果についてグループで学ぶ
① グループ分けと役割分担を行った後、各グループは1匹以上のぬいぐるみを選び、その「里親」になる。活動をやっている間、グループの側にそのぬいぐるみを置いておく。
② 『不都合な真実』や Wake Up, Freak Out, then Get a Grip の上映、またはゲストスピーカーの講義を聞き、メモをとる。ゲストがいる場合、よくわからないことを必ず聞くようにする。
③ それぞれのメンバーが活動1①と活動2②で温暖化の原因と効果についてわかったことを簡潔にまとめる。よくわかったことと、よくわからなかったこと、それぞれ3点以上取り上げる。よくわからなかったことに関して、「概要」（p. 111）で紹介された文献やHPを参照するか、ファシリテーターに聞いてみる（検索エンジンの一般的な調べ方は効率が悪い）。

【活動3】グループで資料について話し合い、発表
① 各自、活動1②で記入したこととメモを発表し合う。
② グループごとに準備し、みんなで発表し合う。

　💬 ファシリテーターへ：グループで出る話題に合わせて、短い実演をする。

- 酸性化の話題には、準備した2つの貝殻（酢に入れたものをその場でお箸で瓶から出す）を見せて、まずは酸がカルシウムを溶かすことを目で確認してもらう。実際に、海水はここまで酸性化していないが、殻や骨格を形作る炭酸カルシウムの生成を著しく阻んでいることが事実であるという説明を加える（http://www.cger.nies.go.jp/ja/library/qa/6/6-1/qa_6-1-j.html）。
- 絶滅危機の話題には、ゴミ袋を出し、グループを回り、「どれを絶滅させよう？」と聞きながら、自分の世話するぬいぐるみを捨ててもらう。3分の1のぬいぐるみを捨ててもらう。

【活動4】温暖化の対策をグループで考え、みんなで整理する
① グループで有効な温暖化対策について話し合う。個人、家族、企業、市町村、学校、国、G8、国連など、利害関係者別に考え、できるだけ多くのアイディアを出してみる。
② 全グループでアイディアを出し合い、黒板やポスターに書き込み、整理をしてみる。

【活動5】個人で考察
活動1〜4で得たことをふまえて、自分が考えたことを文章にまとめる。気づいたことや疑問に思ったことなどについて、さらに情報を収集し、自分の考えを発展させる。

【さらにやってみる】
① 国連の世界気象機関（WMO）のもとで作られたNHKの短い動画「2050年の天気予報」を上映し、それについて話し合う。メディア言語の分析と内容についての考察、両方ができるとベストである。世界気象機関（WMO），2014，『2050年の天気予報（NHK）』
https://youtu.be/NCqVbJwmyuo
② 各参加者が自分のCO_2排出量を計算してみて、それについて考えたことを話し合う。
http://www.carbonfootprint.com/calculator.aspx
③ ゲストスピーカーを招き、イベントを開催する。

3章 環境破壊のリスクはどう描かれているか？

過去のワークショップでは、次のようなカテゴリーが作られた。自分と同じような傾向があるかどうか、それについてどう思うか、話し合いを進めてみよう。

話を深めていきたいときに〜

・活動4で整理するときのカテゴリー例
　有効な対策／現実的な対策／理想的な対策；コストと効率性のランキング；誰が主人公か（家庭、若い人々、政府、市町村、企業、国連）など。

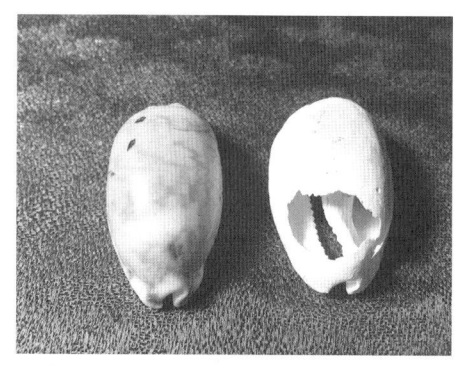

活動3 「海洋の酸性化」の効果を想像するための実験を行った結果（例）

活動4で黒板に集めた温暖化対策のアイディア（整理前）の例

さらに学ぶために……………………………………………………………………

▢ ジェイムズ・ハンセン著，枝廣淳子監訳，中小路佳代子翻訳，[2010] 2012,『地球温暖化との闘い すべては未来の子どもたちのために』日経BP社
▢ 小西雅子，2011,『地球温暖化の目撃者』毎日新聞社
▢ Klein, Grady and Yoram Bauman, 2014, *The Cartoon Guide to Climate Change*, Washington DC: Island Press
▢ Climate Reality Project のメンバーによるプレゼン／ワークショップの事例
https://youtu.be/Xn2lCtQ9eeA（現在の Climate Reality Project の在日メンバーは全員日本人だが、以前は母語が日本語ではないスピーカーだった）。

workshop 2 地球温暖化会議のドラマ性はどこで感じられるか?

まず、この話を

　この会議はいろいろな名前で知られている。「外交の茶番」とか、「飛行機を頻繁に利用して大量のCO$_2$を排出する無駄な人の世界大会」とか。でも、別の名前もある。例えば「地球を救うプロジェクト」や「今日は、明日を助けていくための集まり」。我々は狂っている気候（climate madness）にストップをかけることができる。今すぐ、この、普段サッカー競技場に使われている会場で。

　　　　　　　　　　　イェブ・サニョ（COP19フィリピン代表）

☞**COP（気候変動枠組条約締約国会議）**
国連の温暖化対策の会議。大気中の温室効果ガスの濃度を安定化させることを究極の目標に掲げ、地球温暖化対策に世界全体で取り組んでいくと定めた「国連気候変動枠組条約」に基づき1995年から毎年開催されている。→ p. 181参照。

☞**ニュース性**
記者や通信社などの編集者が世の中の出来事から「ニュースになる」ものを選び、優先度を決めるときに使う基準。→ p. 186参照。

☞**気候変動と地球温暖化**
概ね同じ意味で使用されているが、正しくは地球温暖化が気候変動の兆候の一つ。→ p. 179参照。

　2013年にポーランドで開催された国連気候変動会議の最中にスーパー台風がフィリピンに上陸した。フィリピン政府代表は泣きながら、異常気象を増加させる温暖化に速やかに有効な対策を取るようアピールし、ハンストに入った。温暖化は基本的にニュースになりにくいテーマである。なぜなら展開が遅く、新しくはなく、身近でも珍しくもないため、報道機関ではニュース性が低いと判断されるからだ。そして、あまりにも巨大な問題であるため、比較的に小さな問題（事件、政治、社会、経済、エンタメなど）を扱う報道枠（ニュースフレーム）に入らない。せいぜい取り上げられるのは、新しい研究の発表や企業や行政の対策についてのニュースリリースぐらいである。なお、異常気象、経済のニュースのなかで温暖化との関連性にふれる場合もある。そんな状況のなか、珍しく大きな国際会議としてニュース性をもつのがCOPである。温暖化問題は一見、先進国が加害者で途上国が被害者という単純な仕組みに見えるが、実は様々な事情と動きがある。各国の政府関係者を中心に交渉は進められるが、その周りにはNPOやコミュニティーグループ、宗教団体や先住民族、研究機関とシンクタンクなどがイベントを開催し、デモとパフォーマンスを呼びかけ、政府関係者にプレッシャーを与えている。さらに、企業関係者が自分の会社や業界の利益を守るために、熱心なロビー活動を行う。それはさながら、テレビの時代劇に負けないぐらい、希望と裏切り、怒りと涙、そして感動が満ちている。そんな温暖化対策の会議とは「今回は地球を救う方向に転じることができるか」というサスペンスに富んだイベ

ントである。しかし、日本の主流メディア（大手新聞と全国ネットのテレビ）のCOP報道を見て、そのように感じた人がどれぐらいいるだろうか。温暖化対策は、世界的な取り組みで、様々な利害関係者（利害が関係する主体）の参加が必要である。ただし、一番大きな被害を受ける人々（各国の若者、社会的弱者、女性、難民、先住民、零細農業者、漁民など）そして人間以外の生き物が、主流メディアではあまり登場しない。そのため、非営利のメディア組織や温暖化対策に取り組むNPOが作るオルタナティブ・メディアが新しい視点をもたらしている。それらは資金的にも人材的にもスケールは主流メディアに劣るものの、主流メディアがあまりアクセスしようとしない情報源、NPOの記者会見や報告書、デモの主催・参加者側に立った取材、会議に参加できず外で、または地元から声を上げている人々へのインタビューなどを取り上げる。オーディエンスが主流メディアとオルタナティブ・メディアからの情報の両方を視野に入れれば、より具体的なイメージができあがる。

　このワークショップでは、地球温暖化会議のドラマ性と参加者の多様性について主流メディア（テクスト1）とオルタナティブ・メディア（テクスト2）の報道からどれぐらい感じ取ることができるかを見ていく。そのためにメディア言語のワークショップを先にするなど、参加者が個人用シートの記入の仕方がわかるようにしておく。COPは毎年11月から12月に開催されるが、直近のCOPについてのテクストを手に入れると理想的だろう。日本の主流メディアのテクストを手に入れることはあまり難しくない。例えば、国連のサイトで日程を確認したうえ、開幕と閉幕の日の主流メディアのテレビ報道を録画したり、動画がネットで残っているか（NHKや朝日の確率が高い）を確認するなどの方法がある。テクスト2（オルタナティブ・メディア）は少し難しいかもしれない。参加したNPO（そのリストは国連のCOPのHPで確認できる）のニュースレターやHPには報告があるが、動画を作る日本のオルタナティブ・メディアは少ない。近年は、WWFジャパン、デモクラシー・ナウ・ジャパンなどが（少し後で）日本語字幕付きのレポートをアップしたことがあった。なお、動画サイトでは海外のNPOによる動画も見つかる。海外の主流メディアを参考にするのもよい。参加者に外国語ができる人や海外のメディアに詳しいメンバー（例えば外国出身者）がいれば、そのメンバーに探してもらうとよい。他にも、英語文化圏の主流メディアの動画はネットで見つけられるはずだ。BBCや国内外のNPOによる動画などにもある。なお、日本国内の英字メディアも時に「オルタナティブ」な視点をもつ場合がある。

☞**オルタナティブ・メディア**
産業的・文化的に優位な立場にある主流メディアに対して、そこでは扱われない視点やそれに対抗する見方や見解に基づいて、自分たちの表現を行っていこうとする人たちが作るメディア。→ p. 175 参照。

☞**ニュースソース**
報道関係者が入手した情報の主や情報を提供した組織。取材者は個別に探しあてた情報の主からだけでなく通信社、記者クラブ、警察、企業PR情報、研究報告などから得ることも多い。→ p. 186 参照。

ワークショップの概要

☞**メディア・テクスト**
メディア内容の単位。例えば、1本の映画、1つの新聞広告、1本のCM、1つの新聞記事など、またはその（読むことが可能な）一部。メディア研究においては、内容分析の対象にできるもの。→ p. 190 参照。

☞IPS Inter Press Service
https://www.youtube.com/user/ipsnews

☞メディア・テクスト（p. 190）、メディア言語（p. 189）、オーディエンス（p. 175）、第3部2章ワークショップ1（pp. 93-97）を参照。

☞テクストの事例に本書の専用チャンネル、EcoMLit（環境メディア）https://vimeo.com/user47635996 からアクセスできる。動画サイトから検索する方法もある。p. 103の図も参照。

☞ NHK World
http://www3.nhk.or.jp/nhkworld/ja/

例えば、NHK の国際放送では、国内放送と違う視点で放送することもある。もし、最近の COP についての 2 つのテクストが見つからない場合、過去のものを使用してもよい。

　2 つの違う報道からは、普段何となく見ているテレビ報道では、何が強調されているか、何が抜けているかが見えてくるだろう。

このワークショップで学ぶ基本概念

☞ 第 2 部
「環境メディア・リテラシーの基本概念」p. 39 参照。

- △　自然環境がメディア社会の源である。
- ○　メディアは「人工物」である。
- ◎　メディアはリアリティーを作り出す。
- ○　メディアの効果は想定できない部分がある。
- ○　今のメディア社会を変えることができる。

特に意識したい学びの理念

☞ 第 2 部
「学びの理念」p. 48 参照。

- ◎　頭（知識）だけでなく、心（感情）と手（行動力）も使う。
- ◎　「自然好き」本能を刺激し、メディアへの関心度を低くし美化しない。
- △　落ち込んでも、シニカルにならない。
- △　頭は柔らかくするが、非合理的な話を受け入れない。
- ○　他者を尊重し、自分も尊重する。

用意するもの

- ☐ 活動ができる場所（屋内。動画を再生／上映できる設備、プロジェクターなどがある場所）
- ☐ 分析用メディア・テクスト（COP について 2 つのニュースビデオ：テクスト 1「主流メディア」、テクスト 2「オルタナティブ・メディア」）
- ☐ グループ用の活動シート（pp. 120-121 のコピー、1 グループに 1〜3 枚）
- ☐ 個人用の記入シート（p. 119 のコピー、1 人に 2 枚）
- ☐ 参考資料（「メディア言語」pp. 169-172、必要に応じて 1 人に 1 部コピー、配布）
- ☐ ポスターを作るための文房具（大きめの紙、付箋など）
- ☐ 参加者の持参するデバイス（活動 1 を授業中にする、またはネットで調べる必要がある場合のみ。ネット接続可能な携帯電話、タブレット、ノート PC など）
- ☐ デバイス眠り箱（「スムーズな運営のために p. 62 参照）

workshop 2　地球温暖化会議のドラマ性はどこで感じられるか？

記入シート　個人用

メディア言語	□テクスト1（主流メディア） □テクスト2（オルタナティブ・メディア）	何がどの技法で撮られているかを詳しく記入する。 (記入例) CU 先住民の顔					
	タイム・カウンター	0分0秒					
映像技法	★カメラワーク（サイズ、アングル、動き、など）						
	編集、映像処理（カット、フェード、ディソルブ、など）						
	画面の色調						
	★テロップ、字幕など（色、字体などを含む）						
	アニメ、コンピューター・グラフィック（CG）など						
	どこからの映像（現場のオリジナルな撮影、演技、スタジオ撮影、資料映像、など）						
音声技法	BGM（種類、楽器など）						
	★現場音（その音量を含む）						
	★ナレーション（=VO）（性別、年齢、トーンなど）						
	★その他の声（シンクロ、VO、現場で録音したなど）（声の性別、年齢、トーンなど）						
	サウンド・エフェクト（=音響効果）（どのような場面で？）						
	どこからの音声（オリジナルな録音、演技、ドキュメント、スタジオ、アーカイブなど）						
全体の構成	登場人物（性別、年齢、外見、表情、目線、など）						
	登場している人間以外の生き物（その特徴）						
	状況設定（出てくる場所、その順番；音声と映像の組み合わせなど）						

記入者名 ＿＿＿＿＿＿＿＿＿＿＿＿＿＿

workshop 2　地球温暖化会議のドラマ性はどこで感じられるか？ ［活動シート　グループ用］

【活動1】個人で準備
① このワークショップの「まず、この話を」と「概要」を読む（またはファシリテーターの説明を聞き、メモをとる）。疑問や後で調べたいことを含めてメモをとる。用語の意味を用語解説（pp. 173-191）で確認する。
② メディア言語について、1人で学習／復習するか、ファシリテーターの説明を聞きながら、自分がわかったかを確認する。
③ 分析対象にするCOPについて調べておく。このCOPでは、何が大きな目的、課題であったか、そして会議の結果や主な出来事はどうだったかなどを確認してみる。
④ メディア・テクスト1と2を見ながら、各記入シートを記入する（特に★の欄は詳しく）。いずれのテクストも3回以上視聴する。1回目はそのまま見る。2回目は画像だけに集中。音声を消して約10秒おきに一時停止ボタンを押しながらゆっくりと再生する。3回目は画面を見ず音声技法に集中する。

💬 ファシリテーターへ：できるだけ事前にやってもらう（例えば、宿題として）。不可能な場合は、その場でする。①10分程度で1人で読んだ後、隣の人と2分間のミニ話し合いをする。②メディア言語のワークショップ（pp. 93-97）を先に行えば、ここは簡単に復習。そうではない場合、メディア言語を説明する（20分程度で、p. 96の活動2のみ）。③事前に各ビデオのURLを前もって伝えておき参加者に記入しておいてもらうか、その場で上映しながら各自記入する（10〜20分）。

【活動2】グループで準備
① 温暖化対策の利害が関係する主体をできるだけ多く考え、付箋に書く。付箋を1つのポスターに貼っておき、整理してみる。
② それぞれのテクストを制作した組織の背景を調べてみる。政治的な立場、目的、利害が関係する主体との関係などを調べて、書記にメモしてもらう。

💬 ファシリテーターへ：時間がある場合、ここで中間報告をする。

【活動3】グループで分析
① 登場人物欄、カメラワーク欄
クローズアップされている登場人物はどのような人物？　その特徴を詳しく説明しよう。

② テロップ欄
どのようなテロップが、どのような場面で使われているか？　なお、使われていないのはどのような場面、またはどのような内容なのか？

③ ナレーション／VO（吹き替え）欄
VOの特徴を詳しく説明しよう。
VOはどこに利用されているか／されていないのか？
誰の声か？　そのトーンや話しているスピードに変化があるか？　あれば、どこかなど詳しく説明しよう。

④　ナレーション以外の音声欄、現場音欄
　　ナレーション以外の音声があるか？　あればその特徴（音量調節などを含む）を具体的に説明する。

⑤　状況設定欄
　　どのような状況設定になっているか？
　　会場内、会場外などの様々な場所はどのような順番で出てくるのか？
　　現場音に思われるものは、本当に映像といつも一緒になっているか？　それとも、音と場所のずれがあるか？　それによって、どのような流れが構成されているか？

【活動4】グループで話し合う
テクスト1とテクスト2を比較する。

①　登場人物／登場する生き物
　　主な登場人物は違う？　どのように？
　　利害関係者であるが、いずれにも登場していない人／生き物がいるか？　なぜ、登場していないと思うか？

💬 司会へ：活動2①で作った利害関係者の表を参考にする。

②　視点／立場
　　誰のどの視点が重視されているか？　具体的に、テロップ、登場人物、ナレーション、音声、状況設定の特徴などを説明しよう。2つのテクストの共通点・類似点をまとめてみよう。なぜ、そうした共通点・類似点になったのか？

💬 司会へ：活動2②でメモにしたものを参考にする。

③　以上①と②で話したことをふまえて、あなたはこの2つの報道についてどう思うか？

【活動5】発表
グループごとに準備し、みんなで発表し合う。

💬 ファシリテーターへ：「発表の仕方の様々なパターン」p.60参照。

【活動6】個人で考察
活動1〜5で得たことをふまえて、自分が考えたことを文章にまとめる。気づいたことや疑問に思ったことなどについて、さらに情報を収集し、自分の考えを発展させる。

【さらにやってみる】
COPに参加した人に実際の様子を聞いてみる。例えば、NPOの報告会に参加してみたり、環境省の担当者に連絡し、ゲストとして招いてみる。

第3部　環境メディア・リテラシーを高めていこう

話を深めていきたいときに〜

過去のワークショップでは、次のような発言があがった。自分と同じような傾向があるかどうか、それについてどう思うか、話し合いを進めてみよう。

・活動2①では
　「利害が関係する主体を利／害、地理、力関係、人間／人間ではない、などの観点で整理した」。
・活動3⑤では音声と場所の組み合わせについて
　「主流メディアでは、日本の政府関係者が登場するときに、前のシーンからの拍手がまだ続いていて、それによって日本の代表を応援しているような印象を作ろうとしているのでは、という話があった」。
・活動4①では登場人物／登場する生き物に関して、
　「主流メディアでは、政府代表がほとんどであるが、オルタナティブ・メディアでは、市民社会を中心に、そして、会場の近くの海の生き物と思われるものも登場した」。
・活動4②では
　「ナレーションで日本政府の活動について話したとき、トーンがとても明るかった。しかし、オルタナティブ・メディアでは、日本とカナダが交渉に悪い影響を与えたとされ、NPOにより『化石賞』（化石燃料を推進する国）を受賞したなど、ナレーションのトーンも厳しかった」。

テクスト1事例
COP16、朝日放送

テクスト2事例
COP16、NTDV（米国に本部がある中国宗教団体）

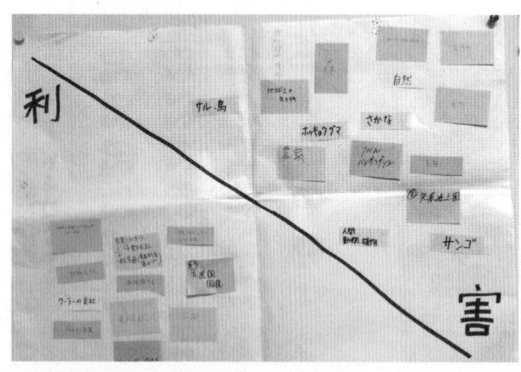

活動2①
温暖化対策の利害が関係する主体のポスターの事例

さらに学ぶために

- Eide, Elisabeth(ed), 2010, *Global Climate-Local Journalisms*, Projekt Verlag
- Wyss, Bob, 2008, *Covering the Environment*, New York: Routledge
- 佐藤さやか, 2014,「マスメディアと気候変動」,『政治学研究論集』41号, 明治大学大学院, 153-171

workshop 3　火力発電に関する報道を集めよう

東京電力の福島第一原子力発電所の2011年の事故（フクイチ）の後、原子力発電に関する報道の問題点が広く注目された。多くの市民から、「原発の危険性についての報道が少なすぎた」「なぜ、昔から事故のときに速やかに報道されなかったのか」など多くの疑問があがった。メディア関係者（記者、芸能人、編集者などを含む）、政治家、電力会社、広告代理店、そして研究者が原子力推進キャンペーンに積極的に関わったことが、「原発村」などの名称で広く批判の対象になった。報道機関の中でも（部分的に）反省がみられた。だが、逆に言えば、発電所に関して、どのような報道があればよかったのだろうか？　または、オーディエンスとして、良い報道を見分けることができたのか？　報道のあり方についての研究から以下のような答えを出せる。

まず、この話を

☞丸山重威編，2011，『これでいいのか福島原発事故報道』あけび書房

重要な内容をタイムリーに	わかりやすさ
正確性	公平性
独立性	多様な視点を含くむ

報道の質を判断するための要素

報道の質を判断するための主な要素を上図にまとめた。まず、オーディエンスにとって重要な情報をタイムリーに提供することは良いジャーナリズムの特徴である。何が重要なのかは個人の関心や住む場所などによって異なるが、基本的に社会に大きな影響があるものを事実に基づいて取り上げ、逆に小さな出来事を大げさに報道しないことが大切だろう。例えば、芸能人に関するゴシップはどんなにタイムリーであっても、それは個人的過ぎて、質が高い報道と

☞メディア総合研究所編，2011，『大震災・原発とメディア』大月書店

☞**オーディエンス**
テレビの場合は「視聴者」、ラジオでは「聴取者」、映画・演劇などでは「観客」、活字では「読者」という。メディア・リテラシーでは、オーディエンスが意味を作り出すとし、「受け手」と呼ばない。→ p. 175 参照。

☞Vehkoo, Johanna, 2010, *What is Quality Journalism*, http://reutersinstitute.politics.ox.ac.uk/publication/what-quality-journalism

☞Lacy, Steven and Rosenstiel, Tom, 2015, *Defining and Measuring Quality Journalism*, http://mpii.rutgers.edu/research/

は言えない。良い報道のもう一つの特徴はわかりやすさである。それは、難しい出来事や課題を単純化することではなく、ていねいにその展開や背景などの説明が含まれているということである。そのうえで、良い報道に求められているのは正確性だが、それはオーディエンスの立場からは判断しにくいところがある。例えば、自分が現場で目撃した出来事や、その件に関する専門知識をもっている場合は、現実と報道によるその出来事のレプレゼンテーションの間にギャップがあるかどうかを判断できるだろう。しかし、普段は報道される出来事について直接に知ることができない。そのため、大抵は報道の「確実性」ということより、その「信憑性」を判断することになる。

そこで、情報収集の仕方やその扱い方から、報道の製作者が正しい情報提供を行っているかを考えたい。新聞、テレビやネットなどで目にする報道のほとんどは、もともと数少ない情報源からきていることを意識し、その情報がどこから、どのように流れてきたかを把握してみる。その流れを単純にイメージ化したのが下図である。取材と編集のステップで多様な情報源を使い、様々な側面から情報の確実性をチェックしたうえ、さらにオリジナルな取材が加わった報道は、信憑性が高いといえるだろう。

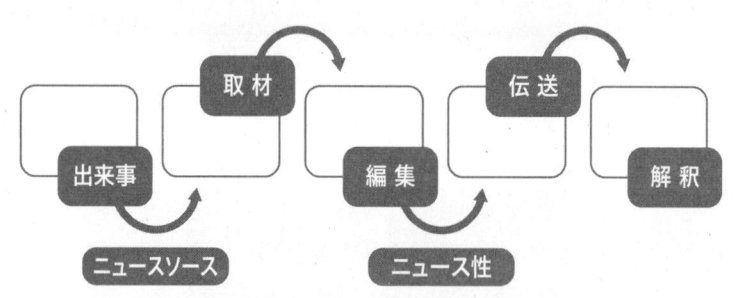

報道の出来上がるプロセス

次に公平性だが、それは嘘と事実の間の中立的な立場をとってほしいというわけではない。まず、意見、事実（fact）とPR（キャンペーンや宣伝など）がはっきりと分けられ、主な側面と視点を取り上げ、それぞれの根拠を検証したうえで、結論をつけるのが良い報道だろう。フクイチ前の原発報道では、事実とPRが不透明に混ざっていたことが大きな問題点であった。偏りそのものは問題ないが、なぜそのように偏っているかについての情報が必要である。

独立性では、広告主、政府、企業、市民団体などの利害関係者からの影響を受けていないかが重要である。ただし、社会運動に近い一部のオルタナティブ・メディアでは、その利害関係を提示するか

☞ **メディア社会**
メディアが偏在する社会。ものの考え方や知識のほとんどが、メディアの影響で作られていることが特徴。→ p.190 参照。

☞ **レプレゼンテーション**
社会の人びと、生き物、場所、出来事、考え方などがメディアにより描かれている姿。メディアを通して再構成し、再提示したもの。再提示された表現。メディア言語によって構成されている。→ p.191 参照。

☞ **ニュースソース**
報道関係者が入手した情報の主や情報を提供した組織。取材者は個別に探しあてた情報の主からだけでなく通信社、記者クラブ、警察、企業PR情報、研究報告などから得ることも多い。→ p.186 参照。

☞ **ニュース性**
記者や通信社などの編集者が世の中の出来事から「ニュースになる」ものを選び、優先度を決めるときに使う基準。→ p.186 参照。

☞ 特に、外部へのリンクがメインであるニュースポータルサイトを通して報道にアクセスするときは、1つ1つの記事ごとに、その信憑性を自分で考えなければならない。

☞ **ニュース・ポータルサイト**
ニュース収集サイト。ウェブのあちこちにあるニュースサイトやブログから新鮮なコンテンツを集めたサイト。→ p.187 参照。

らこそ良い報道になるという考え方もある。

そして、良い報道に必要なのは、問題や出来事の様々な利害が関係する主体の視点に関する情報である。

フクイチ以降、原子力発電所についての報道が増え、エネルギー政策についての関心が高まっている。多くの市民はそのリスクとメリットについて、ある程度の知識を持っているが、火力発電所についての報道はほとんどなく、そのリスクとコストについての知識も低い。日本において火力発電は原子力発電と一緒に推進されてきたが、現在ほとんどの原子力発電所の再稼働が難しいなか、火力発電は80％程度の発電量を示し、環境への影響が大きい石炭発電所だけで48基も新しく設置する計画がある。海外では石炭発電所のCO_2の排出量、公害による医療制度へのコスト、建築における環境差別などが配慮されているが、日本ではこの種の報道は現時点でわずかである。

このワークショップでは、火力発電についての報道を集め、その質を判断する。

そのためにまずそれぞれの発電方法のメリットとデメリットの全体像を確認するが、バランス良く紹介している情報源を探すのは少し苦労するだろう。いきなりネットや本屋、図書館などで探すと、反対派と推進派の強い主張のものが前面に出てきて、その整理は大変である。百科事典などでは簡潔にまとめられているが、それだけでは物足りない場合があるだろう。なお、政府機関の情報は一般的に信頼性が高い一方で、政府の推進したい政策に合わせる傾向がある。そのため、例えばエネルギー問題については、反対運動に関わる研究所や団体の情報を見てみるとよいだろう。

最終的に自分で一つの記事を探すことになるが、そこで主に二つの方法がある。一つは、自分がいつも使っているメディア（家族で購読する新聞やいつも使っているニュース・ポータルサイト）のバックナンバーで検索する方法である。そうすることでこのワークショップを通して自分のよく使うメディアは、質が良いものであるか、どのような情報が抜けているかなどがわかる。

もう一つの方法は、このワークショップをきっかけに、新しいメディアにアクセスしてみることである。例えば、環境を専門にしているニュースサイトや雑誌を探してみて、そのなかから火力および原発についての記事をピックアップする。海外のニュースサイトも翻訳ソフトを通してアクセスする方法がある。なお、特定の発電所（例えば自分の住む場所の近く）について調べたい場合、地方の新聞や地元の市民団体のサイトを参照するとよい。

☞ **オルタナティブ・メディア**
産業的・文化的に優位な立場にある主流メディアに対して、そこでは扱われない視点やそれに対抗する見方や見解に基づいて、自分たちの表現を行っていこうとする人たちが作るメディア。→ p. 175 参照。

☞ **環境差別**
環境リスクが高い施設、環境汚染や健康被害などが、マイノリティーや低所得者層の居住地域や労働環境に集中しているという差別。→ p. 178 参照。

ワークショップの概要

🗐 原子力資料情報センター (CNIC)
http://www.cnic.jp/
🗐 アンチコールマンの世界
http://sekitan.jp
🗐 ナショナルジオグラフィック日本版サイト
http://natgeo.nikkeibp.co.jp/
🗐 環境ビジネスオンライン
http://www.kankyo-business.jp/news/

☞ **ニュース・ポータルサイト**
ニュース収集サイト。ウェブのあちこちにあるニュースサイトやブログから新鮮なコンテンツを集めたサイト。→ p. 187 参照。

🗐 EIC ネット
http://www.eic.or.jp/news/
🗐 流れを変える（環境市民マガジン）
http://www.kankyoshimin.org/modules/library/index.php?content_id=255
🗐 alterna（ソーシャル・イノベーション・マガジン）
http://www.alterna.co.jp/
🗐 Econews（ウェブマガジン）
http://econews.jp/
🗐 Greenz Jp
http://greenz.jp/

☞**エコ・メディア**
環境ニュース専門サイト、環境や自然を主題にするメディア、環境保護を促進するメディアなど。オルタナティブ・メディアの一種。→ p. 175 参照。

　このワークショップを通して、知らなかった情報源に出会い、前よりもバランスよく情報を捉え、視野を広げる機会になるとよいだろう。

このワークショップで学ぶ基本概念
- △　自然環境がメディア社会の源である。
- ○　メディアは「人工物」である。
- ◎　メディアはリアリティーを作り出す。
- △　メディアの効果は想定できない部分がある。
- △　今のメディア社会を変えることができる。

☞**第2部**
「環境メディア・リテラシーの基本概念」p. 39 参照。

特に意識したい学びの理念
- △　頭（知識）だけでなく、心（感情）と手（行動力）も使う。
- △　「自然好き」本能を刺激し、メディアへの関心度を低くし美化しない。
- ○　落ち込んでも、シニカルにならない。
- ◎　頭は柔らかくするが、非合理的な話を受け入れない。
- ◎　他者を尊重し、自分も尊重する。

☞**第2部**
「学びの理念」p. 48 参照。

用意するもの

☐ 活動ができる場所（可能な限り外。必要に応じて、メモ取りやポスター作り用のテーブル、ピクニックシート、クリップボードなど。活動段階ごとの移動も可能）

☐ グループ用の活動シート（p. 128 のコピー、1グループに1～3枚）

☐ 個人用の記入シート（p. 127 のコピー、1人に1枚）

☐ 参加者の持参するデバイス（活動3②のみ、1グループに1台。ネット接続可能な携帯電話、タブレット、ノートPCなど。活動1を授業中にする場合は1人に1台）

☐ デバイス眠り箱（「スムーズな運営のために p. 62 参照）

3章 環境破壊のリスクはどう描かれているか?

workshop 3 火力発電に関する報道を集めよう

記入シート　個人用

記事／番組／ビデオのタイトル（見出し）

どのように見つけたか（できるだけ詳しく）
(記入例) グーグルニュースで「〇〇〇」というキーワードで検索して、その検索結果の2ページ目に……

掲載されたメディア（ネットの場合：URL） 刊行日、記者（わかる場合）

掲載されたメディア／サイトなどは、どのようなところか？（できるだけ詳しく）
(記入例)「全国紙のニュースサイト」「環境ニュースの専門サイト」「海外のメディアの日本版」………

主な内容

使用された（と思われる）情報源（当てはまるものすべてのチェック）：
- ☐ オリジナルな取材
- ☐ 研究報告（そのもの）
- ☐ 通信社の記事
- ☐ 国内外のマスメディア（マスコミ、地方紙、等）
- ☐ NPOの情報発信
- ☐ 記者クラブ
- ☐ 政府公報
- ☐ 研究についての二次・三次情報（ニュースリリース、など）
- ☐ 企業のニュースリリース
- ☐ 国内外の「個人のメディア」（SNS、ブログ等）
- ☐ その他（具体的に）：＿＿＿＿＿＿＿＿

自分が判断した「質」のレベル（信憑性、書き方などを含む）（1＝低い、10＝高い）	なぜ、そう判断したか（例えば：情報源の使い方、出版社・著者のステータス、専門性、文書の書き方、データの信憑性、など）

なぜ、この記事を選んだかなどのコメント

記入者名 ＿＿＿＿＿＿＿＿＿＿

ガブリエレ ハード, 2016,『環境メディア・リテラシー』関西学院大学出版会

3章 環境破壊のリスクはどう描かれているか？

workshop 3 火力発電所に関する報道を集めよう

活動シート　グループ用

【活動1】個人で準備
① このワークショップの「まず、この話を」と「概要」を読む（またはファシリテーターの説明を聞き、メモをとる）。疑問や後で調べたいことを含めてメモをとる。用語の意味を用語解説（pp. 173-191）で確認する。
② 火力発電と火力発電所（石炭、石油、天然ガス、バイオマスなど）について、メリットとデメリットの情報を集める。
③ 火力発電所についての報道を探し、自分が関心がある記事を1つ（新聞、雑誌、ネット新聞）印刷する。それについての個人用シートを記入する。グループメンバーに配布するため、記事と記入済みの個人用シート3部コピーをとり、持参する。

💬 ファシリテーターへ：できるだけ事前にやってもらう（例えば、宿題として）。不可能な場合は10分程度時間をとる。①について、読んだ後、隣の人と2分間のミニ話し合いをする。必要に応じて、情報を調べる／画像を探すためのネット接続可能なデバイスを用いるか検討。

【活動2】グループで共有、対象決定、内容確認
① 各メンバーが持ってきた記事をお互いに見せ合い、主な内容を簡単に説明する。深く話したい記事を1つ選ぶ。
② 選んだ記事で扱う発電所について、できるだけ冷静にメリットとデメリットをまとめる。主な利害関係者も考えて、リストアップする。
③ 選んだ記事について詳しい話を聞く。持参したメンバーに内容、報道機関、自分で判断した信頼性など、記入シートに書かれたものを中心に説明してもらう。

【活動3】話し合う
① 利害が関係する主体について
この記事では、出来事のどの側面と誰の観点が強調されているか？　どのような情報／誰の視点が抜けているか？　なぜそうなっているのか？　裏側の要素を推測してみよう。

💬 司会へ：登場している／していない利害が関係する主体、組織の政治的な立場や広告主の関係などを考えてみる。他のメンバーが持ってきた記事と比較しながら話すのもよい。

② 信頼性について
このニュース・アイテムの信頼性をどう思うか？　なぜ、そう判断したか？

💬 司会へ：掲載されたメディア、情報源の使い方、引用の仕方、裏付けになる情報などを考えよう。

③ ①と②をふまえて、この記事の質はどう評価するべき？　なぜ、そう判断したか？

💬 司会へ：本書 p. 123 掲載の図「報道の質を判断するための要素」を参考にする。

【活動4】発表
グループごとに準備し、みんなで発表し合う。

💬 ファシリテーターへ：「発表の仕方の様々なパターン」p. 60 参照。

【活動5】個人で考察
活動1〜4で得たことをふまえて、自分が考えたことを文章にまとめる。気づいたことや疑問に思ったことなどについて、さらに情報を収集し、自分の考えを発展させる。

【さらにやってみる】
① 他の発電方法（原子力、水力、風力、地熱など）について、同じ活動をやってみる。
② エネルギーリテラシーを高めるワークショップを実施する。
開発教育協会編, 2012,『もっと話そう！エネルギーと原発のこと』開発教育協会
③ 自分の近くで計画中の発電所について、取材を行い、記事を書く。

ガブリエレ ハード, 2016,『環境メディア・リテラシー』関西学院大学出版会

記入者名 _____

3章 環境破壊のリスクはどう描かれているか?

過去のワークショップでは、次のような発言があがった。自分と同じような傾向があるかどうか、それについてどう思うか、話し合いを進めてみよう。

話を深めていきたいときに〜

・活動4①では、
「主な利害が関係する主体として、私は電力会社、電気の消費者などを考えたが、他のメンバーから一番影響がでるのは周辺の住民と自然環境であるという意見があった。環境差別という観点も必要だとわかった。また、住民の中でも、様々な利害関係者がいるという指摘がメンバーからあった」。

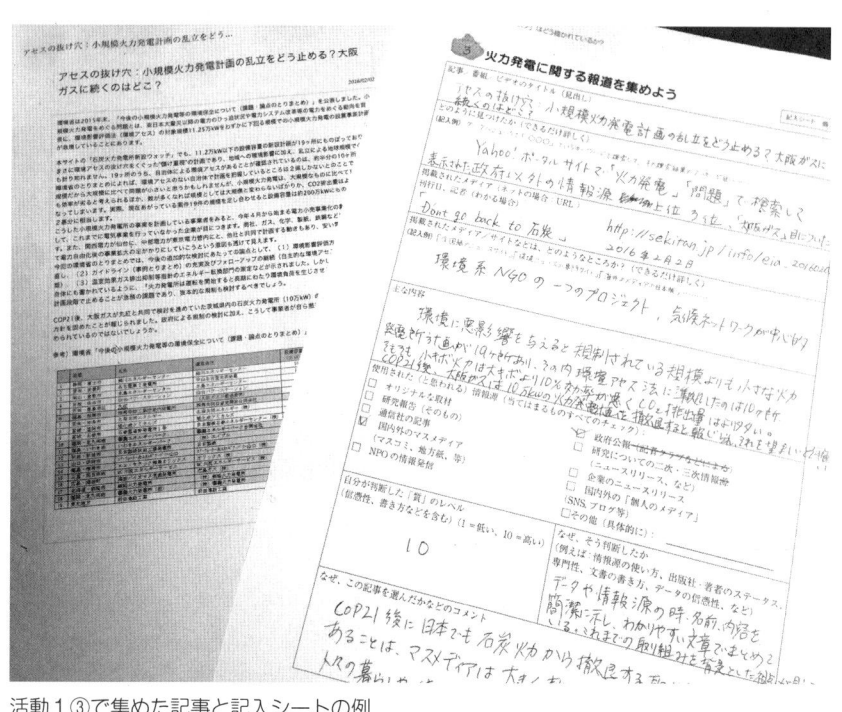

活動1③で集めた記事と記入シートの例

さらに学ぶために

 大矢勝, 2013, 『環境情報学——地球環境時代の情報リテラシー』大学教育出版
 財団法人地球環境戦略研究機関(IGES)編, 2001, 『環境メディア論』中央法規出版

129

4章 メディア社会が生み出す環境破壊

workshop 1

軽い携帯の重い足跡

まず、この話を

☞**デバイス**
PC、タブレット、携帯電話などの、保存、受信、送信するための機器、装置や道具。→ p. 185 参照。

☞Grossman, Elizabeth, 2006, *High Tech Trash*, Washington DC: Island Press, p. 56

☞**紛争鉱物**
紛争地帯において採掘される鉱物資源。産出や流通を通じて武装勢力が資金を得ることで、内戦が長引く、あるいは拡大する原因となっている。→ p. 189 参照。

☞**環境差別**
環境リスクが高い施設、環境汚染や健康被害などが、マイノリティーや低所得者層の居住地域や労働環境に集中しているという差別。→ p. 178 参照。

☞GRIDA, 2010, *The Last Stand of the Gorilla*, http://www.grida.no/publications/rr/gorilla/

> あなたはテレビや携帯を安く買えるが、その本当のコストを払っている人がいるのよ。
> リチャード・グティレス（NPO Ban Toxics! フィリピン）

物心ついたときから周りに多くのデバイスが偏在した。それはメディア社会に生まれ育った多くの人の共通の経験であろう。そして、年々、そのデバイスのデザインが美しく、機能が多く、しかも軽く、そして手頃な値段で手に入れられるようになってきた。ただし、その生産から処分までのライフサイクルを考えてみると、その軽さと安さについて様々な疑問が浮かんでくる。

例えば、スマホに入っている1cm^{2}のマイクロチップを作る際、平均約24kgの廃棄物と排水が出る。また、そのチップと他の部分はプラスチック、金、銅、希土類元素（レア・アース）と有害重金属の水銀、カドミウム、ニッケル、リチウムなどからできている。その多くの資源はチリ、中国、モンゴル、ブラジルやオーストラリアなどで採掘される。いずれの鉱山も貧しい地域にわずかな収入をもたらすだけで、環境破壊による大きな被害を与えるケースが多い（下図）。例えば、コルタンという鉱物の多くがフランス語圏最大の国、コンゴ民主共和国で採掘されている。その鉱山では、4万人の児童を含む労働者が日給500円以下で働いている。そして、それに

バヤン鉱区（中国内モンゴル自治区包頭市）の、銅とレアアースの工場からの排水でできた人口湖。衛星写真（右）から、隣に畑があることがわかる。
撮影：Mauer-Sabir https://ssl.panoramio.com/user/8394331/tags/Chine（左）、http://google.com/maps（右）

よって得られた利益は武装勢力の資金源となっており、すでに500万人以上も死亡した紛争を長期化させ、コンゴ川流域のゴリラを絶滅の瀬戸際に追いやっている。その問題に多くの市民団体が注目し、メーカーの責任を問う巨大キャンペーンを起こした結果、米国やカナダでは近年紛争地域の鉱物使用を禁止する法律ができた。ただし、その順守は現時点ではまだ不十分であり、消費者側から引き続き監視と圧力が必要である。

生産に関する問題は採掘国だけではない。例えば、大手ITメーカーのサムスンの韓国工場では、400人以上の作業員が化学物質による健康被害を受け、そのうち約70人以上がすでに死亡したとされる。数十年間も責任を否定した会社は2014年に謝罪し、2015年に被害者の基金を設立した。ただし、再発生防止策が不十分で、他のメーカーの労働条件も悪いことが、多くの調査と報道で明確になっている。そのため、欧米の消費者団体はメーカーに情報公開と責任を取ることを求めるキャンペーンを行い、その結果、生産者に良い時給と労働条件を保証するフェアトレード携帯（fairphone）を開発し、販売する企業も現れた。

そのような状況から生産されているスマホだが、その使用期間は日本では平均約28ヶ月（2015年）であり、しばらく保管されるとしても最終的に廃棄物になる。世界全体の電子ゴミの総量は、2014年では4180万トン（そのうち携帯やテレビのデバイス300万トン）に上り、毎年増加傾向にある。日本の家電などを含む電子ゴミ量は1人当たり17kg（2014年）で、総合量では世界3位。ほとんどの国に回収制度はあるものの、電子ゴミ内の実際にリサイクル可能な部分は少なく、環境と労働者への被害を最小限にする取り組み（施設、作業方法など）はコストが高い。そのため、ほとんどの電子ゴミは世界各地から主に西アフリカ、中国、インドに、そして日本の場合は近くのフィリピンへ輸出される。それぞれの国内の貧しい地域で廃棄物から銅などを取り出す作業で、児童を含む多くの人が健康へのリスクを負いながら生活している。有害物質の輸出を規制する国際契約（バーゼル契約）はあるが、その有効性は弱いとされる。

小さなデバイスは大きな足跡をもつ。メディア社会が大量に生産し、大量に消費するものが消費者から遠く住んでいる人々と自然環境に重い足跡を残す。

▶ NHK, 2009, 『コンゴ：レアメタル争奪戦の犠牲者』
https://youtu.be/w7K9BEOTKzU

☞ NHK ONLINE, 2014, 『サムスン電子 化学物質被害発覚の衝撃』
http://www.nhk.or.jp/kokusaihoudou/archive/2014/09/0922.html

▶ Greenpeace, 2012, 『電子廃棄物処理の裏で起っていること～インド～』
http://www.japangreen.tv/ch07recycling/7722.html

☞ フェアトレード
公平な貿易。発展途上国で作られた作物や製品を適正な価格で継続的に取り引きすることによって、生産者の持続的な生活向上を支える仕組み。→ p. 188 参照。

☞ Fairphone
https://www.fairphone.com/

☞ 計画的陳腐化
電子製品の物理的、機能的、ファッション的な寿命を短縮すること。消費者の新製品の購買意欲を高めるメーカーの戦略。→ p. 181 参照。

☞ 電子ゴミ
電子廃棄物。家電、ソーラーパネル、エアコンなど、そして携帯電話、PC、テレビなどのデバイスの廃棄物。→ p. 186 参照。

☞ PARC, 2011, 『世界をめぐる電子ゴミ』
http://www.step-initiative.org/Overview_Japan.html

☞ 足跡
温室効果ガス排出、ゴミ、鉱山、水や土の消費や汚染など、自然環境に与える負荷を面積で表す指標。これにより、現代のほぼすべての行動や事業が資源を消費し、ゴミを出す仕組みだとわかる。→ p. 174 参照。

ワークショップの概要

このワークショップでは、自分のポケットの中のデバイスから、いろいろな意味で世界各地の人と生き物につながっていることが見えてくる。自分の今まで使ってきたデバイスを思い出し、その後はどうなったかという話から、電子ゴミ対策をどうすればよいかを考えていく。途中で落ち込んだりすることもあるだろうが、最終的に自分にできることがわかればよい。

☞第2部
「環境メディア・リテラシーの基本概念」p. 39 参照。

このワークショップで学ぶ基本概念
◎ 自然環境がメディア社会の源である。
◎ メディアは「人工物」である。
△ メディアはリアリティーを作り出す。
△ メディアの効果は想定できない部分がある。
△ 今のメディア社会を変えることができる。

☞第2部
「学びの理念」p. 48 参照。

特に意識したい学びの理念
○ 頭（知識）だけでなく、心（感情）と手（行動力）も使う。
◎ 「自然好き」本能を刺激し、メディアへの関心度を低くし美化しない。
◎ 落ち込んでも、シニカルにならない。
△ 頭は柔らかくするが、非合理的な話を受け入れない。
△ 他者を尊重し、自分も尊重する。

用意するもの

☐ 活動ができる場所（可能な限り外。必要に応じて、メモ取りやポスター作り用のテーブル、ピクニックシート、クリップボードなど。活動段階ごとの移動も可能）
☐ グループ用の活動シート（p. 134 のコピー、1グループに1〜3枚）
☐ 個人用の記入シート（p. 133 のコピー、1人に1枚）
☐ ポスターを作るための文房具（ポスター発表の場合。大きめの紙、はさみ、のり、テープ、マーカー、付箋など）
☐ 参加者の持参するデバイス（ネットで調べる必要があるときのみ。ネット接続可能な携帯電話、タブレット、ノートPCなど）
☐ デバイス眠り箱（「スムーズな運営のために」p. 62 参照）

4章 メディア社会が生み出す環境破壊

workshop 1　軽い携帯の重い足跡

記入シート　個人用

今まで購入したデバイスを思い出そう。

	家庭でどのようなデバイスを購入したか？ 例えば、テレビ、パソコン、携帯、固定電話、ゲーム機、スマホ、VCRなど	何台あったか？ （1人当たり平均）	購入のきっかけは何だったか？	使用後どうなったのか？ 例えば、友達にあげた、売った、市町村ごとの分別ゴミとして処分、家に保管など
（記入例）	テレビ （パネル）	1／4 ※4人家族に1台の場合	父が前の物の画質に納得できなかった。	新しいテレビを買ったときに、母が大型ゴミに出したと聞いた。有料だった。
幼時期				
小学校				
中学				
高校				
高校以降				

記入者名 _____

ガブリエレ ハード, 2016, 『環境メディア・リテラシー』関西学院大学出版会

4章 メディア社会が生み出す環境破壊

workshop 1　軽い携帯の重い足跡

活動シート グループ用

【活動1】個人で準備
① このワークショップの「まず、この話を」と「概要」を読む（またはファシリテーターの説明を聞き、メモをとる）。疑問や後で調べたいことを含めてメモをとる。用語の意味を用語解説（pp. 173-191）で確認する。
② 記入シートをできるだけ細かく記入する。もし、小さい頃に何があったかはっきりと覚えていない、どのように処分したかわからないことがあれば、家族に確認する。
③ 電子ゴミに利害が関係している主体を考え、できるだけ多くリストアップする。

💬 ファシリテーターへ：できるだけ事前にやってもらう（例えば、宿題として）。不可能な場合は10分程度時間をとる。①について、読んだ後、隣の人と2分間のミニ話し合いをする。

【活動2】記入シートについてグループで話し合う
① 「私のゴミ史」を記入したとき、何か気がついたことがあるか？　どんな機械を使ったか、同じ機能のものを何台持っていたか、合計何台使ったか、処理の仕方などについてグループで話し合い、類似点・相違点を整理する。なぜ、そのような類似点・相違点があるのか？

💬 司会へ：年齢、流行などの時代背景、家庭環境などから考える。

② 電子ゴミをどう処分したか？　処分した後に、どうなったのか？

【活動3】電子ゴミ対策を話し合う
① 電子ゴミの利害が関係する主体は誰か？　できるだけ多く付箋に書き、利害、いる場所、対策への責任の重さなどから考えて整理する。
② 電子ゴミの増加の原因は何か？
③ 誰にどんな電子ゴミ対策ができるか？　①で責任があると判断した利害が関係する主体それぞれにすべきことを詳しく話し合う。

【活動4】発表
グループごとに準備し、みんなで発表し合う。

💬 ファシリテーターへ：「発表の仕方の様々なパターン」p. 60 参照。

【活動5】個人で考察
活動1〜4で得たことをふまえて、自分が考えたことを文章にまとめる。気づいたことや疑問に思ったことなどについて、さらに情報を収集し、自分の考えを発展させる。

【さらにやってみる】
① 自分の住む市町村の電子ゴミはどうなっているかを調べ、結果をレポートやドキュメンタリービデオにまとめる。
② 自分のデバイスのメーカーの生産プロセスに関する情報（労働条件、紛争鉱物）を調べてみる。情報が出てこない場合、直接問い合わせをする。

ガブリエレ ハード, 2016,『環境メディア・リテラシー』関西学院大学出版会

話を深めていきたいときに〜

過去のワークショップでは、次のような発言があがった。自分と同じような傾向があるかどうか、それについてどう思うか、話し合いを進めてみよう。

・活動3②では、
　「計画的陳腐化は主な原因だろうが、メーカーにとってのメリットが大きいので、やめてもらうのは難しいのではという意見があった」。
・活動3③では、
　「3R（廃棄物発生抑制、再使用、再資源化）に基づいて、それぞれの利害が関係する主体にできることを考えた」。
・活動3③では、
　「原則として、自分が出したゴミを遠いところの人に押し付けるのではなく、少なくとも国内でリサイクルの充実が必要という話があった」。

さらに学ぶために……………………………………………………………………

- 開発教育協会編，2014，『新・貿易ゲーム ── 経済のグローバル化を考える』開発教育協会
- Maxwell, Richard, Raundalen, John and Vestberg, Nina Lager,(eds.), 2015, *Media and the Ecological Crisis*, New York: Routledge
- Greenpeace, 2014, *Green Gadgets*, http://www.greenpeace.org/international/Global/international/publications/toxics/2014/Green%20Gadgets.pdf

workshop 2 原子力発電はどう描かれているか

まず、この話を

▶斉藤和義, 2011,『ずっと嘘だったんだぜ』
https://youtu.be/vIGTNN51bTA

☞Greenpeace, 2015, *Clicking Clean*, http://www.greenpeace.org/usa/global-warming/click-clean/

☞Ethical Consumer, 2013, *Report on Mobile Phones and Broadband*, http://www.ethicalconsumer.org/ethicalreports/mobilesreport/envi

☞リスク
行動する、または行動しないことにより被る損害の可能性、および危険にさらされる可能性。→ p. 190参照。

☞原子力資料情報センター(CNIC)
http://www.cnic.jp/

☞デマ、プロパガンダ、偽情報
いずれも注意するべき情報や論じ方。意図的に広められる虚偽もしくは不正確またはねじまげられた情報。自分の都合の悪い事実を隠したり、人を混乱させたり、間違った知識を植え付けることが目的。→ p. 185参照。

　この国を歩けば　原発が54基
　　　　教科書もCMも　言ってたよ 安全です
　俺たちを騙して　言い訳は「想定外」
　　　　懐かしいあの空　くすぐったい黒い雨　♪
　　　　　　　　　　　　斉藤和義「ずっとウソだった」

　メディア社会は多くの電気を消費する。かつては電子化によって紙を使用しなくなるため、メディア社会はより環境に優しいだろうという夢があった。しかし、近年はその裏にある電気消費に注目が集まっている。例えば、携帯電話の生産、使用と廃棄によるCO_2排出量は100kg程度であるが、その大半が通話や通信のデータ移動に必要な電気を発電する際に排出される。PCやスマホがインターネット接続や動画ストリーミングに必要なデータは巨大センターを通り、保存されている。それは英語で「雲」を意味するcloudという美しい名称をつけられているが、そのクラウドが世界の7%以上の電気消費を占めている（2012年）。そのため、消費者団体や環境NPOがIT業界に「クラウドのグリーン化」を求め、一部のIT企業では火力発電の依存から脱却、再生可能なエネルギーへシフトするという動きが見える。

　ただし、環境への負担がゼロの発電方法は存在しない。市民がそれぞれの発電方法のリスクとメリットを把握し、そのうえで、様々な利害関係主体の参加で政策を進めるべきである。原子力では、廃棄物の処理、燃料に必要な鉱山での環境破壊や事故の場合のリスク、海、水、大気、土、食物連鎖の核汚染などの恐れがある。

　多くの日本人は東京電力福島第一原子力発電所（フクイチ）の事故以前にはそれをあまり意識しなかった。おそらく日本政府が米国の影響で1950年代から行ってきた核の平和利用キャンペーンが主な要因である。政治、経済、研究と文化、社会全分野を巻き込む計画であり、唯一の被爆国である日本の国民に原子力発電を承諾してもらうのが目標であった。

　なかでも、メディア戦略が重視されており、読売新聞や日本テ

レビをはじめ、報道、広告、CM、展覧会、パンフレット、イベント、ポスターコンペなど、あらゆるメディアを通して原子力のメリットが宣伝された。原子力は「安全」と「経済成長に不可欠」である主張がその主な内容で、さらに温暖化問題に関する関心が高まった1990年代からは、原子力が火力発電に比べてCO_2排出量が低いことも宣伝に利用されてきた。ただし、原子力と一緒に多くの火力発電所が建設されており、日本の原発推進政策は実際には火力推進政策で、再生可能なエネルギーの開発を邪魔していると批判してきたNPOもあった。またJCO東海村事故やもんじゅナトリウム漏れ事故など、多くの事故の発生や最終処分場の見通しがないことから「安全」とは言いがたいと一部の市民団体や研究者が指摘してきた。さらに、日本の電気代は世界と比較して非常に高いことや原発計画に巨大な予算をかけていることから、その経済性に疑問を抱く研究者もいた。それにも関わらず、原子力は安全、安い、そして「クリーン」であるというイメージが作り上げられ、多くの人はそれに納得していた。

しかし、フクイチ直後にはキャンペーンに対する反発があり、核汚染のリスクを慌てて情報検索する人、自分が反対運動を無視したことに対する反省を示した人もいた。また、大規模なデモに参加し、フクイチの被害者の支援を行い、怒りをインターネットで発散した人も多かった。原子力についての一方的な(プロパガンダ的な)情報により、そのリスクが過小評価され、放射性物質による汚染が起こってしまったという声もあった。メディア環境が汚染されると自然環境も汚染されるという、環境メディア・リテラシーの前提にある発想が明確に示された格好だ。

このワークショップでは、原子力推進について2つの異なる視点をもつメディア・テクストのメディア言語を分析する。

テクスト1は、ネットで残る多くの原発推進のCMから星野仙一氏が出演する関西電力のCMを使う。これは2008年の高浜発電所3・4号機のプルサーマル事業の再開から放送されたが、フクイチが起こると一時的に停止され、その後も放送されていない。なぜ当時、独占企業であった電力会社はCM枠を買い、それに有名人が協力したのかを考えるとよい。

テクスト2では、フクイチ直後に現れた原発批判のミュージック・ビデオを扱う。京都のバンド「フライングダッチマン」の「ヒューマン・エラー」は、ネットで国内外の注目を集め、日本人は原発事故に対してただ我慢するというステレオタイプを破ったといえる。テクスト1のCMを直接に批判する場面もあり、歌詞を参考にす

☞池田理知子, 2013, 『メディア・リテラシーの現在(いま)』ナカニシヤ出版

☞丸山重威編, 2011, 『これでいいのか原発事故報道』あけび書房

☞早川タダノリ, 2014, 『原発ユートピア日本』合同出版

☞メディア総合研究所・放送レポート編集委員会編, 2011, 『大震災・原発報道とメディア』大月書店

☞ プロテスト・ソング
社会的な不平等、政治などに対する不満、反対及び批判的な視点が含まれている歌。社会的な改善を求める歌。→p. 189参照。

☞ グリーンウォッシュ
商品や企業活動について、環境にやさしい、エコである、環境保護に熱心である、といった印象を植え付けようとする虚飾。→p. 180参照。

▶鎌仲ひとみ(監督), 2006, 『六ヶ所村ラプソディー』

ワークショップの概要

☞ メディア・テクスト
メディア内容の単位。例えば、1本の映画、1つの新聞広告、1本のCM、1つの新聞記事など、またはその(読むことが可能な)一部。メディア研究においては、内容分析の対象にできるもの。→p. 190参照。

☞ プルサーマル計画
原子力エネルギーの核燃料サイクルを目指す計画。各電力会社は1980年代から取り組んできたものの、現在までリサイクルに至っていない。→p. 188参照。

☞メディア言語(p. 189)、オーディエンス(p. 175)、レプレゼンテーション (p. 191)、第3部2章ワークショップ1 (pp. 93-97) を参照。

☞テクストの事例に本書の専用チャンネル、EcoMLit (環境メディア) https://vimeo.com/user47635996 からアクセスできる。動画サイトから検索する方法もある。p. 142 の図も参照。

☞第2部「環境メディア・リテラシーの基本概念」p. 39 参照。

☞第2部「学びの理念」p. 48 参照。

るとよい。なお、原発推進キャンペーンについての主な内容は事実に基づくといえる。

この2つの真逆のテクストから、リスクについてのコミュニケーション、その社会的な必要性の倫理について考えていく。

このワークショップで学ぶ基本概念
- ○ 自然環境がメディア社会の源である。
- ◎ メディアは「人工物」である。
- ◎ メディアはリアリティーを作り出す。
- ◎ メディアの効果は想定できない部分がある。
- ◎ 今のメディア社会を変えることができる。

特に意識したい学びの理念
- ◎ 頭（知識）だけでなく、心（感情）と手（行動力）も使う。
- ◎「自然好き」本能を刺激し、メディアへの関心度を低くし美化しない。
- △ 落ち込んでも、シニカルにならない。
- △ 頭は柔らかくするが、非合理的な話を受け入れない。
- ○ 他者を尊重し、自分も尊重する。

用意するもの

- ☐ 活動ができる場所（屋内。動画を再生／上映できる設備、プロジェクターなどがある場所）
- ☐ 分析用メディア・テクスト（2本のビデオ：テクスト1＝CM、テクスト2＝ミュージック・ビデオ。「概要」pp. 137-138 参照）
- ☐ グループ用の活動シート（pp.140-141 のコピー、1グループに1〜3枚）
- ☐ 個人用の記入シート（p. 139 のコピー、1人に1枚）
- ☐ 参考資料（「メディア言語」pp. 169-172、必要に応じて1人に1部コピー、配布）
- ☐ ポスターを作るための文房具（ポスター発表の場合。大きめの紙、はさみ、のり、テープ、マーカー、付箋など）
- ☐ 参加者の持参するデバイス（活動1を授業中にする、またはネットで調べる必要がある場合のみ。ネット接続可能な携帯電話、タブレット、ノートPCなど）
- ☐ デバイス眠り箱（「スムーズな運営のために p. 62 参照)

4章 メディア社会が生み出す環境破壊

workshop 2　原子力発電はどう描かれているか

記入シート　個人用

テクスト1（CM）：関西電力CM　星野仙一氏出演「浜辺」篇（プルサーマル　原子力発電）（2008）

登場人物	状況設定 （ロケ地、ストーリーなど）	映像 （カメラワーク、CG、文字、色、編集など）	音声 （台詞、音楽など）

以上のメディア言語により構成された原発のリスクに関するメッセージ：

　1　　　　　　　　　　　　　　　3

　2　　　　　　　　　　　　　　　……

テクスト2（ミュージック・ビデオ）：フライングダッチマン『Human Error』（2011）

登場人物	状況設定 （ロケ地、ストーリーなど）	映像 （カメラワーク、CG、文字、色、編集など）	音声 （台詞、音楽など）

以上のメディア言語により構成された原発のリスクに関するメッセージ：

　1　　　　　　　　　　　　　　　3

　2　　　　　　　　　　　　　　　……

記入者名 ＿＿＿＿＿＿＿＿＿＿＿＿

ガブリエレ ハード，2016，『環境メディア・リテラシー』関西学院大学出版会

4章 メディア社会が生み出す環境破壊

workshop 2 原子力発電はどう描かれているか

活動シート　グループ用

【活動1】個人で準備
① このワークショップの「まず、この話を」と「概要」を読む（またはファシリテーターの説明を聞き、メモをとる）。疑問や後で調べたいことを含めてメモをとる。用語の意味を用語解説（pp. 173-191）で確認する。
② メディア言語について、1人で学習／復習するか、ファシリテーターの説明を聞きながら、自分がわかったかを確認する。
③ メディア・テクスト1と2を見ながら、各記入シートを記入する。いずれのテクストも3回以上視聴する。1回目はそのまま見る。2回目は画像だけに集中。音声を消して約10秒おきに一時停止ボタンを押しながらゆっくりと再生する。3回目は画面を見ず音声技法に集中する。テクスト2では、見ながらメモをとってもよい。何をどんな技法で撮っているかを詳しく記入するように心がける（例えば、「歌手の顔 CU」のように）。メッセージに関して、2つ以上（制作側が意図的に込めたものに限らない）を読みとくように努力する。

💭 ファシリテーターへ：できるだけ事前にやってもらう（例えば、宿題として）。不可能な場合は、その場でする。①10分程度で1人で読んだ後、隣の人と2分間のミニ話し合いをする。②メディア言語のワークショップ（pp. 93-97）を先に行えば、ここは簡単に復習。そうではない場合、メディア言語を説明する（20分程度で、p. 96の活動2のみ）。③事前に各ビデオのURLを前もって伝えておき参加者に記入しておいてもらうか、その場で上映しながら各自記入する（10～20分）。テクスト2の一部の使用も可能。

【活動2】グループで話し合う
原発に限らず、発電方法についてのリスクコミュニケーションはどうあるべきか？
誰に、どのような情報が必要か？　様々な利害が関係している主体の観点から考えてみる。

💭 ファシリテーターへ：時間が許す限り、ここで中間報告をしてもらう。

【活動3】グループでテクスト分析と話し合い
上映されたテクストから1つ選ぶ。問い①～③についてそのテクストを中心に話すが、他のビデオと比較しながら考えるとよい。
① このビデオでは「原発のリスク」について、どのような複数のメッセージが含まれているか？できるだけ多くリストアップをする。

グループ名 _____

ガブリエレ ハード, 2016, 『環境メディア・リテラシー』関西学院大学出版会

② それぞれのメッセージはどのように作られているか？ できるだけ具体的な映像技法・音声技法・登場人物・ロケ地などから説明する。
（記入例）こどもの砂遊び MS、原発バックに→「安全」「未来」

③ 活動２、そして活動３①と②から、このテキストについて、あなたはどう思うか？ 他のテキストに関してはどうか？ それぞれにオーディエンスを説得する意図が含まれているだろうが、その倫理と正当性についてはどう思うか？

> 司会へ
- 原発そのものについての意見が出ることは問題ないが、話の中心はテキストになるように気をつける。
- 意見の整理の仕方について、「理念４ 頭は柔らかく、非合理的な話を受け入れない」p. 52 と「理念５ 他者を尊重し、自分も尊重する」p. 53 を参照。
- 話の視点は市民側（制作側ではない）。「〜を上手に伝えている」などの企業側や娯楽を求める消費者の立場からの評価もここでは問わない。

【活動４】発表
グループごとに準備し、みんなで発表し合う。
> ファシリテーターへ：「発表の仕方の様々なパターン」p. 60 参照。

【活動５】個人で考察
活動１〜４で得たことをふまえて、自分が考えたことを文章にまとめる。気づいたことや疑問に思ったことなどについて、さらに情報を収集し、自分の考えを発展させる。

【さらにやってみる】
① それぞれのテキストの裏にある出来事（CMのプルサーマル計画、フクイチ後の原発論争など）について調べ、それについてプレゼン、レポートやミニドキュメンタリー）でまとめてみる。
② 原子力発電に対して、どのようなリスクとメリットがあるか、整理してみる。なお、原発の代替となり得る発電方法について同じく調べて、整理する。
③ 高速増殖原型炉もんじゅで1995年に発生したナトリウム漏えい事故について、それに関するビデオも同じく分析してみる。
▶NPJ動画ニュース, 2008, 第3回「動燃が隠そうとしたもんじゅナトリウム漏れ直後のビデオ（1996年）」
https://youtu.be/Wm3yuygUXQ0 , https://youtu.be/G7NbFMH_XZw

**話を深めていきたい
ときに〜**

過去のワークショップでは、次のような発言があがった。自分と同じような傾向があるかどうか、それについてどう思うか、話し合いを進めてみよう。

・活動3①と②（CM）では
　「カモメの鳴き声、海の波の音やピアノのBGMによって原発は自然エネルギーの一つである」や「星野監督の登場によって、信憑性を高めようとしている」。
　「動画サイトで残っているコメントを参照したが、有名人が原発推進キャンペーンに協力をしたことに対して、多くの批判が書かれている。一方、本人が本当に賛成することであれば、それで良いのではという意見もあった」。

・活動3①と②（ミュージック・ビデオ）では
　「最初はただ激しい反対の印象を受けたが、それはカメラの動き、歌手の顔と髪型のCUなどの結果であった」。
　「原発反対以外のメッセージでは、音楽を聞いている観客の映し方によって、人間同士の暖かい関係やコミュニティーの可能性を感じさせた」。
　「素朴な疑問だが、街角に立って叫ぶ人のほうが、メディアで登場する有名人や専門家よりずっと信頼性が高いと感じられるのは、なぜなのか」。

テクスト2　ミュージック・ビデオ
フライングダッチマン「Human Error」
https://youtu.be/ Q5p283KZGa8
http://fryingdutchman.jp

テクスト1　CM「プルサーマル計画」
関西電力CM 星野仙一氏出演「浜辺」篇（CO$_2$）
原子力発電 http://www.youtube.com/watch?v=iZ7ZrvfIFSc

さらに学ぶために

　開発教育研究会，2012，『身近なことから世界と私を考える授業II──オキナワ・多みんぞくニホン・核と温暖化』明石書店
　池田理知子編，2013，『メディア・リテラシーの現在（いま）』ナカニシヤ出版
　アジア太平洋資料センター（PARC），2011，『原発、ほんまかいな？』

workshop 3 パブリック・リレーションズの天使対悪魔

グローバル経済では、情報は大手メディア企業によってフィルターされています。その企業は何よりも広告主を大切にしています。そんななか、誰が我々の知る権利を守りますか？ 我々は正確な情報に基づいて行動したいけれど、それを保証するため、何をするべきですか？

　　　　　　ナレーターの声（映画『ザ・コーポレーション』）

まず、この話を

20世紀には多数の公害事件があった。例えば、日本の四大公害病では、水俣病（チッソ）、第二水俣病（昭和電工）、イタイイタイ病（三井金属鉱業）、四日市ぜんそく（四日市コンビナート）があり、世界でも、ボパール化学工場事故（ユニオンカーバイド社）、ラブキャナル汚染事件（フッカーケミカル社）、セベソ事故（エフ・ホフマン・ラ・ロシュ社の子会社のICMESA社）などが人災として記録されている。21世紀に入っても、メキシコ湾原油流出事故（BP社）やフクイチ（東京電力の福島第一原子力発電所の2011年の事故）などが発生した。その共通点は、企業が空気、土、水、海洋などを汚染したが、その事実がタイムリーに公開されず、住民が健康被害（またはそのリスク）にさらされたことにある。場合によって、企業関係者が正確な情報を隠したり、偽情報を流したこともあった。

☞**デマ、プロパガンダ、偽情報**
いずれも注意するべき情報や論じ方。意図的に広められる虚偽もしくは不正確またはねじまげられた情報。自分の都合の悪い事実を隠したり、人を混乱させたり、間違った知識を植え付けることが目的。→ p.185参照。

被害を抑えるためには、正確でタイムリーな情報が必要である。それは地球規模の環境問題に関しても変わらない。例えば、オゾン層破壊に関しては、科学的な原因が明確にされてから2年ほどで、国際条約によって効果的な対策を取ることができた。研究者、世論、政治、企業、そして解決の必要性を報道したメディアの協力のおかげであった。同様に海洋の酸性化、プラスチック汚染、核汚染、大気汚染、そして温暖化にも効果的な取り組みが必要だ。

このワークショップでは、以下のストーリーをもとにロールプレイング（役を演じるゲーム）をする。

ワークショップの概要

「*1977年。あなたは米国の大手石油企業のE社のPR担当部のスタッフである。業界で多くの実績をもっているあなたは、入社したばかりだが、いきなり大きな問題に取り組む立場にいる。そ*

☞ **PR担当部門**
会社などのパブリック・リレーションズ（PR）を担当する部署。PRとは社会と会社の関係のこと。→ p. 188 参照。

☞ このロールプレイングは概して実際に起こった出来事に基づく。E社のモデルのエクソン（EXXON, 現在エクソン・モービル社）は、1977年から気候研究、政治と世論に大きな影響を与え、温暖化対策を遅らせたとされる。http://www.theguardian.com/environment/2015/oct/14/exxons-climate-lie-change-global-warming などを参照。

☞ **温暖化否定キャンペーン**
温暖化の現象またはその原因に「疑問」を投げかける米国の石油会社が1980年代に始めたキャンペーン。シンクタンクや政治家のネットワークを通して、いわゆる「懐疑論」の普及に働きかけ、偽情報やメディア操作を通じて、主に英語文化圏の温暖化対策を遅らせた。→ p. 176 参照。

れはあなたの所属する会社が厳しい批判を受けるきっかけになりそうな事件の解決である。

　温室効果という現象は19世紀から知られている。地球は太陽から比較的に遠いが、大気中にちょうどよい割合で含まれているCO_2などの温室効果ガスのおかげで穏やかで、快適な気温と気候を保っている。しかし、産業革命以降は大気中のCO_2が急速に増え始め、その結果平均気温が上がり、気象も変わっていくのではないかという疑いが研究者の間で浮かんできた。一般市民は何もわからないが、一部の市民団体や政府関係者はそれを知って、対策が必要なのではと考え始めている。また、1973年のオイルショックを受けて、化石燃料より太陽光エネルギーなどを促進すべきと考える大統領を含めた政府関係者も現れている。

　あなたの会社内では温暖化に関する研究を進めてきた。その主な成果をまとめた報告書は今年（1977年）幹部に届いたが、なんとその内容は、自社の本業である石油を含む化石燃料の焼却が温暖化の主な原因で、世界各地に大きな被害を起こす危険性があるというものであった。その情報をもとに、どうすればよいのか？　幹部たちは戸惑っている。あなたは、その問題に対する戦略を提案するよう依頼された。予算に関係なく、とにかく解決案を出してほしいと幹部から連絡があった。あなたの会社はどうなるか？　化石燃料のビジネスはどうなるか？　世界気候はどうなるか？　すべてあなたの活動次第である。」

　このストーリーの続きを、このワークショップでは参加者が作っていく。様々な選択肢が考えられるが、ここではとりあえず「悪魔版」と「天使版」という2つの極端なシナリオの詳しい内容をグループごとに考え、自分が悪魔及び天使で考えた戦略を幹部にプレゼンする場面を演じていく。

　悪魔の第一目的は、会社の利益を守ることである。そのためには手段を選ばない。とにかく、ビジネスのやり方を変えず、そのイメージを良くする。PR担当部として、主に会社内外の（広告を除く）コミュニケーションを考えつつ、会社のイメージを作る戦略や経営方針を決める。また、様々な利害の関係がある主体へ影響を与える方法も考える。

　天使の第一目的は、地球環境の破壊を防ぐことである。そのため、PR担当部として、まず外部へ情報を公開することが大事だが、経営を変える提案も必要だろう。企業として社会的な責任を果たすには、将来性のあるビジネスに切り替える、財団法人にするなど、様々な方法がある。また、すでに起こった被害にどう対応する

か。同じ業界のライバル企業、そして会社内で違う意見を持つ人、株主などにどう対応していくかも重要だろう。

　このワークショップを通してPRの光と陰を考えていき、環境問題の解決に必要な情報をどのように普及させるかを考えていく。

このワークショップで学ぶ基本概念
△　自然環境がメディア社会の源である。
◎　メディアは「人工物」である。
△　メディアはリアリティーを作り出す。
○　メディアの効果は想定できない部分がある。
△　今のメディア社会を変えることができる。

特に意識したい学びの理念
△　頭（知識）だけでなく、心（感情）と手（行動力）も使う。
△　「自然好き」本能を刺激し、メディアへの関心度を低くし美化しない。
○　落ち込んでも、シニカルにならない。
△　頭は柔らかくするが、非合理的な話を受け入れない。
○　他者を尊重し、自分も尊重する。

用意するもの

☐　活動ができる場所（可能な限り外。必要に応じて、メモ取りやポスター作り用のテーブル、ピクニックシート、クリップボードなど。活動段階ごとの移動も可能）

☐　グループ用の活動シート（p.147のコピー、1グループに1〜3枚）

☐　グループ用の記入シート（p.146のコピー、各グループの書記に2枚）

☐　ポスターを作るための文房具（大きめの紙、はさみ、のり、テープ、マーカー、付箋など）

☐　デバイス眠り箱（「スムーズな運営のために p.62参照）

4章 メディア社会が生み出す環境破壊

workshop 3　パブリック・リレーションズの天使対悪魔

記入シート　グループ用

タイプ：　□ 悪魔型　　　□ 天使型

目　標：　1. _____
　　　　　2. _____
　　　　　3. _____

宿　敵	嫌いなもの	道　具
		・メディアへのアクセス ・政治家へのアクセス ・大きな予算

誰にどのように対応するか？

○ ＿＿＿＿＿＿　　○ 研究者 ＿＿＿＿＿＿　　○ ＿＿＿＿＿＿

○ 環境NPO ＿＿＿＿＿＿　　○ ＿＿＿＿＿＿　　○ ＿＿＿＿＿＿

○ ＿＿＿＿＿＿　　○ ＿＿＿＿＿＿　　○ 自分の心 ＿＿＿＿＿＿

グループ名 _____

ガブリエレ ハード，2016，『環境メディア・リテラシー』関西学院大学出版会
イラスト：マーク・アクバー（監督），2003，『ザ・コポレーション』から

4章 メディア社会が生み出す環境破壊

workshop 3 パブリック・リレーションズの天使対悪魔

活動シート　グループ用

【活動1】個人で準備

① このワークショップの「まず、この話を」と「概要」を読む（またはファシリテーターの説明を聞き、メモをとる）。疑問や後で調べたいことを含めてメモをとる。用語の意味を用語解説（pp. 173-191）で確認する。

> ファシリテーターへ：できるだけ事前にやってもらう（例えば、宿題として）。不可能な場合は10分程度時間をとる。①について、読んだ後、隣の人と2分間のミニ話し合いをする。

【活動2】悪魔版

① 記入シート1枚目の記入
・「悪魔型」にチェックを入れる。
どのような戦略をとるか？　具体的に、誰に、どのように働きかけるか？　例えば、どのようなスローガンを作り、どのようにメディアを通して世論に影響するか？
政治家、業界内外のライバル社、被害を受けた主体（人、場所、生物）、環境団体、研究者、会社内でこの戦略に反対する人に対応するか？
・自分の心に対して、この戦略をどのように正当化するか？

② プレゼン準備
以上の戦略から、会社の幹部にわかりやすく説明するためのプレゼンテーションを用意しておく。幹部を説得する必要があるため、矛盾や疑問を隠してもよい（ただし、活動4～5では、それをクローズアップするため、メモにする）。

③ ファシリテーターに選ばれたグループの発表者はPR担当部の代表を演じる。他のメンバーはE社の幹部役を演じる。自分のPR部が考えた戦略を5分程度で発表する。その後、幹部らの意見や質問に対応する。

> ファシリテーターへ：グループが多い場合や時間が少ないときは、ポスタープレゼンの形をとればよい（「スムーズな運営のため」p.61参照）。

【活動3】天使版

2枚目の記入シートの「天使型」にチェックを入れる。
①、②と③は活動2と同じ。

【活動4】コメント／評価

各グループの司会からのコメント。どのような疑問、矛盾、問題点があったか？

【活動5】個人で考察

活動1～4で得たことをふまえて、自分が考えたことを文章にまとめる。気づいたことや疑問に思ったことなどについて、さらに情報を収集し、自分の考えを発展させる。

【さらにやってみる】

映画『ザ・コーポレーション』を視聴し、それについて話し合う。例えば、株式会社はそのなかで働く人に関係なく、悪いことしかできない仕組みなのか？　そうであれば、それに対して、どうすればよいのか？

ガブリエレ ハード, 2016, 『環境メディア・リテラシー』関西学院大学出版会

第3部 環境メディア・リテラシーを高めていこう

話を深めていきたいときに〜

過去のワークショップでは、次のような発言があがった。自分と同じような傾向があるかどうか、それについてどう思うか、話し合いを進めてみよう。

・活動4では、悪魔をやったときの疑問として、
「短期的な利益を守るために石油を売り続けるのはよいが、将来的にいつか本業を続けられない時代になっていくという話があった。例えば、石油は無限に存在しているわけでもないし、温暖化の原因になっていることが否定できなくなる時代も必ずくる（2015年現在はすでにそうだが）。なので、長期的に利益を守る目的であれば、早めに本業を石油から再生可能なエネルギーに変えたほうがよいと考えた」。

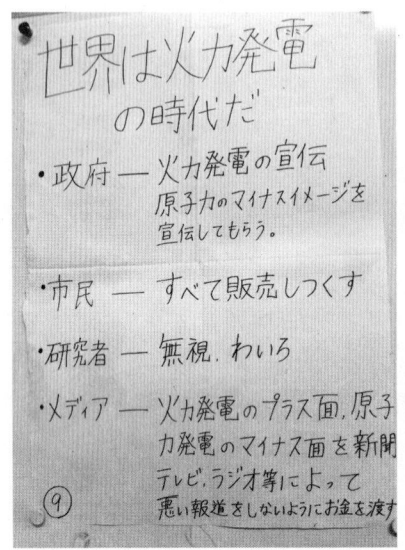

活動2「悪魔版」で作ったポスターの例　　活動3「天使版」で作ったポスターの例

さらに学ぶために

- 中村隆市, 辻信一, 2004,『スロービジネス』ゆっくり堂
- ナオミ・クライン著, 松島聖子訳, 2009,『ブランドなんか、いらない』大月書店
- 田中優, A SEED JAPAN エコ貯金プロジェクト編, 2008,『おカネで世界を変える30の方法』合同出版

5章 エコ・メディアから脱メディア、そして入ネイチャへ

workshop 1 環境映画バトル！

最も急進的な政治活動がある、それは楽天家になることだ。最も急進的な政治活動なのは、自分が変われば他の人も変わると信じることだ。

コリン・ビーヴァン『地球にやさしい生活』

メディアは我々のいる空間を変えていく。遠いものを近く、近いものを遠く感じさせる不思議な効果がある。メディアには光と影があり、影については他のワークショップで学ぶが、ここではその光に注目する。メディアを通して、我々は直接出会えないような人の視点を知ることができる。

例えば、自然のドキュメンタリーを通して野生動物や水中の生き物の生活を観察し、世界各地の大自然に感動し、深い森に入り、高い山に登り、海洋の底まで潜り、ヒョウアザラシと一緒にペンギン狩りに行き、ミーアキャット社会の一員のようにいろいろな出来事をフォローできる。また、環境問題を扱うドキュメンタリーを通して、例えば、中国の大気汚染や日本国内の放射線量が高い場所では、皆どのように生活していて、親は子どもをどのように守ろうとしているかに共感できる。メディアを通して、ブラジルの森を守ろうとしている先住民から、ボスニアの石炭鉱夫まで、大きな問題に自分なりに向き合う人びとの視点を知ることができる。

環境映画というジャンルには、フィクションやファンタジーもある。例えば、人間と他の生き物の関係を主題にするスタジオジブリに代表されるエコ・アニメや気候変動の極端なシナリオを描く気候SF映画（クライメイト・フィクション、Cli-Fi）などのサブジャンルもある。

それらを通して、自然界の大切さに気づいたり、動物のいる場所を守り、環境差別に対して腹を立て、とにかく自分がなんとかしないといけないと考え、ライフスタイルを変えたり、新しい活動を始めた人も多いだろう。

ただし、それぞれの環境映画は非常に複雑で、矛盾しているメッセージも多く含まれ、現実そのままを映しているわけではない。エ

まず、この話を

☞**エコ・メディア**
環境ニュース専門サイト、環境や自然を主題にするメディア、環境保護を促進するメディアなど。オルタナティブ・メディアの一種。→ p. 175 参照。

▶『ミーアキャットの世界』2005-2008, オックスフォード科学動画

☞**環境映画**
エコ・メディアの一種。環境問題や自然と人間の関わりを主題にする映画。→ p. 177 参照。

☞**バイオフィリア**
生命愛、人間の「自然好き本能」。→ p. 187 参照。

☞**レプレゼンテーション**
社会の人びと、生き物、場所、出来事、考え方などがメディアにより描かれている姿。メディアを通して再構成し、再提示したもの。再提示された表現。メディア言語によって構成されている。→ p. 191 参照。

☞**クリティカル**
メディアの意味、歪みや含まれている価値観とイデオロギーについて深く考え、多面的に読み解いていこうとする視点。ネガティブな意味合いの「批判」と違い、「冷静」と「創造的」のニュアンスが含まれる。→ p. 180 参照。

ワークショップの概要

☞ビブリオバトル
http://www.bibliobattle.jp

☞スロー
速度中毒の文化に対抗し、ゆっくりしたペースを大切にする生き方、経済、教育、デザイン、食べ物との関わり方など。それを実現するための思想、実践やそれを広めるための活動。社会運動。→ p. 183 参照。

☞クリティカル
メディアの意味、歪みや含まれている価値観とイデオロギーについて深く考え、多面的に読み解いていこうとする視点。ネガティブな意味合いの「批判」と違い、「冷静」と「創造的」のニュアンスが含まれる。→ p. 180 参照。

☞アクティブ・リスニング
「積極的傾聴」ともいうコミュニケーション技法。相手の表現にすすんで耳を傾け共感をもって理解しようする姿勢や態度。表現のなかにある事実や感情を積極的につかもうとする聴き方。→ p. 173 参照。

コ・メディアとして、環境に良いことをするつもりで作った映画でも、想定されていない効果をもたらすことがある。エコだから良いわけではなく、エコだからこそ、しっかりと見つめる必要がある。

このワークショップは環境映画バトルだ。バトルとは、英語のbattle（戦い）の意味だが、ここでは競争を含めたゲームの意味である。ビブリオバトルという京都大学から広まった輪読会・読書会（「知的書評合戦」とも呼ばれる）から開発されたコミュニケーションゲームを行う。各参加者は自分の選んだ環境映画について話し、最後にお互いを評価し合う。お互いに刺激を与え合い、競争性もあり、盛り上がりやすい仕組みになっている。

ポイントは前もっての準備にある。バトルのペースは早いため、その準備に適切な時間をかける。バトラー（ワークショップの全参加者）は環境映画を探してくる（「エコシネマの事例」p. 154 参照）。DVDを図書館やビデオショップから借りたり、ネットでダウンロードしたり、ストリーミングサイトで見たり、購入したりする。動画サイトのビデオを使う方法もあるが、各バトラーが自由に動画サイトから選ぶと、ビデオの長さ、質、信憑性や内容に大きな差がでてしまい、バトルの質にも影響がでる。

自分がバトルで取り上げる映画を選ぶときは、まずいくつかの候補をあげてみる。映画のPRは目的ではない。どちらかと言えば、「不思議で面白い」「何か気になるところがある」といった違和感や衝撃などを感じたものほど面白く話せる。

選んだ映画をメモしながら見て、それについて5分間の話を準備しておく。映画の背景、主な内容、自分が疑問に思ったことや気がついたことなどのコメント、そして参加者に話してほしい質問をすべてカバーする。その映画の背景と内容に関して、ネットや文献から情報を収集する。また、特に環境問題についての事実関係（科学的な証拠など）を確認する。配布資料、プレゼンソフトなどは使用せず、自分のメモも最低限なものに抑える。文章を暗記したり、読み上げたりするのは禁止。どうしてもビジュアルがほしければ、DVDのカバーやシーンの写真1枚程度にする。シミュレーションをやると有利だろう。

バトル本番では、グループを作り、それぞれ各バトラーが順番に5分間話し、次の5分間で他のメンバーからの映画についての質問やコメントに答える、という流れで進む。時間は厳しく守る。他のメンバーはバトラーが話しやすい雰囲気を作り、アクティブ・リスニングを心がける。

バトラーの話を聞きながら評価を考え、チャンプ投票券に感想を

書き込む。投票券の評価は最終的に本人に渡すことになるが、すべてのカテゴリーに◎をつけ、「良かった！」というような、あまり中身のない理由を書くと役に立たないだろう。できるだけ自分の判断力を働かせて、相手の改善の余地があるところと優れたところを見極め、それを伝えることこそ相手のためになるだろう。自己評価もしっかりと考えて、書くことが自分の改善につながる。

　全員の話が終わったら、投票する。一番良かったバトラーに「チャンプ賞」を与えることになるが、チャンプのカテゴリーは4つにする。1つ目は、ビデオの背景と内容を一番良くまとめて説明したバトラーを「紹介チャンプ」にする。2つ目は、映画について自分なりのコメントを一番面白く話せた、及び質問に面白く対応できたバトラーを「コメント・チャンプ」にする。他に、話し方（例えば、アイコンタクトなど）が一番良かったバトラーを「グッド・スタイル・チャンプ」、そしてすべてのカテゴリーの総合的な評価が高かったバトラーを「トータル・チャンプ」にする。

　このワークショップを通して、コミュニケーションスキルがアップできる。また、環境映画を意識することで、複雑なニュアンスが見えてくるだろう。過去のワークショップ参加者からも「聞いたことがない話ばかりだった」などのコメントがあった。

☞コメントの仕方について pp. 68-69 参照。

このワークショップで学ぶ基本概念
◎　自然環境がメディア社会の源である。
◎　メディアは「人工物」である。
◎　メディアはリアリティーを作り出す。
◎　メディアの効果は想定できない部分がある。
△　今のメディア社会を変えることができる。

☞第2部
「環境メディア・リテラシーの基本概念」p. 39 参照。

特に意識したい学びの理念
△　頭（知識）だけでなく、心（感情）と手（行動力）も使う。
△　「自然好き」本能を刺激し、メディアへの関心度を低くし美化しない。
◎　落ち込んでも、シニカルにならない。
◎　頭は柔らかくするが、非合理的な話を受け入れない。
◎　他者を尊重し、自分も尊重する。

☞第2部
「学びの理念」p. 48 参照。

用意するもの

- ☐ 活動ができる場所（可能な限り外。メモ取り用のテーブル、ピクニックシート、クリップボードなど）
- ☐ グループ用の活動シート（p.153 のコピー、1 グループに 1～3 枚）
- ☐ 個人用の記入シート（「チャンプ投票券」p.152 のコピー、1 人に 1 枚）
- ☐ 参加者の持参するデバイス（ネットで調べる必要があるときのみ。ネット接続可能な携帯電話、タブレット、ノート PC など）
- ☐ 「賞」または「表彰状」（各グループに 4 つの賞 1 枚ずつ）
- ☐ タイマー（デバイスの機能を使ってもよい）
- ☐ デバイス眠り箱（「スムーズな運営のために p.62 参照）

---

workshop 1 環境映画バトル！ チャンプ投票券

記入シート 個人用

紹介チャンプ
評価基準：背景と内容を一番よくまとめて説明。

名前＿＿＿＿＿＿＿＿＿＿

理由（例）監督の他の関連の作品も紹介した。

コメント・チャンプ
評価基準：自分なりのコメントを一番面白く話せた、及び質問に面白く対応。

名前＿＿＿＿＿＿＿＿＿＿

理由

グッド・スタイル・チャンプ
評価基準：話し方（例えば体の使い方、アイコンタクトなど）。

名前＿＿＿＿＿＿＿＿＿＿

理由

トータル・チャンプ
評価基準：すべてのカテゴリーの総合的な評価。

名前＿＿＿＿＿＿＿＿＿＿

理由

5章 エコ・メディアから脱メディア、そして入ネイチャへ

workshop 1 環境映画バトル！

活動シート　グループ用

【活動1】個人で準備 （前もって）
① このワークショップの「まず、この話を」と「概要」を読む（またはファシリテーターの説明を聞き、メモをとる）。疑問や後で調べたいことを含めてメモをとる。用語の意味を用語解説（pp. 173-191）で確認する。
② 自分の話したい映画を選び、それについてちょうど5分のプレゼンを準備する。

💬 ファシリテーターへ：必ず事前にしてもらう。

【活動2】グループごとにバトル実施
① グループ分けと役割分担を行う。
　司会とタイムキーパーの役割分担と、話す順番を決めておく。
　選挙委員会のメンバーを決めておく（2人程度）。書記、発表者は不要。
　バトラーの順番を決めておく。
② バトラー1の話を聞きながら、他のメンバーはメモをとる（5分）。

💬 タイムキーパーへ：時間内に終わらなくても5分で必ず切る。プレゼンが4分以下と短い場合、それを評価に反映させるようにメンバーに呼びかける。

③ バトラー1の話の内容に対して、質問とコメントをする（3～5分）。

💬 ファシリテーターへ：グループによってメンバーの人数が違う場合、人数が多いグループでは、この部分を短くする。

④ バトラー1は自分に対して記入シートに自己評価を書く。
　他のメンバーは自分の記入シートに必要に応じて情報をメモし、評価の参考にする。
⑤ すべてのバトラーが順番に②～④をする。

【活動3】投票と表彰式
① すべてのバトラーが終わったら、各メンバーがチャンプ投票券を記入し、選考委員に渡す。
② 選挙委員会は投票券からチャンプを決める。
③ 表彰式を行う（遊び心のあるユーモラスな感じでよい）。

【活動4】個人で考察
活動1～3で得たことをふまえて、自分が考えたことを文章にまとめる。気づいたことや疑問に思ったことなどについて、さらに情報を収集し、自分の考えを発展させる。
できるだけメンバーの話の根拠を検証しながら書く。
自分が紹介した映画についてもさらに調べられるとよい。

【さらにやってみる】
① バトラーが取り上げた映画から1つを選び、上映会を企画し、開催する。
② エコ・メディアやその映画で取り上げられているテーマに詳しい人（監督、研究者、当事者など）を招くことができると盛り上がるだろう。

ガブリエレ ハード, 2016,『環境メディア・リテラシー』関西学院大学出版会

環境映画の事例

【ドキュメンタリー】
『水俣——患者さんとその世界』　　　　1969年，東プロダクション（公害）
『コヤニスカッツィ』　　　　　　　　　1982年，フランシス・フォード・コッポラ他（文明と環境）
『いのちの食べかた』　　　　　　　　　2005年，ニコラウス・ゲイハルター他（農業）
『100,000年後の安全』　　　　　　　　 2010年，リーゼ・レンゼー・ミューラー（核廃棄物）
『犬と猫と人間と』　　　　　　　　　　2011年，映像グループ　ローポジション（動物愛護）
『ありあまるごちそう』　　　　　　　　2005年，ヘルムート・グラッサー（アンプラグド農業）
『おいしいコーヒーの真実』　　　　　　2006年，マーク・フランシス他（フェアトレード）
『フード・インク』　　　　　　　　　　2008年，ロバート・ケナーアン他（農業）
『地球にやさしい生活』　　　　　　　　2009年，ラウラ・ガバート他アンプラグド（消費社会）
『ミツバチの羽音と地球の回転』　　　　2010年，グループ現代（エネルギー）
『南の島の大統領——沈みゆくモルディブ』2011年，リチャード・バージ他キュリオスコープ（温暖化）
『パワー・トゥ・ザ・ピープル』　　　　2012年，ユナイテッドピープル（エネルギー）
『第4の革命——エネルギー・デモクラシー』2012年，ユナイテッドピープル（エネルギー）
『不都合な真実』　　　　　　　　　　　2006年，ローリー・デイビット他（温暖化）
『The 11th Hour』　　　　　　　　　　 2007年，レオナルド・ディカプリオ他（文明と環境）
『六ヶ所村ラプソディ』　　　　　　　　2006年，鎌仲ひとみ（原発）
『穹頂之下』　　　　　　　　　　　　　2015年，柴静，https://youtube/UfXNyfxT3yo（日本語字幕）
『Journey to the End of Coal』　　　 2008年，Arnaud Dressen, http://www.honkytonk.fr/index.php/webdoc/（石炭）
『不連続的な未来〜地球と社会の限界点』https://vimeo.com/105412070（CCボタンをクリックすると日本語字幕が表示）（温暖化）

【Cli-Fi（気候変動SF映画）】
『インターステラー』　　　　　　　　　2014年，エマ・トーマス他（温暖化）
『愚かな時代』　　　　　　　　　　　　2009年，フラニー・アームストロング（温暖化）
『アバター』　　　　　　　　　　　　　2009年，ジェームズ・キャメロン他
『TAKLUB』　　　　　　　　　　　　　　2015年，Larry I. Castillo（温暖化）

【アニメ】
『不思議の森の妖精たち』　　　　　　　1992年，ピーター・フェイマン他
『ロラックスおじさんの秘密の種』　　　2012年，クリス・メレダンドリ他
スタジオジブリの作品　　　　　　　　　（『もののけ姫』『となりのトトロ』『千と千尋の神隠し』など）

【ドラマ】
『エリン・ブロコビッチ』　　　　　　　2000年，ダニー・デヴィート他

以下のルートを通して、環境関連のビデオが見つかる
- 国際コミュニケーション学会の環境映画データベース
　https://theieca.org/resources/films（会員のみ、英語）各ジャンルの映画あり
- アジア太平洋資料センター（PARC）　http://www.parc-jp.org/video/
- Ourplanet-TV　http://www.ourplanet-tv.org/
- videoACT！　http://www.videoact.jp/
- バンフ・マウンテン・フィルム・フェスティバル　http://www.banff.jp/
- NHKネイチャー　http://www.nhk.or.jp/nature/
- ナショジオワイルドアワー　http://www.ngcjapan.com/tv/lineup/prgmtop/index/prgm_cd/1498
- 山形映画祭　http://www.yidff.jp

さらに学ぶために

- Kääpä, Pietari(ed), 2013, Interactions: *Studies in Communication and Culture*, 4: 2 (Eco Cinema 特集)
- Stephen Rust et al. (eds.), 2013, *Eco Cinema Theory and Practice*, Oxon: Routledge

workshop 2 エコへの取り組みをビデオでアピール

あなたは窓への権利を持つ。その窓とその周りに、その外でも、手が届くところすべて自分なりに変える権利がある。その権利を侵害するものは無視しよう。

あなたは生物の権利を必死に守る責任を持つ。(中略) すべての道路や屋根に木を植えよう。都会の中でも森の空気を吸いたい。人間と木の関係を太古のような、聖なるものにしよう。

F. フンデルトヴァッサー (オーストリアの芸術家)

今の社会には将来性が無い。なぜなら、環境への負担が大きすぎるから。それを変えようと思えば、人間活動の足跡を小さくし、環境に良いものを増やし、いわば「手跡」を大きくするしかない。家庭や日常生活はもちろん、自分が所属しているところ(学校、大学、会社、町内会、組織、クラブ、など)に働きかけることによって、より大きな効果を出せる。

近年多くの企業はCSR(社会的責任)として節電、ゴミ対策などに取り組み、それを環境報告書として発表しているが、改善の余地はまだまだあるといえる。例えば、商品のデザイン、工場の活動や建築設計に目を向ければ、様々なエコ化の可能性が見えてくるだろう。また、その環境への取り組みを広告に使用する場合、グリーンウォッシュにならないよう注意が必要である。

多くの市町村では断熱、太陽光パネルの設置、植樹、雨水タンクの助成制度があるが、それを商店街や学校が活用する事例がある。また、同じ趣味の人が集まってできることもある。例えば、海洋のプラスチック汚染は深刻な問題であるが(本書の表紙参照)、日本サーフィン連盟はビーチのゴミ拾いイベントを開催している。他にも、19歳のオランダの大学生が北太平洋巨大ごみベルトの浄化に向けて、海洋浄化システム設置を計画し、その開発と実施のために財団を設立した。2016年には、対馬沖に巨大なごみ除去装置が設置される予定である。

大学においても、環境への取り組みが進んでいる。なかでもユニークなのが、例えばエコ大学ランキング第1位の三重大学の

まず、この話を

☞第1部「自分にできること」は節電だけではなかった (p.26)

☞**足跡**
温室効果ガス排出、ゴミ、鉱山、水や土の消費や汚染など、自然環境に与える負荷を面積で表す指標。これにより、現代のほぼすべての行動や事業が資源を消費し、ゴミを出す仕組みだとわかる。→ p.174参照。

☞**手跡**
心跡または足跡を小さくする行動、またはそれを推進するメッセージや活動。→ p.184参照。

☞**グリーンウォッシュ**
商品や企業活動について、環境にやさしい、エコである、環境保護に熱心である、といった印象を植え付けようとする虚飾。→ p.180参照。

☞日本サーフィン連盟
http://www.nsa-surf.org/schedule/beachclean/

☞小島あずさ, 眞淳平, 2007, 『海ゴミ』中央公論新社

☞The Ocean Cleanup
http://www.theoceancleanup.com/

「MIEUポイントシステム」である。学生・教職員が学内で実施した環境・省エネ活動（例えばリサイクルや環境学習、電源オフなどの省エネ活動など）に協力するとポイントがもらえ、その貯めたポイントを文具などと交換できる。また、学生側でも、例えば全国青年環境連盟のメンバーによるキャンパスガーデンから大学の自然エネルギーへのシフトを働きかける活動まで様々な取り組みがある。さらに、日本は食料自給率が低いうえに、足跡が大きい牛肉や魚を、世界と比較して多く消費することから、生協やキャンパス内のレストランで地元食材やオーガニックの野菜を中心としたメニューを増やす取り組みがある。キャンパス内の店の余った食品を、速やかに必要としている人に届けるNPO（フードバンク）に寄付する活動も海外では盛んである。

このワークショップでは、自分の所属するところ（学校、大学、会社、町内会、組織、クラブなど）のデフォルトを変える取り組みを考え、2〜5分程度のビデオで表現する。全体を通して3〜6時間が適切だろう。

ビデオの作り方は、紙芝居を作ってそれを撮影することである。ナレーションを決め、それに合わせて画像を作る（または集めてくる）。カメラはできるだけ固定して、見せたい画像（手書きイラスト、写真など）を紙芝居のように入れ変えながら、ナレーションで説明しながら撮影する。編集ソフトやBGMなどは使用せず、画像とナレーションだけで表現するシンプルなものだが、しっかりと内容を決め、計画を練れば、迫力ある映像ができる。どうしてもいろいろな技法を使いたい場合は、そのコストと時間的な負担を考慮しながら検討するとよい。

このワークショップの記入シートと活動シートでは参加者の所属が一緒であることを想定して、基本的に1グループ（2〜5人）ごとに1本のビデオを作り上げる。ただし、（市民講座などで）参加者の所属がバラバラである場合、1人当たり1本を作る仕組みに変えてもよい。

「さらにやってみる」のセクション（p.159）では、自分たちが使っている金融サービス（銀行、年金など）に注目し、その社会と環境への責任を高める取り組みを考える活動などがある。

☞サスティナブルキャンパス
持続可能なシステムを運用する大学や学校。大学や学校における環境への取り組み。→ p.182参照。

☞エコ・リーグ
http://el.eco-2000.net/

☞セカンドハーベスト
http://2hj.org/

ワークショップの概要

☞デフォルト
初期設定、基準設定、平準／ノーマル／スタンダードなやり方。意図的に別の行動や設定を選択しない場合、自動的に適用される／行われる。→ p.185参照。

☞説明に使えるビデオを本書の専用チャンネルで見ることができる。
EcoMLit（環境メディア）https://vimeo.com/user47635996

☞ダイベストメント
非倫理的または道徳的に不確かだと思われる金融投資を手放すこと。最近では、地球温暖化を加速させる化石燃料産業からの投資撤収が年々増加している。→ p.183参照。

このワークショップで学ぶ基本概念

◎ 自然環境がメディア社会の源である。
◎ メディアは「人工物」である。
○ メディアはリアリティーを作り出す。
○ メディアの効果は想定できない部分がある。
◎ 今のメディア社会を変えることができる。

☞第2部
「環境メディア・リテラシーの基本概念」p. 39 参照。

特に意識したい学びの理念

◎ 頭（知識）だけでなく、心（感情）と手（行動力）も使う。
◎ 「自然好き」本能を刺激し、メディアへの関心度を低くし美化しない。
△ 落ち込んでも、シニカルにならない。
△ 頭は柔らかくするが、非合理的な話を受け入れない。
○ 他者を尊重し、自分も尊重する。

☞第2部
「学びの理念」p. 48 参照。

用意するもの

☐ 活動ができる場所（屋内、活動段階ごとに移動。紙芝居作り、活動2④の計画シート5～7では、テーブルなどがある場所。撮影＝活動3は、雑音が少ない、明るいところ。上映会＝活動4は屋内、動画を再生／上映できる設備、プロジェクターなどがある場所。ただし、ポスター発表型の上映の場合、それは不要。活動4②の「ファシリテーターへ」を参照）

☐ グループ用の活動シート（p.159のコピー、1グループに1～3枚）

☐ 個人用の記入シート（p.158のコピー、1人に1枚）

☐ グループ用の計画シート（p.160のコピー、各グループの書記に1枚）

☐ 参加者の持参するデバイス（動画撮影／再生可能なビデオカメラ、携帯電話など。保存できるデータ量を確認して持参してもらう）

☐ その他、撮影とナレーション録音に必要なもの（必要に応じて、三脚、マイクなど。また、どうしても編集したい場合、編集ソフトを入れたPCなども）

☐ デバイス眠り箱（「スムーズな運営のために p. 62 参照）

workshop 2　エコへの取り組みをビデオでアピール

記入シート　個人用

1. 所属している組織の足跡は、どこが大きい？

2. 所属している組織の運営に必要なものや設備（会社の場合、生産するもの）が何か？
   その生産／使用／廃棄も視野にいれて、何が環境への負担が大きいのか？
   まずは推測し、可能な限り調べる。電気、水、廃棄物、食事、建築／施設、本業（物の生産、デザインやサービス提供）などのカテゴリーを対象に考えてみる。

3. 取り組むべき重要なことは何か？
   （すでに取り組みがあるとすれば、それを超えるアイディアを考える）

4. その取り組みを可能にするために、誰が、何をやればよいのか？
   様々な利害の関係がある主体の立場を考える。新しい取り組みでデフォルトを変えると利害関係はどう変わるか？

記入者名 _____

ガブリエレ ハード，2016，『環境メディア・リテラシー』関西学院大学出版会

workshop 2 エコへの取り組みをビデオでアピール

活動シート　グループ用

【活動1】個人で準備
① このワークショップの「まず、この話を」と「概要」を読む（またはファシリテーターの説明を聞き、メモをとる）。疑問や後で調べたいことを含めてメモをとる。用語の意味を用語解説（pp. 173-191）で確認する。
② 記入シートを個人で記入する。

💬 ファシリテーターへ：できるだけ事前にやってもらう（例えば、宿題として）。不可能な場合は10分程度時間をとる。①について、読んだ後、隣の人と2分間のミニ話し合いをする。

【活動2】グループで準備
① 役割分担を行う。
司会／監督、書記（計画を記入する）、撮影スタッフ、ナレーター、場合によって情報や画像を調べるスタッフも必要。

💬 司会へ：「役割分担の仕方」p. 65 を参考にする。

② 各メンバーの記入シートをお互いに見せ合い、説明し合う。
③ そのうえで、グループとして取り上げたい取り組みを決定する。
④ ビデオ計画シートを記入する。
または内容を付箋などに書き込み、整理する（「書記」p. 67 参照）。

💬 ファシリテーターへ：時間があれば、ここで各グループに計画を発表してもらう。

【活動3】グループで撮影
グループごとに1台の撮影デバイスを用意し、撮影する。何回撮り直してもよい。

【活動4】全員の前で上映会
① 上映準備：グループで自分たちの上映したいビデオを選び、制作過程についての説明とコメント（制作過程で気づいたことなど）を相談する。
② 上映実施：各グループの発表者が制作過程の説明とコメントを紹介し、作品を上映する。

💬 ファシリテーターへ：全員に同時上映したい場合、各グループのビデオのデータをPCに入れる。ポスター発表的な仕方の場合（p. 60 参照）、各発表者はデバイスを持ち、3〜5人ずつを対象に上映、コメントをする。

③ 参加者全員がすべての作品について、できるだけ細かくメモをとる。技法（カメラアングルなどで）何が特徴的だったか、何が面白かったかなど。
④ 各メンバーが取ったメモを参考にしながら、参加者全員で発表ごとに作品について話し合う。

💬 ファシリテーターへ：時間があまりない場合、すべての作品を上映した後にまとめて話し合う。

【活動5】個人で考察
活動1〜4で得たことをふまえて、自分が考えたことを文章にまとめる。気づいたことや疑問に思ったことなどについて、さらに情報を収集し、自分の考えを発展させる。

【さらにやってみる】
① 計画シート2を記入したときに考えたオーディエンス（動いてほしい、協力してほしい人々）を、作品の上映会に招待する。
② 自分（または自分の所属する組織やグループなど）が使用している金融サービス（銀行、保険、年金、株など）の社会的、環境的な足跡はどうだろうか？
具体的にどうなっているかを調べ、その変更を求めるための仕組みを考えよう。
ダイベストメント（用語解説 p. 183）をしようと思えば、どうすればよいか？
③ 提案した取り組みの実現に向かって、仲間を増やし、戦略を立て、活動を開始する。

5章 エコ・メディアから脱メディア、そして入ネイチャへ

workshop 2　エコへの取り組みをビデオでアピール

計画シート　グループ用

1. 目標

2. 提案したい取り組みの内容
   💬 司会へ：各メンバーの記入シート3から考える。

3. オーディエンス
   💬 司会へ：誰にアピールをしたいのかを各メンバーの記入シート3から考える。

4. アピールの仕方
   💬 司会へ：どのようにアピールするか？　取り組みの魅力、障害になる要素など、どう語るか？　各メンバーの記入シート3から考える。

5. ビジュアルの制作
   カメラに向かってプレゼンするだけでなく、アピールに必要なビジュアルを制作する。写真やイラストを用いるときには（動画は基本的に避ける）紙芝居などの入れ替え方を考えておく。

6. ナレーション
   a. 言いたいことをメモして整理する。
   b. ワープロよりも紙に書く（600字程度）。ナレーション部分は音読して推敲する。
   c. 書けたら朗読をして、感想を聞く。
   d. 気になったところを修正して完成させる。

7. ビジュアルとナレーションの組み合わせ
   💬 書記へ：付箋や大きな紙、黒板などを使って整理してみるとよい（第3部「書記」p. 67、「話を深めていきたいときに〜」p. 161）。

グループ名 _____

ガブリエレ ハード, 2016,『環境メディア・リテラシー』関西学院大学出版会

5章 エコ・メディアから脱メディア、そして入ネイチャへ

過去のワークショップでは、次のような発言があがった。それを参考にしたうえ、作業を進めてみよう。

話を深めていきたいときに〜

・活動6②（発表者による作品についてのコメント）では、
　「録音の途中でナレーターを交代してみた。それによって少しドキュメンタリー性を失ったが、そのぶん、ドラマ性を出せたと思う」。
・活動6④（上映した後の話し合い）では、
　視聴者から、「写真とナレーションの内容が違うという場面があったが、それによって、視聴者としていろいろと想像力を働かせる機会になったような気がする」。

活動2④で、ナレーションを手書きした後で、PCで清書すると、文章が整いやすい

活動2④で、付箋を使い画像の順番を決める方法

活動4　完成した動画は大きなスクリーンで上映する

写真提供
左上、左下：耕す人びと
右上：おおた市民活動推進機構

さらに学ぶために……………………………………………………

- レスター R. ブラウン他著，枝野淳子訳，［2015］2015，『大転換』岩波書店
- alterna（ソーシャル・イノベーション・マガジン）　http://www.alterna.co.jp/
- Ourplanet-TV：映像制作ワークショップ入門編　http://www.ourplanet-tv.org/？q=node/60
- 環境学習と創作支援グループ「耕す人びと」：デジタルストーリーテリング・ワークショップ
　http://tagayasuhitobito.jimdo.com/

workshop 3 デジタル・デトックスをして、未来のビジョンを得る

まず、この話を

📖 ビル・マッキベン著，高橋早苗訳，[1992] 1994，『情報喪失の時代』河出書房新社

📖 ジェリー・マンダー著，鈴木みどり訳，1985，『テレビ・危険なメディア』時事通信社

☞ 350.org http://350.org

☞ Adbusters- Journal of the Mental Environment, http://adbusters.org

☞ **イデオロギー**
観念形態、ものの考え方、世界観や信条。例えば、「人間中心主義」「資本主義」「消費主義」など。→ p. 174 参照。

☞ **短期主義**
短期的な利益や目標達成などを優先する運営や行動。長期的な視野を欠き、持続可能な社会に切り替えるための大きな障害となっている。将来に関する想像力を麻痺させた考え方。→ p. 184 参照。

☞ **人間中心主義**
人間を世界の中心に置き、すべての事象を人間と関連付け、人間が生き物のなかで優位にあるという立場に至る考え方。→ p. 187 参照。

私は今でも消費者である。消費社会に生まれ、長年その空気を吸って育ってきたのだから、その価値観とものの考え方が私の心を支配している。しかし、それが年々薄れていくような気がする……時々、呪いが解けるように感じる……何か、ただ単純に自分が存在しているような瞬間を感じるのだ。

ビル・マッキベン（環境活動家）

　1990年、ノンフィクション作家のビル・マッキベンは、地球温暖化に対し何かしようとすることが、どうしてこれほど難しいのかを知りたかった。彼はその原因の一つがメディアではないかと疑った。そこで彼は次のような実験を試みた。米国で一番ケーブルチャンネルが多い町で録画された一日分のテレビ放送を見た（それは数千時間を超え、すべて見るのに数ヶ月を要した）。その後、彼は一人きりのハイキングと山でのキャンプに一日を費やした。

　彼は多くのことに気づいたが、特にメディアの世界というのは実にショッピングの世界であることが印象的だった。そしてその世界に入ってしまうとどれほど我々のいる場所、価値観そして自己に対する感覚がゆがめられてしまうかを実感した。例えば、自然ドキュメンタリーの中では、北米のすべての大きな哺乳類を、30分間とても近くで見ることができる。一方、もしそのドキュメンタリーが撮られた場所に行き、一年間そこに滞在すれば、はるか遠くから一匹の熊を眺めることができるかもしれない。だが、間違いなく無数の蚊にも遭遇するだろう！ 自然はメディア社会とは異なるスケールとペースで動いている。マッキベンはメディアの作るリアリティーはなんと非現実的なものかということを感じた。ただし、彼は世捨て人として一生を山で暮らすことにも向いていないことにも気がついた。

　彼は自分の体験について一冊の本を書き、そして生涯愛し続けてきたテレビを見るのを完全にやめた。この経験は、彼が世界で温暖化にストップをかける運動に大きな役割を果たす活動家の一人になるための、一つのステップになったといえる。

マッキベンとその他多くの人々（何人かのメディア研究者を含む）は、メディア社会は有毒であると主張している。メディアは精神を汚染する。つまり持続不可能なイデオロギー（例えば、人間中心主義、消費主義、短期主義）を宣伝し、それに則った行動を促進する。彼らはこの精神の汚染は自然環境の汚染を引き起こすとしている。言い換えれば、メディアの心跡はメディア社会の大きな足跡の原因の一つである。

　このワークショップでは、メディア社会の「精神汚染」から回復するために、意図的にメディアの無い時間を作り（デトックス）、自然な場所でリハビリテーションをし、そのうえで持続可能な社会と、そのなかでのメディアの役割を想像（イマジン）していく。

　デトックスとリハビリの実施期間はそれぞれ24時間から1週間程度が目安だが、詳しいやり方と長さは各参加者が前もって決めるので、自分なりのスタイルで取り組める。

　本書で紹介するワークショップのほとんどは60〜120分程度の1回の顔合わせで実施できるが、このワークショップでは3回に分けてグループ活動を行う。1回目（活動2）では、各参加者は自分のデトックスとリハビリの細かいルールを決めて、その実施を約束する。携帯依存症のセラピーグループに入っているかのような、少しユーモラスな演技をしてもよい。また、その実施のために何が必要かも確認する。例えば、デトックスの前に、周りの人に事情を説明することや、リハビリをキャンプ場で行う場合の予約など、様々な準備と取り組みが必要である。できるだけ面白い方法とユニークなアイディアをお互いに出し合おう。それが終わればいったん解散し、次回の活動までに各メンバーがデトックスとリハビリを実施する（活動3）。

　2回目のグループ活動（活動4）では、できるだけ1回目と同じメンバーのグループで「どうだったか」を報告し合い、体験したことについて対話をし、その内容を整理したうえで、全員と共有する。そしてまた解散し、学んだことや感じたことをしばらく一人で考える。最後に3回目（活動5）では、将来へのビジョンについて考えていく。

　少し時間と手間がかかり、スローに展開するワークショップだが、やる価値は十分にある。一時的であってもメディア社会から離れると新しい多くの発見が得られる。

☞ **心跡**
メディアの個人または社会への精神的に悪い影響。例えば、環境への負担になる価値観、行動やイデオロギーの宣伝。→ p. 181 参照。

☞ **足跡**
温室効果ガス排出、ゴミ、鉱山、水や土の消費や汚染など、自然環境に与える負荷を面積で表す指標。これにより、現代のほぼすべての行動や事業が資源を消費し、ゴミを出す仕組みだとわかる。→ p. 174 参照。

ワークショップの概要

☞ **デトックス**
体内から毒素や老廃物を取り除くこと。健康維持または回復目的で、体の中に溜まったゴミを外へ出す取り組み。→ p. 185 参照。

☞ **持続可能な社会**
将来の世代の利益や要求に応えうる能力を損なわない範囲内で現世代が環境を利用しながらも要求を満たしていこうとする理念。→ p. 183 参照。

☞ このワークショップは（またはその一部でも）ゼミ、クラブや会社の合宿に使いやすい。

☞ **携帯（スマホ）依存症**
携帯電話などのデバイスが手元にない、または電波が届かないなど、使用できないと不安になる人が多いという社会的現象。心理学的な病気より、社会問題の意味合いが強い。→ p. 181 参照。

☞第2部
「環境メディア・リテラシーの基本概念」p. 39 参照。

このワークショップで学ぶ基本概念
◎ 自然環境がメディア社会の源である。
◎ メディアは「人工物」である。
◎ メディアはリアリティーを作り出す。
◎ メディアの効果は想定できない部分がある。
◎ 今のメディア社会を変えることができる。

☞第2部
「学びの理念」p. 48 参照。

特に意識したい学びの理念
◎ 頭（知識）だけでなく、心（感情）と手（行動力）も使う。
◎ 「自然好き」本能を刺激し、メディアへの関心度を低くし美化しない。
△ 落ち込んでも、シニカルにならない。
△ 頭は柔らかくするが、非合理的な話を受け入れない。
△ 他者を尊重し、自分も尊重する。

用意するもの

☐ 活動ができる場所（可能な限り外。必要に応じて、メモ取りやポスター作り用のテーブル、ピクニックシート、クリップボードなど。活動段階ごとの移動も可能）

☐ 個人用の記入シート（「デジタル・デトックス誓約書」p. 165 のコピー、1人に1枚）

☐ 個人用の記入シート（「自然な場所でのリハビリ誓約書」p. 166 のコピー、1人に1枚）

☐ グループ用の活動シート（p. 167 のコピー、1グループに1～3枚）

☐ ポスターを作るための文房具（ポスター発表の場合。大きめの紙、はさみ、のり、テープ、マーカー、付箋など）

☐ デバイス眠り箱（「スムーズな運営のために p. 62 参照）

workshop 3 デジタル・デトックスをして、未来のビジョンを得る　記入シート　個人用

デジタル・デトックス誓約書

　私は自分に、そしてグループの皆さんに、以下のデトックス計画を実施し、そのルールを守ることを誓います。

　　　　　　　　　　　　　　　　　　　　　名前（自署）＿＿＿＿＿＿＿＿＿＿＿＿＿

期間

＿＿＿＿年＿＿月＿＿日　＿＿時＿＿分　から
＿＿＿＿年＿＿月＿＿日　＿＿時＿＿分　まで

基本プラン（必須）
- ☐ 携帯、スマホ、PCなどのデジタル・デバイスをいっさい触らない。
- ☐ 日記を書く（手書き、1日100字以上）

詳しいルール
- ☐ （記入例）仕事でどうしてもPCが必要である場合、最低限に抑え、ネットにはアクセスしない。
- ☐ ＿＿＿＿＿＿＿＿＿＿＿＿＿＿＿＿＿＿＿＿＿＿＿＿＿＿＿＿＿＿
- ☐ ＿＿＿＿＿＿＿＿＿＿＿＿＿＿＿＿＿＿＿＿＿＿＿＿＿＿＿＿＿＿

ルール違反にならないための対策

（記入例）携帯を充電しない、テレビとPCの電源を抜くなど。

オプション（さらに挑戦してみたいこと）
- ☐ 電車などで他の人のデバイス使用を観察する。
- ☐ 知らない人に話しかけてみる。
- ☐ ＿＿＿＿＿＿＿＿＿＿＿＿＿＿＿＿＿＿＿＿＿＿＿＿＿＿＿＿＿＿
- ☐ ＿＿＿＿＿＿＿＿＿＿＿＿＿＿＿＿＿＿＿＿＿＿＿＿＿＿＿＿＿＿

以上

記入者名 ＿＿＿＿＿＿＿＿＿＿＿＿＿＿＿

ガブリエレ ハード, 2016, 『環境メディア・リテラシー』関西学院大学出版会

workshop 3 デジタル・デトックスをして、未来のビジョンを得る

記入シート　個人用

（自然な場所での）リハビリ誓約書

　私は自分に、そしてグループの皆さんに、以下のリハビリ計画を実施し、そのルールを守ることを約束します。

名前（自署）＿＿＿＿＿＿＿＿＿＿＿＿

場所　＿＿＿＿＿＿＿＿＿＿＿＿＿＿＿＿＿＿＿＿＿＿

期間
＿＿＿＿年＿＿月＿＿日　＿＿時＿＿分　から
＿＿＿＿年＿＿月＿＿日　＿＿時＿＿分　まで

基本プラン（必須）
- ☐ 自然がある場所で過ごす
- ☐ 日記を書く（手書き、1日100字以上。）

詳しいルール
- ☐ （記入例）なるべく外で過ごす。ただし、トイレのときは建物に入ってもよい。
- ☐ ＿＿＿＿＿＿＿＿＿＿＿＿＿＿＿＿＿＿＿＿＿＿＿＿＿
- ☐ ＿＿＿＿＿＿＿＿＿＿＿＿＿＿＿＿＿＿＿＿＿＿＿＿＿

ルール違反にならないための対策

（記入例）食べ物を持ってくる（スーパーやレストランには行かない）、雨天の場合…

オプション（さらに挑戦してみたいこと）
- ☐ （記入例）お金を使わず過ごす（自分なりの無買デー）
- ☐ タンポポ調査をやる (http://gonhana.sakura.ne.jp/tanpopo2015/index.html)。
- ☐ ＿＿＿＿＿＿＿＿＿＿＿＿＿＿＿＿＿＿＿＿＿＿＿＿＿
- ☐ ＿＿＿＿＿＿＿＿＿＿＿＿＿＿＿＿＿＿＿＿＿＿＿＿＿

以上

記入者名　＿＿＿＿＿＿＿＿＿＿＿＿

5章 エコ・メディアから脱メディア、そして入ネイチャへ

workshop 3 デジタル・デトックスをして、未来のビジョンを得る　活動シート グループ用

【活動1】個人で準備

① のワークショップの「まず、この話を」と「概要」を読む（またはファシリテーターの説明を聞き、メモをとる）。疑問や後で調べたいことを含めてメモをとる。用語の意味を用語解説（pp. 173-191）で確認する。
② 鉛筆で「デジタル・デトックス誓約書」（記入シート、p. 165）と「リハビリ誓約書」（記入シート、p. 166）をできるだけ細かく記入する。ただし、自署はまだしない。

💬 ファシリテーターへ：できるだけ事前にやってもらう（例えば、宿題として）。不可能な場合は10分程度時間をとる。①について、読んだ後、隣の人と2分間のミニ話し合いをする。

【活動2】グループでデトックスとリハビリ計画を決める（グループ活動1回目）

① 各メンバーの記入シート「デトックス誓約書」と「リハビリ誓約書」をお互いに見せ合い、説明し合う。
② お互いにアドバイスをしながら、記入シートを修正する。
③ ルールの決定版を作り、それぞれ自署する。

💬 ファシリテーターへ：役割分担は司会のみでよい。時間があれば、③の後に各グループの司会に感想を話してもらう。

【活動3】個人でデトックスとリハビリを実施する

日記を書いて、2回目（活動4）に持参する。

【活動4】グループで経験を共有し合う（2回目）

💬 ファシリテーターへ：この活動をデトックスの後とリハビリの後の2回に分けることも可能。

① 活動2のグループと同じメンバーで、役割分担を決める（司会、書記、発表者）。
② 各メンバーが自分の「デトックス」と「リハビリ」の期間に書いた日記をベースに、お互いの経験を話し合う。
③ グループで発表したい内容を決めて、発表する。

【活動5】持続可能な社会を想像する（イマジン）（3回目）

💬 ファシリテーターへ：時間があれば、この活動を活動3のすぐ後にしてもよい。

① グループ分けと役割分担（司会、書記、発表者）
② 今までの活動をふまえて、以下の問いについて、グループで話す。

持続可能な社会とは、足跡が手跡より小さいという特徴がある。だが、今のメディア（その技術、内容や生産と消費の仕組み）は持続可能な社会の障害になっていると指摘されている。そのため、今のメディアを廃止するしかないと考えている人もいる。逆に、今のメディアを改善すれば、持続可能な社会に貢献できると考えている人もいる。

- あなたはどの意見に賛成か？　なぜそう思うか？
- 具体的にどの方向に、どのように進化／廃止させればよいか？
- あなたが理想と思う持続可能な社会とは何か？　そのために何が必要か？そのなかでメディアの果たすべき役割は何か？

💬 司会へ：メディアの足跡、心跡、手跡から考えてみる。

③ グループで発表したい内容を決めて、発表する。

【活動6】個人で考察

活動1～5で得たことをふまえて、自分が考えたことを文章にまとめる。気づいたことや疑問に思ったことなどについて、さらに情報を収集し、自分の考えを発展させる。

ガブリエレ ハード, 2016,『環境メディア・リテラシー』関西学院大学出版会

話を深めていきたいときに〜

過去のワークショップでは、次のような発言があがった。自分と同じような傾向があるかどうか、それについてどう思うか、話し合いを進めてみよう。

・活動2（デトックスとリハビリの約束について相談し合う）では、
「最初はグループのメンバー全員が仕事や家庭などで、非常に忙しく、デトックスもリハビリも無理ではないかという意見が多かったが、そういう状況自体が異常、または危険なのではという意識をもった。相談した結果、それぞれが短期でも実施できる計画を立てられた」。

・活動3（デトックス体験について）では、
「最初は退屈だったが、途中からその退屈さは何かのメッセージではないかと思った。おそらく日常的にずっと刺激を受けているので、鈍感になっているのかもしれない。このような視点をもった後、我慢という感覚が無くなった」。

「電車などでは、携帯をいじっている人がほとんどで、みんな周りをあまり意識せず、たとえ危険物があったとしても誰も気がつかないと思った」。

・活動3（リハビリ体験について）では、
「家族で久しぶりにカードゲームをやって、とても楽しかった」。

・活動5（持続可能な社会）では、
「グループではメディアをいきなり廃止するのは非現実的であるという意見があったが、では、どのように変えればよいかと考えだしたら、それもあまりに難しく、いっそのこと廃止のほうがまだ現実的かもという意見があった」。

リハビリ中は、いろいろなアイディアが思いつく。石を石の上において、デリケートなバランスをとるロックアートはとても楽しい遊び。

デトックスのオプションプランとして「お金を使わずに過ごす」に挑戦した著者。Zenta Claus（座禅を組むサンタクロース）として国際的なイベント「無買デー」をアピールする。
無買デージャパン http://bndjapan.org
撮影：Rob Morishige（2004年）

さらに学ぶために

☐ マーク・ボイル著，吉田奈緒子訳，［2010］2011，『ぼくはお金を使わずに生きることにした』紀伊國屋書店

☐ カレ・ラースン著，加藤あきら訳，［2000］2006，『さよなら、消費社会』大月書店

☐ ポール・ホーケン著，坂本啓一訳，［2007］2009，『祝福を受けた不安──サステナビリティ革命の可能性』バジリコ

☐ D・ヘンリー・ソロー著，佐渡谷重信訳，［1854］1991，『森の生活』講談社

メディア言語

技法名	メモ	図	説明／意味
カメラワーク（1）フレーム・サイズ 何が見えるか、何が見えないのかが決まる			
超ロング・ショット extreme long shot	XLS		風景全体が入る。 主人公はあまり見えない、 またはとても小さい。 「ここにいる」
ロングショット long shot	LS		風景を背景に主人公の全身が入る。 「周りとの関係や状況設定は このようなもの」
ミディアムショット medium shot	MS		腰から上が入る。 LSとCUをつなぐ役割もある。 「こんなことをしている」
クローズアップ close up	CU		細部が見える。背景はわからなくなる。 （顔の場合） 「表情に注目」「何かを見ている」
超クローズアップ extreme close up	XCU		被写体の一部が大映しになることで 強い印象。 「ここに注目」 （目の場合） 「何かを見ている」

技法名	メモ	図	説明／意味
カメラワーク（2）アングル 撮られた対象のサイズ、重要性、性格などについてのメッセージ			
ローアングル low angle	LA		下から見上げる （被写体よりもカメラ位置が低い） 「大きい」「重要」「強い」 （超ローアングルの場合： 「変わっている」「バランスが悪い」）
ハイアングル high angle	HA		上から見下ろす （被写体よりもカメラ位置が高い） 「小さい」「可愛い」「弱い」
フラットアングル flat angle	FA		水平（被写体と同じ高さのカメラ位置） 「普通」「平等」
カメラワーク（3）カメラやレンズの動き			
ズームイン zoom in	Zin		レンズの動き（カメラ自体動かない） 「ここに注目」
ズームアウト zoom out	Zout		レンズの動き（カメラ自体動かない） 「周囲の様子はこれ」
パン pan	PAN		カメラの位置を固定して、体や三脚を軸にして左右に動く 「広い」「長い」「このような場所だ」
ティルト tilt	TILT		カメラの位置を固定して、体や三脚を軸に上下に動く 「高い」「大きい」 「全体像はこんな感じ」
トラック track	DO		カメラ丸ごと移動する 「躍動感」「刺激的」 「様々なアングルからこう見える」

メディア言語

技法名	メモ	図	説明／意味
編集技法　場面転換　時間の流れ			
カット cut	/c/		次の画像に切り替わる。 「次はこれ！」
フェードイン fade-in	F-i		徐々に映像が浮かび上がる。 強い印象。 「こんなことから始まる」
フェードアウト fade-out	F-o		徐々に消えていく。 印象を残す。 「こんなことだった」
ディゾルブ dissolve	/dis/		徐々に消えていく画面に 次の画面が徐々に 重なって現れる。 「これとこれは関係がある」
そのほかの映像技法			
コンピューターグラフィック computer graphic	CG		コンピュータで制作した画像。 イラスト、アニメーション、 グラフ、動画など。
テロップ telop	-		撮影した画像の上に直接重ねる文字や画像絵、写真など。 「この画像はこの意味」
ライティングや画面の調色 lighting and color	-		明るい：「純粋」「平和」 「元気」 暗い：「不気味」「危険」 「不健康」

171

付録

技法名	メモ	説明／意味
音声技法		
現場音 location sound	loc	映像と一緒に録音した音声。 「映っていること、そのままの音」
シンクロ synched sound	syn	映像とは別に録音した音を映像と同期させる。 「この場面の音」 （顔CU＋声syn）「この人の声」 ※視聴者にとって、現場音そのものに間違えやすい。
バックグラウンド・ミュージック background music	BGM	映像と一緒に録音した音声に重ねる音楽。 「このような雰囲気」
ナレーション narration （voice over）	VO	映っていない人の声や映像の説明。 「神の声」「心の声」
音響効果 sound effect	s-eff	現場音ではない音。爆発、動物の鳴き声、車のクラクション、ドアの音、観客（桜）の歓声など。

用語解説

解説文中に太字で書かれた単語は、独立した解説項目として詳しく説明されている。

アイスブレイク icebreaking

直訳すると「氷を溶かす」という言葉からもわかるように、わだかまりを解きほぐす目的で行われる活動。ワークショップの最初に取り入れることで、初対面の人同士や上下関係のある人同士の緊張感をほぐして充実した学びの環境を整えることに役立つ。簡単なゲームや体を動かす活動を取り入れることで、本編に入る前のウォーミングアップだけでなく、長時間同じ作業に集中したときの疲れを解きほぐすことにも有効。

【文献】田中久夫, 森部修, 2014,『アイスブレイク&リレーションゲーム』マネジメントアドバイスセンター

Chambers, Robert, 2011, *Teaching Participatory Workshops*, Oxon: Earthscan

【関連頁】p. 58.

IPCC（気候変動に関する政府間パネル）
Intergovernmental Panel on Climate Change

国連の温暖化に関する研究機関。COPなど、国際政策のための科学的な根拠を示す役割をもつ。国連環境計画（UNEP）と世界気象機関（WMO）により1988年に設置された。各国から1000人以上の気候学者が集まり、無給で地球温暖化にかかわる研究の収集と整理を行い、報告する。気候科学分野における主に査読付き学術誌で報告された研究の巨大な文献レビューを行う（実証研究の実施、委託や助成はしない）。その結果をまとめた報告書を195ヶ国の政府が受諾する。政策提言等を行うことはないが、国際的な地球温暖化問題への対応策を科学的に裏付ける組織として、間接的に大きな影響力をもつ。アル・ゴアとともに2007年ノーベル平和賞を受賞。

各報告書は気候の科学的根拠の評価（WG1）、地球温暖化の影響や適応策の評価（WG2）、排出削減オプションの評価（WG3）、作業部会から構成されている。90年に第1次（FAR）、95年に第2次（SAR）、2001年に第3次（TAR）、2007年に第4次（AR4）、そして2013-14年に第5次（AR5）の評価報告書が発表された。AR4では、2100年までに最大6.4℃の気温上昇を予測した。さらに、2.0〜2.4℃に気温上昇を抑制するには、先進国は2020年に90年比25〜40％、2050年に80〜95％のCO_2を削減し、世界のCO_2排出を2015年までに頭打ちにしなくてはならないと指摘している。AR4にいくつかの小さな間違いが指摘されたため、速やかに修正されたが、それをきっかけに**温暖化否定キャンペーン**側がIPCC及び個人の研究者を激しく非難し、それを英語文化圏のメディアが大きく取り上げた。それに対して、1000以上の研究者が、報告書は1万近くの学術論文を1800頁以上の文章にまとめたものであり、それについて誤りがほとんどないことを評価すべきだと反論した。なお、世界各地の研究機関からも全体の質と信頼性は現在も高く評価されている。

AR5の主なポイントをイギリスのエネルギー・気候変動省は以下の通りにまとめている。まず、人間活動が気候に大きな影響を与えていることは明白で、CO_2は記録的に高いレベルに達した（80万年前から記録がある）。次に、温暖化はすでに進んでおり、大気と海洋の平均温度は0.8℃も上昇し、雪や氷河は減少、海面は20cm上がり、海水は酸性を強め、異常気象も増加している。効果的な対策を取らない場合、今世紀末までの温度上昇は4℃を超える危険性がある。そうなった場合、深刻で広範囲な、しかも取り返しのつかない影響が出ると予想されている。

すでに起こっている気候変動に適応することは重要だが、より深刻な影響を避けるために温室効果ガスの排出を速やかに減少する必要がある。そのための選択肢として、炭素を抑えたエネルギー発電（風力、太陽光、原子力）やCO_2を除去する新しい技術の発展、エネルギーの効率化がある。しかし、それを実現するために経済的、社会的に大規模な変化を必要として、我々が待てば待つほどその解決は難しくなっていくとしている。

【文献】IPCC WG1, 気象庁訳, 2013,『気候変動2014年（自然科学的根拠）』http://www.data.jma.go.jp/cpdinfo/ipcc/ar5/#spm

IPCC WG2, 環境省訳, 2014,『気候変動2014年（影響）政策決定者向け要約』http://www.env.go.jp/earth/ipcc/5th/pdf/ar5_wg2_spmj.pdf

IPCC WG3, 経済産業省訳, 2014,『気候変動2014年（緩和）政策決定者向け要約』http://www.meti.go.jp/policy/energy_environment/global_warming/pdf/0414SPM.pdf

Gov.UK Department of Energy and Climate Change, Key points and questions: IPCC AR5 Synthesis Report, https://www.gov.uk/government/publications/ipcc-5th-assessment-report-synthesis-report/key-points-and-questions-ipcc-ar5-synthesis-report

【関連頁】p. 15.

アクティブ・リスニング active listening

「積極的傾聴」ともいうコミュニケーション技法。相手の表現にすすんで耳を傾け共感をもって理解し

ようする姿勢や態度。表現のなかにある事実や感情を積極的につかもうとする聴き方。例えば、注意深く真剣に話を聞いている姿勢を、言葉と態度を通して積極的に表すことによって、話しやすい雰囲気を作ることができる。「うん」「そうだね」「わかる」などの言葉だけでなく、頷く、目を見て聴く、腕や手を動かして反応する。話に詰まったときには「○○だと思った（考えた）んだね」などと発言を繰り返すことで次の発話を促すことも有効。的確なアドバイスはしても、批判的にならず、相手に受け止められたと思えることが会話を促すという考えが根底にある。共に感じ、考え、問題の本質を明確にしていくプロセスを共有することで、解決策を見出すことにも役立つとされているコミュニケーション技法。

【関連頁】p. 52, p. 63, p. 64, p. 65, p. 69, p. 150.

足跡　ecological footprint

温室効果ガス排出、ゴミ、鉱山、水や土の消費や汚染など、自然環境に与える負荷を面積で表す指標。これにより、現代のほぼすべての行動や事業が資源を消費し、ゴミを出す仕組みだとわかる。個人、家庭、建物、事業、業界、会社ごとに計算すれば、どれくらいの負荷を軽減できるかの検討や活動の見直しに役立つ。エコロジカル・フットプリントとも呼ぶ。他に「カーボンフットプリント」「ウォーターフットプリント」もある。

パンダのロゴで知られている世界最大の環境保護団体のWWFは2012年に日本の足跡を調査し、それを以下の通りにまとめた。日本のフットプリントのうち64%がCO_2の排出（これを吸収に必要な土地面積として換算）が占める。需要別でみると、全国のエコロジカル・フットプリントの半分以上を家庭での消費が占め、その約20%が食料からである。主な原因は日本の自給率が低く輸入に多くの燃料を必要とするためである。それは環境問題だけではなく、食生活を支える生産物の75%以上も海外に依存にすることによって、海外の政治や気候など事情により影響を受けるリスクがあり、いわゆるフードセキュリティーの問題でもあると指摘する。

日本の国民1人当たりのエコロジカル・フットプリントは、G7のなかでは最も低い。しかし、それでも世界平均の1.55倍に相当する。世界の人々が日本と同様の食生活をした場合、エコロジカル・フットプリントが示す地球の資源は、1.64個分必要になるため、持続可能とはいえないとしている。

改善案として、国の豊かさをGDP（国内総生産）ではなく、足跡と人の暮らしの質を問うHDI（人間開発指数）を指標にし、持続可能性を追求する新しいやり方を提案する。

【文献】WWFジャパン, 2012,「日本のエコロジカル・フットプリント報告書2012を発表」
https://www.wwf.or.jp/activities/2012/12/1106511.html.
WWFジャパン (Pati Poblete, David Moor, 和田喜彦, 伊波克典, 岡安直), 2012,『日本のエコロジカル・フットプリント2012』
http://www.wwf.or.jp/activities/lib/lpr/WWF_EFJ_2012j.pdf.
CO_2排出量計算機
http://www.carbonfootprint.com/calculator.aspx
【関連頁】p. 22, p. 39, p. 43, p. 131, p. 155, p. 163.

アジェンダ設定機能　agenda setting

課題やテーマの存在とその優先度を個人や政治に提示するメディアの社会的効果。メディアが流通させた情報を通じて「いま何が重要なのか」という意識に影響を与え、考えや議論の的を提示することで間接的に議題を設定している様子。または、メディアが政治的な論争やある一定の見解に誘導している現象。それが意図的か否かには関わらず、ニュース項目の序列や顕出性の程度の違いが、出来事や争点、人物などに関する相対的な重要度に影響を及ぼすという仮説。例えば、メディアがある問題に注目することで、オーディエンスがその問題に付与する重要性が高くなる。この概念は主に、政治コミュニケーション、特に選挙キャンペーンに適用されてきた。議題設定機能とも呼ぶ。

【文献】デニス・マクウェール著, 大石裕訳, 2010,『マス・コミュニケーション研究』慶應義塾大学出版会
【関連頁】p. 40.

イデオロギー　ideology

観念形態、ものの考え方、世界観や信条。自分の周りの世界に対する理解の仕方や考え方。この理解や考え方は、個人と社会との相互作用に深く関連し、そこに介在するメディアとコミュニケーションが重要な役割を果たしている。例えば、「人間中心主義」「資本主義」「消費主義」「短期主義」などがある。価値観より広い意味をもつ。

【関連頁】p. 40, p. 51, p. 162.

陰謀論　conspiracy theory

広く人々に認められている事実や背景とは別に、何らかの陰謀や策謀があるとする説。

その説の裏付けになる情報は周辺的なものだけではないのが特徴。マスコミ報道や学術論文では証拠

がないことに対して、学者とマスコミは陰謀の一部であるという循環論的な部分が多い。なお、最近の陰謀論には巨大な仕組み（世界各地のすべての学者、すべての金融機関やすべてのマスコミなど）であることを前提に論じる特徴がある。それに対して、実際に行われている陰謀（例えば政治家や企業による犯罪や不正な行為を押し隠すため）の証拠は学術誌や公共的な資料、裁判などで明らかにされている。

　米国やアラブ文化圏では非常に人気がある。フランスの社会学者ブルーノ・ラトゥールによると社会学などを通じて**クリティカル**な思考が一般に浸透した結果、多くの人々には様々な社会現象について疑問をもつようになり、それを解決するために「実際はこうだった」という説を信じ込む現象で、間違った**クリティカル**な思考である。例えば、「アポロは月面に到着していない」「アメリカ同時多発テロ事件（9.11）はCIAによる内部の犯行」などがそれである。

【文献】Latour, Bruno, 2004, 'Why Has Critique Run out of Steam? From Matters of Fact to Matters of Concern,' Social Critique, 30: 225-248. http://www.bruno-latour.fr/sites/default/files/89-CRITICAL-INQUIRY-GB.pdf
辻隆太朗著、2013、『世界の陰謀論を読み解く：ユダヤ・フリーメーソン・イルミナティー』基督教學（48）、45-49, 2013
【関連頁】p. 51.

エコ・メディア　eco media

　環境ニュース専門サイト、環境や自然を主題にする**メディア**、環境保護を促進する**メディア**などを指す。**オルタナティブ・メディア**の一種。

　環境NPOなどのHP、キャンペーンビデオや出版物、環境や自然をテーマにしたドキュメンタリーや映画のほか、報道を専門とするエコ・メディアもある。日本では、Green TV Japan、気候ネットワークチャンネル、辺野古のジュゴン保護、沖縄の高江関係のブログ、Ourplanet-TVの「環境、原発」セクション、@anticoalMAN、@bndjapan（著者のツイッターアカウント）など。

　なお、行政や企業による環境広告やキャンペーンのメディア、自然への理解を促進するアニメ、ドラマや映画、そしてマスコミのなかの環境報道の一部もエコ・メディア的機能がある。しかし、主な狙いが環境保護ではなく、例えば娯楽、商品の宣伝、人物や企業のイメージアップ、行政の広報などの場合はエコ・メディアとは呼ばない。

【関連頁】p. 43, p. 50, p. 126, p. 149.

オーディエンス　audience

　テレビや動画の場合は「視聴者」、ラジオなどの音声メディアでは「聴取者」、映画などでは「観客」、活字では「読者」、インターネットやアプリの場合「ユーザー」などを示す総称。**メディア・リテラシー**では、オーディエンスが意味を作り出すとし、「受け手」と呼ばない。

　1960年代以降のメディア効果論では、オーディエンスはメディアの内容を主体的及び能動的に解釈し、社会的な意味を作り出していることが指摘されてきた。その解釈には、制作側の想定する意味にそって素直に受け入れる「優先的な読み」、制作側が想定していないものを含めた「交渉された読み」、制作側の意図を読み解いたうえ、それに対する批判や違和感を抱きながら解釈する「対抗的な読み」などがある。

　広告産業や娯楽番組の制作側が製品の消費者として想定するオーディエンスを「ターゲット・オーディエンス」と見ているが、研究者はメディアに能動的に関わり、その「意味」を主体的に読もうとするオーディエンスを「アクティブ・オーディエンス」と呼ぶ。

【文献】鈴木みどり編、2013、『最新 Study Guide メディア・リテラシー〔入門編〕』リベルタ出版
藤田真文、2002、「エンコーディング／デコーディング」北川高嗣, 須藤修, 西垣通, 浜田純一, 吉見俊哉, 米本昌平編, 2002,『情報学事典』弘文堂
【関連頁】p. 37, p. 42, p. 123.

オルタナティブ・メディア　alternative media

　alternative（「もう一つの／より良い選択肢」）とmedia（メディア）を組み合わせた用語。産業的・文化的に優位な立場にある主流メディアに対して、そこでは扱われない視点やそれに対抗する見方や見解に基づいて、自分たちの表現を行っていこうとする人たちが作る**メディア**。内容だけではなく、使用する**ニュースソース**、**ニュース性**やビジネスモデル、組織内の運営、制作プロセスやオーディエンスとの関係、使われている技術などの点でも、主流メディアと大きく異なることが多い。

　種類は多様であるが、研究で中心的に扱われているのは社会運動のメディア（social movement media）、市民メディア（citizens' media）、市民社会メディア（civil society media）、エスニックマイノリティメディア、先住民メディア（indigenous/aboriginal media）、コミュニティメディア（community media）や非営利メディア（NPO法人などの組織）、そしてNPOが自分の活動を宣伝しメンバーを募集

するNPOメディアなどである。

それらの共通点は民主的な社会に向けた貢献が目的である。内容は文化的なものを中心とするメディアが多いが、ジャーナリズム（ニュース、報道）を目的とする組織もある。海外では、途上国中心の通信社のIPS、環境報道を専門にしているClimate CentralやGrist、イギリスのビデオニュースネットワークUndercurrentsなどは、主流メディアの中立性に疑問を提示し、自らの明確な視点のもとに情報を提供する。オルタナティブ・メディアの制作者はオーディエンスが主流メディアも見ているという前提で、そこから抜けている視点や情報を示し、オーディエンス自らの思考を促すというスタンスである。

国によって、ドイツのTAZ新聞、イギリスのGuardian誌、韓国のOhmynews.comなど、主流メディアとほぼ同様の社会的影響力をもつものもある。日本では『ふぇみん』（活字）、Ourplanet-TV（オンデマンドビデオ）やNPJ（ニュースサイト）など、独立ジャーナリストのブログ、そしてDemocracy Nowジャパンのような海外の大きなオルタナティブ・メディアの日本語版などあるが、社会的な存在感が比較的に薄い。また、「違う視点」をもたらす点では、海外のメディアや国内英字メディアなどもオルタナティブ・メディア的な役割を果たすこともある。個人のジャーナリストやテーマに詳しい人々のブログなどもオルタナティブ・メディアとして機能することがある。

一方、視点は確かに主流メディアと違うが、基本的に非民主的であり、自己表現の自由を強く訴えつつ、違う意見をもつ人の発言を抑える目的をもつ左翼的または右翼的なメディアおよび宗教的なカルトメディアも世界各地に存在している。なお、**温暖化否定キャンペーン**にみられるような、偽情報を意図的に普及させるためのメディアも存在する。それぞれが他のメディアが出す情報は嘘であるという前提で、オーディエンスに自分とその関連するメディア組織しかアクセスしないように勧める特徴がある。

オルタナティブ・メディア、オルタナティヴ・メディアともいう。

【文献】Downing, John, 2010, *Encyclopedia of Social Movement Media*, London: SAGE
松浦さと子, 小山師人編, 2008, 『非営利放送とは何か――市民が創るメディア』ミネルヴァ書房
【関連頁】p. 29, p. 117, p. 125.

温暖化否定キャンペーン　climate denial campaign

温暖化の現象またはその原因に「疑問」を投げかける米国の石油会社が1980年代に始めたキャンペーン。シンクタンクや政治家のネットワークを通して、いわゆる「懐疑論」の普及に働きかけ、**デマ**、**プロパガンダ**、**偽情報**などのメディア操作を通じて、主に英語文化圏の温暖化対策を遅らせた。

石油メジャーのエクソン（EXXON、現在エクソンモービル社）は、温暖化が起こっており、その主な原因が人間活動であることを1970年代末から会社内研究によって指摘され、認知していた。しかし、温暖化対策が自らの利益に悪影響を与えるとして「疑問生成」キャンペーンを実施してきた。初期には主に温度の上昇に疑問を投げかけることが中心だったが、その確実性が否定しにくくなると今度は、上昇の原因は人間活動ではないという主張を強化した。近年は温暖化の主な原因は化石燃料であることを否定せず、対策の合理性に疑問を投げかけることに軸を移している。

化石燃料系の大手企業は米国でタバコと癌の関係を否定するキャンペーンをきっかけに設立したシンクタンク、研究者、政治家とビジネスマンのネットワークを活用して、英語文化圏を中心に大きな成果をあげた。英語文化圏の保守党（米国共和党、イギリスのトーリー党など）は1980年代には温暖化対策の重要性を認めていたものの、現在は「温暖化否定」が主流になっており、温暖化対策が遅れている。メディアの報道では気候科学界の総意（温暖化は急速に進み、その主な原因は人間活動であること）より、それを疑問とする門外漢の「専門家」のほうが大きく取り上げられているケースが多い。なお、オーストラリアの世論についての研究は、国民の温暖化についての知識も関心も年々薄くなっていることを示している。米国では、ダーウィンの進化論をはじめ、科学そのものを敵視する宗教団体も温暖化否定に深く関わっている。国連やユダヤ人に関する**陰謀論**に関連付けたがる傾向もある。

否定キャンペーンに関わってきた企業は自分の環境への取り組みや温暖化対策を広告（**グリーンウォッシュ**）に利用した一方、否定キャンペーンの中心的な政治家、研究者やシンクタンクに多くの寄付金を出したことが近年明らかにされている。

日本における「否定論」は現時点ではネットを中心にしたサブカルチャー（「温暖化懐疑者」とも呼ばれる）であると思われるが、米国のキャンペーンの影響も見られる。なお、フクイチの影響で、原子

力発電に関する批判が高まり、原発再稼働が難しくなった結果、火力発電依存を正当化する手段として温暖化否定キャンペーンからの偽情報が使われている傾向がみられる。

【文献】ナオミ・オレスケス, エリック・M・コンウェイ, 2011,『世界を騙しつづける科学者達』楽工社
明日香壽川他, 2009,『地球温暖化 懐疑論批判』サステイナビリティ学連携研究機構, http://www2.ir3s.u-tokyo.ac.jp/web_ir3s/sosho/all.pdf
Union of Concerned Scientists, 2015, *The Climate Deception Dossiers*, www.ucsusa.org/sites/default/files/attach/2015/07/The-Climate-Deception-Dossiers.pdf
Shannon Hall, 2015, "Exxon Knew about Climate Change almost 40 years ago," *Scientific American*, http://www.scientificamerican.com/article/exxon-knew-about-climate-change-almost-40-years-ago/
【関連頁】p. 16, p. 110, p. 144.

価値観 values

個人や社会的集団にとって何が大切で、何が大切でないか、についての信念。世の中の事象を評価し判断する基準。

【関連頁】p. 78.

環境映画 ecocinema

エコ・メディアの一種。環境問題や自然と人間の関わりを主題にする映画やビデオ。基本的に映画館や上映会で見ることが想定されるため、それなりのプロダクションが時間とお金をかけて、プロの監督やプロデューサーによって作られる。エコシネマとも呼ぶ。

環境映画の特徴としてエコシネマ研究では、環境問題についての知識と関心を高めること、**人間中心主義**に対して環境中心主義的な視点を提示すること、そして自然教育的な機能を持っていることなどの特徴をあげている。なお、**バイオフィリア**（自然好き本能）を刺激し、自然や生き物への関心と理解を深めることが主題であるものも環境映画と見なされる。ただし、第一目的は商業的成功で、そのためにバイオフィリアをただ利用する映画（例えば多くの自然ドキュメンタリーやアニメ）は環境映画の定義に入らない。

代表的なジャンルは環境ドキュメンタリー（なかでも特に独立系）であり、そのなかに、教育系、報道系や社会運動系などのサブジャンルがある。報道系ドキュメンタリーの多くは特に**オルタナティブ・メディア**らしい特徴をもち、中立性よりも、主流メディアで抜けている視点を優先することが多い。他の環境映画のジャンルではエコアニメや近年、欧米で人気が高いCli-Fi（気候変動SF映画）などがある。

エコシネマ研究では、それぞれのジャンルや各作品に環境倫理の観点から評価すべき点が多くある一方、その問題点も指摘されてきた。例えば環境ドキュメンタリーでは、問題の原因と解決方法の単純化、エコアニメでは自然ドキュメンタリーでは動物の**擬人化**が問題視される。

また、環境映画が**オーディエンス**の価値観や行動にどのように影響を与えているかについての研究はまだ少ない。

【文献】Kääpä, Pietari(ed), 2013, *Interactions: Studies in Communication and Culture [Ecocinema* 特集*]*, 4: 2.
Stephen Rust et al.（eds.）, 2013, *Eco Cinema Theory and Practice*, Oxon: Routledge
Heise, Ursula K., 2013, 'Plasmatic Nature: Environmentalism and Animated Film', *Public Culture* 26: 2, 301-318
【関連頁】p. 149.

環境教育 environmental education

持続可能な社会を実現するための、環境に対する責任と倫理、保全や問題解決力の育成を目指す活動。「環境学習」ともいい、様々な種類がある。例えば日本の「環境教育基本計画」は、学校・地域・家庭・職場・野外活動などにおいて、「体験による学びの積み重ね」を通じた「自然教育」を促進しているといえる。しかし、そのうちの環境科学知識の学習は軽視され、温暖化や公害、エネルギー問題に関する教育は不足しているという批判もある。また、かつて日本では1950年代以降の深刻な公害問題や自然破壊の取り組みとして「公害教育」などが行われていたが、それを再検討する動きが最近見られる。どのような内容であれ、近年は持続可能な社会を創造するための学びの重要性がますます深まっている。

欧米で広く普及している「環境リテラシー」（eco literacy）は環境に関する情報について多面的に読み解き、それを使いこなす力を指している。環境に関わる人間の資質や能力を示す概念として北米環境教育協会（NAAEE）は、環境リテラシーを表す4つの基準として、「個人・市民としての責任」「係争中の環境問題を理解したり話したりするための技能」「環境的なプロセスやシステムの知識」と「質問や分析技能」をあげている。米国環境保護庁（EPA）は、「環境リテラシーは、環境教育プログラムの望ましい所産である。環境的なリテラシーをもった人は、生態系と社会・政治的システムの両方を理解し、環境的な質の向上に向けての重要性を主張する意思決定の

ために、その理解を適用しようとする意向をもつ」と述べている。つまり、自然体験重視だけでなく、社会的環境的な知識習得も重視する必要がある。

なお、特定の環境問題に関する学習として、気候リテラシー（climate literacy）、エネルギーリテラシー（energy literacy）、水圏環境教育（education about the aquatic environment）、海洋リテラシー（ocean literacy）などがある。

【文献】御代川貴久夫, 関啓子, 2009,『環境教育を学ぶ人のために』世界思想社
日本環境教育学会編, 2013,『環境教育辞典』教育出版
稲生勝他, 2009,『環境リテラシー』リベルタ出版
クライメート・セントラル, 2013,『いま地球には不気味な変化が起きている』柏書房
【関連頁】p. 30, p. 33.

環境権 environmental rights

人間にとって良好な環境の中で生活を営む権利。1972年、国連人間環境会議（ストックホルム会議）で理念が表明された。日本において明文規定はないが、多くの学説は、肖像権や名誉およびプライバシーの権利と同様に、環境権を憲法上の人々の権利として支持している。なお、この人間中心的な捉え方に対して環境権を水や空気などの自然や生き物の権利として捉えるべきという見方もあり、それを実際に法的に保証する動きもある（例えば、ボリビアの「母なる地球の権利を保証する法律」）。

【関連頁】p. 84, p. 98.

環境差別 environmental discrimination

環境リスクが高い施設、環境汚染や健康被害などが、マイノリティーや低所得者層の居住地域や労働環境に集中しているという差別させる社会的、政策的な仕組み。

米国では1980年代から環境政策決定やその規制、法律の施行、そして有害廃棄物処理施設や汚染物排出工場の立地を選ぶときに、多くのリスクがアフリカ系アメリカ人などのマイノリティーのコミュニティに押し付けられていることが明らかとなり、そのような差別に対する反対運動が起こった。さらに、多くの環境団体、政策決定会議、委員会、規制機関からマイノリティー市民が排除されてきたことも環境差別の一部であるとの指摘がある。一部の住民はその施設に仕事などで経済的に依存することや、助成金や施設関連のインフラがコミュニティの軸になっていることなどから、住民同士の利害関係も複雑化することが多い。

現在も世界各地ではマイノリティー市民や貧困層の住空間には緑が少なく、土壌や水域の汚染と大気汚染の有害度が高いことを多くの研究が明らかにしている。例えば、カナダでは新しいタールサンド（粘性の高い鉱物油分を含む砂岩）の開発で発生する有害物質が放出され、周辺に暮らす先住民族に深刻な健康被害を及ぼしている。日本では、すでに産業廃棄物処分場や原子力施設の集中は、戦略的に過疎化や経済難などの課題を抱える自治体を標的にした政策の結果であるとの指摘がある。東電福島第一原子力発電所事故の汚染除去作業員に非正規雇用者が多いことも環境差別といえる。

国境を越えて、貧しい国がいわゆる「先進国」の廃棄物、工場による汚染、温暖化問題の被害を受けている環境産業もある。例えば、フィリピンへ送られる日本の有害廃棄物や、アジア・アフリカへの原発や火力の輸出がある。バングラデシュでは、世界中の廃棄処分船が集まる海岸で解体作業にあたる出稼ぎ労働者たちが1日1ドルで雇われ、危険な作業に軽装で従事し、怪我を負う、あるいは命を落とす状況、その類いである。

なお、温暖化問題にも環境差別がからんでいる。温室効果ガスの多くを先進国が排出してきたが、数十年間も対策を取らず、被害や差別を受けている国の対策コストを保証せずにいた結果、被害を途上国に押し付けているという世界規模の環境差別が国際交渉（COP）でも大きな障害となっている。

【文献】飯島伸子編, 2001,『講座環境社会学第5巻アジアと世界』有斐閣
桜井厚編, 2003,『差別と環境問題の社会学』新曜社
石山徳子, 2011,「環境人種差別の現場を歩く」, 明治大学広報誌『明治』2011年7月第51号, 34-35.
【関連頁】p. 8, p. 49, p. 125, p. 130.

環境正義 environmental justice

環境差別をなくす運動。環境保全と社会的正義の同時追及の必要性を示す概念。環境に対する利益と負担の不公平な配分を是正し、すべての人々に良好な環境を享受する権利（環境権）の保障を求める環境正義運動の元になる理念。裕福な生活を送る人たちは質の良い環境で生活できるが、マイノリティーや貧困層など社会的弱者は農薬被害や土壌汚染などによる被害者となりやすいことの是正を求める運動。

1991年の第1回全米有色人種環境保護運動指導者サミットで「環境正義の原則」が採択された。1992年にはアメリカ連邦環境保護庁に環境正義局が開設

され、レポート『環境的公正：すべてのコミュニティに対するリスクを低減する』が発表された。この取り組みに影響を受けた英語文化圏の多くの環境団体は、環境正義に働きかけることを活動の一環とするように見直した。日本ではあまり浸透していないようにみえるが、水俣病をめぐる歴史研究や基地問題（基地騒音対策、普天間基地移設問題、辺野古のジュゴンの保護）の運動や研究には類似点が見いだせる。

温暖化問題にも環境差別の側面があるとされ、「気候正義」（climate justice）という概念が2000年代から提示されている。

【文献】朝井志歩, 2011,「環境問題の解決策をめぐる規範理論―基地騒音問題から考える環境正義」『都留文科大学研究紀要』, 74: 45-59.
関根孝道, 2004,「沖縄ジュゴンと環境正義」*Journal of Policy Studies*, No. 16, 115-135, 関西学院大学 http://kgur.kwansei.ac.jp/dspace/bitstream/10236/8020/1/16%2c%2011-52.pdf.
生田省悟, 2007,「環境正義と共同体の〈言葉〉：水俣病に係る見舞金契約の言説から」金沢大学情報リポジトリ http://dspace.lib.kanazawa-u.ac.jp/dspace/bitstream/2297/3831/1/AN00044830-49-2-ikuta.pdf
【関連頁】p. 8, p. 20, p. 50.

環境難民　environmental refugee

砂漠化や干ばつ、度重なる洪水や原発事故などの広範囲な放射能汚染などの要因によって、本来の居住地からの移住を余儀なくされた人。1970年代ワールドウォッチ研究所長レスター・ブラウンが提示し、1980年代に国連で取り上げるようになった概念。移住の要素の複雑さと環境問題から逃げる人数の推測が非常に困難だが、例えば、2010年に世界中の異常気象（climate-related disasters）により3800万人が国外及び国内に移住したと推測される。地球温暖化が進行すれば海面上昇、異常気象や大規模な洪水の頻発などで環境難民は急増する恐れがある。

難民とは、元来天災や戦禍、大規模な自然災害などで生活を奪われた人々が大量に流出することを示すが、環境難民のほか、甚大な経済的困窮を原因とする場合を経済難民というように、要因の違いをも示す。しかし、国際法とそれに基づく各国の難民の定義に、現時点では戦争、民族紛争、人種差別、宗教的迫害などから逃れた、あるいは強制的に追われたという特徴があるため、汚染、災害や環境破壊から逃げる場合は「経済的移民」（economic migrants）と見られ、難民権をもらえない。ただし、温暖化などの**環境差別**を訴えるケースが増えており、国連においてもそれに関する取り組みが必要という声が上がっている。

【文献】日本教育学会編, 2013,『環境教辞典』教育出版
Norwegian Refugee Council, 2011, *Displacement due to natural hazard-induced disasters*, http://www.internal-displacement.org/assets/publications/2011/2011-global-estimates-2009-2010-global-en.pdf
【関連頁】p. 11, p. 13.

気候変動と地球温暖化　climate change and global warming

概ね同じ意味で使用されているが、正しくは地球温暖化が気候変動の兆候の一つ。

他の兆候として、異常気象の増加、降水量の変化などもある。地球温暖化（global warming）は地球表面の大気や海洋の平均温度が長期的に上昇する現象。温暖化と省略されることが多い。気候変動（climate change）は地球レベルの気候の変化。関連している海洋の酸性化は別問題だが原因は同じく人間活動による大気中の温暖化効果ガスの増加である。

【関連頁】p. 116.

擬人化／擬獣化　anthropomorphism / zoomorphism

いずれも動物（体、行動など）と人間の性質（言葉で話す、服を着る、2本足で歩くなど）を混ぜた表現。

擬人化とは動物、植物などに人間の性質・特徴をつけて描いたレプレゼンテーション。アニミズム信仰では動物、石、植物、雲、山などの擬人化が一般的。他の宗教では神の擬人化がよくみられる。

よく似た現象の擬獣化は、人間や神に動物の性質・特徴をつけて描くレプレゼンテーションのことである。

「動物が人間のように描かれている」場合は擬人化、「人間が動物のように描かれている」場合は擬獣化と呼ぶ。しかし、実際にはその区別は非常に難しく、人によって判断が違うケースが多い。

いずれも、世界各地の神話、文学、美術、子ども文化などではよくみられる。日本の文化でも鳥獣戯画（12世紀）から現代の漫画、アニメに至るまで多くの事例がある。

環境コミュニケーション研究では、人間の擬獣化についての研究はほとんどない。一方で動物の擬人化について、自然とメディアに関する研究の草分け的存在であるジュリア・コルベットはそれを5つの種類に分類した。例えば、チンパンジーが人間と同じであるという前提に、チンパンジーの「怖い」という表情を「笑顔」と間違える「表面的擬人化」などがある。コルベットは擬人化の多くに**人間中心主義**、人間優位主義などの**イデオロギー**が含まれていると指摘し、それらが動物を理解せず、被害を与え

るような行動を招くという。しかし、人間と動物のより良い関係を可能にする擬人化もある。それは動物が人間と異なる世界観、生活感情をもつという前提に、人間が想像力を働かせ、動物に共感する「適応的擬人化」である。コルベットのこの指摘は、環境倫理の観点で擬人化の再評価であるといえる。

【文献】Corbett, Julia, 2006, *Communicating Nature*, Washington, DC: Island Press
加藤尚武編, 2005, 『環境と倫理』有斐閣
【関連頁】p. 78.

グリーンコンシューマー　green consumer

環境に配慮して購買決定を行う消費者。具体的には、必要な物を必要な量で買う、資源調達・生産・流通・使用・廃棄の段階で環境負荷の少ないものを選ぶ、リサイクル、食品添加物等の確認、地産地消、簡易包装や再利用、マイバッグ持参など環境負荷の軽減と安全性を重視した消費行動をする人。大量生産・大量消費・大量廃棄社会が環境問題を引き起こしたという観点で、市場主義というイデオロギーに対抗する消費者主義を促し、消費行動の修正による環境保全型経済社会の構築を目指す考え方が背景にある。太陽光パネルや太陽光発電住宅、エコカー購入による免税や減税などにより消費行動を誘導する経済政策もとられたが、このような政策によらず消費者が主体的に環境に良い行動をするための情報提供は常に必要。

2015年の18ヶ国の消費者行動と意識の比較では、日本はグリーンコンシューマーのワーストランクに入った。商品、住宅、交通、食事の4つのカテゴリーでは、すべて2012年に比べて1ランク以上下がった。特に商品のランクが低く、18ヶ国中18位であった。具体的には、環境への負担が少ない商品を優先的に購入する、環境への負担が大きい商品を避ける行動意識が低く、壊れたものを修理して使う、環境への負担が大きい商品を避ける、過剰な包装を避けるという意識は17位、総合評価でも16位と、平均よりはるかに低い。ちなみに、18ヶ国すべての国のグリーンコンシューマー度も高いとはいえず、そのなかでも低いことは非常に深刻である。

「グリーン購入」「グリーン調達」という類語もあり、グリーンコンシューマーとしての行動を促す目的で用いられている。

【文献】National Geographic/Globescan, 2015, *Greendex*, http://environment.nationalgeographic.com/environment/greendex/

グリーンコンシューマー研究会
　http://www.green-consumer.org/
グリーンコンシューマー全国ネットワーク
　http://www.green-consumer.org/old/gczenkokunet.htm
【関連頁】p. 22, p. 110.

グリーンウォッシュ　greenwash, greenwashing

商品や企業活動について、環境にやさしい、エコである、環境保護に熱心である、といった印象を植え付けようとする虚飾。「体のいい誤魔化し」や「上辺を取り繕う」を意味する「ホワイトウォッシュ」(whitewash)に「グリーン」(環境)を掛け合わせた造語で、環境に配慮したようにごまかすことを示す。その行動をグリーンウォッシング、その結果(例えば嘘っぽい広告)はグリーンウォッシュと呼ぶ。

例えば、製造の全行程の環境負荷(ライフサイクルアセスメント)を考慮せず、ある一側面の環境負荷が少ないことだけを広報することや、第三者の証明も無いままに環境に配慮していると宣伝する様子。企業の環境対応に関するごまかしや環境への取り組みの裏側に潜む実態を見抜く観点をもつ消費者を生むことにつながった。

グリーンウォッシュ広告を見分けるヒントとして「あいまいな表現」「汚染企業が作る環境配慮製品」「暗示的な絵」「あてにならない主張」「クラスで一番？」「環境を大切にした危険製品」「わかりにくい表現」「架空の第三者認証」「証明無し」「まったくの嘘」などの観点が上げられる。

【文献】環境市民, 2012, 『調査報告書 グリーンウォッシングをなくそう(1)』, http://www.kankyoshimin.org/modules/activity/index.php？content_id=170
UL Environment, 2013, The Seven Sins of Greenwashing, http://sinsofgreenwashing.com/findings/the-seven-sins/
【関連頁】p. 30, p. 104, p. 137, p. 155.

クリティカル　critical

テクストの意味、歪み、イデオロギーについて深く考え、多面的に読み解いていこうとする視点、立場。クリティカルとは、物事に対する思考が論理的であること、多様な側面や立場から読み解いていこうとする態度をいう。クリティカルな思考とは単純に物事を非難したり批判的に思考するのではなく、自身の思考に対しても意識的に吟味したり、内省や熟慮したうえで自分なりの見方に到達することを指す。ネガティブな意味合いの「批判」に対して、「冷静」で「創造的」というニュアンスが含まれている。

【文献】鈴木みどり編, 2013, 『最新Study Guide メディア・リテラシー〔入門編〕』リベルタ出版

森本洋介, 2014, 『メディア・リテラシー教育における「批判的」な思考力の育成』東信堂
【関連頁】p. 34, p. 43, p. 78, p. 149, p. 150.

計画的陳腐化　planned obsolescence

電子製品の寿命を短くすることで売り上げを狙うメーカーの戦略。

壊れやすい、修理しにくい製品を作る方法（物理的陳腐化）、消費者に「新しいモデルが欲しい」と思わせる方法（心理的陳腐化）や新しいモデルにしか使えないサービスやソフトを開発する方法（機能的陳腐化）がある。米国では1930年代からマーケティング方法として提示され、経済成長のために利用されてきたが、1950年代から「ビジネスの組織的な企てが、我々を浪費好きで借金があり、いつも不満のある人間にしてしまう」と批判を受け、消費者と環境に悪影響を及ぼすとされてきた。なお、経営学の観点からも、特に物理的陳腐化の場合、消費者がその戦略に気づき、評判が悪くなり、そうではない商品を選ぶ危険性が指摘される。それにも関わらず、IT業界で広く使われている。

【関連頁】p. 131.

携帯（スマホ）依存症　nomophobia

携帯電話などのデバイスが手元にない、または電波が届かないなど、使用できないと不安になる人が多いという社会的現象。

「依存症」として社会問題化しているが、心理学では、携帯（スマホ）非所持恐怖（症）（nomophobia）はより深刻な携帯（スマホ）依存症（cell phone dependence syndrome）とは区別される。また、前者を「恐怖症」と呼べるかどうか、それとも病理ではない単なる「恐怖」であるかが議論されている。後者の「依存症」の場合は、非所持恐怖はその一つの症状であるが、他にも過剰な使用により（高い通信代など）経済生活、社会関係、仕事などに大きな影響がでることが特徴。

心理学的な病気より、社会問題の意味合いが強い。

【文献】Lepp, Andrew et al, 2014, "The relationship between cellphone use, academic performance, anxiety and satisfaction with life among college students", *Computers in Human Behavior*, 31 (0): 343-450
【関連頁】p. 72, p. 163.

心跡　media mindprint

メディアの個人または社会への精神的に悪い影響。特に、環境への負担になる**価値観**、行動やイデオロギーの宣伝。

主に宣伝されているメッセージには、経済優先主義、人間が自然から分離した優位な存在であるという人間特別主義と人間優位主義、消費主義、人間が技術や科学などを通して自然を支配できるというイデオロギーなどがある。なお、ある環境コミュニケーション学研究によると、多くのメディアが公害の被害者の視点を無視し、**人間中心主義**に対する違う考え方（オルタナティブ）を提示する人々（先住民族、学者、運動家など）の声を排除し、人間以外の生き物のニーズを把握しようとしないか、または完全に無視（人間中心主義、一部の**擬人化**）し、環境問題を取り上げるとしても人間への影響を強調し、企業や政治的な権力者に都合の良い側面だけ取り上げる傾向がある。

【文献】Lopez, Antonio, 2014, *Greening the Media*, New York: Peter Lang
Corbett, Julia, 2006, *Communicating Nature*, Washington, DC: Island Press
Hansen, Anders, 2010, *Environment, Media and Communication*, Oxon: Routledge
【関連頁】p. 41, p. 42, p. 77, p. 163.

COP（気候変動枠組条約締約国会議）
Framework Convention on Climate Change Conference of the Parties

国連の温暖化対策の会議。大気中の温室効果ガスの濃度を安定化させることを究極の目標に掲げ、地球温暖化対策に世界全体で取り組んでいくと定めた「国連気候変動枠組条約」に基づき1995年から毎年開催されている。

第3回目のCOP3（1997年、京都）では、先進国全体に5.2%の削減目標（1990年比、2008年から12年の期間）を設けた「京都議定書」を採択、ほとんどの国が参加した。ただし、米国は国内の政治事情によって承認しなかった。一方、途上国はこれまでの排出量が少ないため問題の責任は薄いとされ削減義務は課されなかった。

COP15（2009年、コーペンハーゲン）は、気温上昇を2℃未満に抑える必要性が認知されたが、米国や中国の対立などにより、2012年以降の取り組みは未定で、混乱状態で閉幕した。

COP16（2010年、カンクン）では、途上国の温暖化への適応と緩和のため、グリーン気候資金の設立と京都議定書の2013-2020年の第二約束期間が決定された。しかし、日本は不参加を表明し、ロシアとカナダをはじめ、多くの国がそれに続いた。最終

的にEUとオーストラリアのみが参加し、2012年以降国際的な温暖化対策は空白になった。

COP20（2014年、ワルシャワ）では、全世界規模の参加が必要と認め、すべての締約国が自国の削減目標案を出すことに合意。各国の目標は明確で透明性のあること、案には基準年や取り組み期間などを盛り込むことを決定。気候変動への適応、損失や損害、資金調達などへの支援を新枠組みに組み込むことにも合意。

COP21（2015年、パリ）では、法的拘束力のある「パリ協定」を全会一致で合意した。IPCC報告書をもとに、すべての国が気温上昇を1.5℃未満に抑える努力をし、温室効果ガスの排出量増加を近いうちに止め、今世紀後半までにゼロにするための排出制限目標を定めて行動する義務などを定めた。

ただし、各国政府の提出した排出制限目標が達成されるとしても3.5℃程度の気温上昇が予想される。速やかに目標を修正し、それを各国が政策に反映させる必要性があるのは明らかだろう。特に化石燃料から再生可能エネルギーへの切り替えが重視されるが、各国の対策には温度差がある。例えば、日本の場合は48基の石炭火力発電所の増設計画の撤回が期待されるが、環境省の官僚は匿名でその可能性はほぼないとロイター通信の取材に対し答えた。

なお、グリーン気候資金の枠組みが2018年まで見送りされたことや、温暖化の被害者（例えば一部の発展途上国）が長年排出量の高い（被害を起こした）国や企業に対する責任と補償を訴える可能性が完全に否定されたことなど、大きな**環境正義**の問題が残っている。イギリスの環境ジャーナリスト、ジョージ・モンビオはそれを次にように評した。「最悪の可能性があったと考えると、この結果は最高だろう。ただし、もっとすべきことがあったと考えると、この結果は最悪だろう」。

【文献】Reuters, 2015, 'Japan, South Korea stick to coal despite global climate deal',
 http://www.reuters.com/article/us-climatechange-summit-coal-idUSKBN0TY2TG20151216.
明日香壽川, 2015,『クライメート・ジャスティス 温暖化対策と国際交渉の英政治・経済・哲学』日本評論社
西岡秀三, 宮崎忠國, 村野健太郎, 2015,『地球環境がわかる』技術評論社
駐日フランス大使館, 2015,『レポートマンガCOP21』
 http://www.ambafrance-jp.org/article9503
UNFCCC http://unfccc.int/
Climate Action Tracker http://climateactiontracker.org/
【関連頁】p. 4, p. 116.

サスティナブルキャンパス sustainable campus

持続可能なシステムを運用する大学や学校。大学や学校における環境への取り組み。学生発、運営者発の2種類に分けられる。

学生主体の環境活動団体には、日本では全国青年環境連盟から発足した特定非営利活動法人エコ・リーグ Campus Climate Challenge実行委員会がある。2009年から毎年全国の大学を対象に、大学における環境対策等を全国調査し、エコ大学ランキングを発表する。同じくエコ・リーグに関連している350.orgが大学の金融のエコ化に注目して、**ダイベストメント**を促進している。温暖化問題に取り組みたいユースが集まったClimate Youth Japanや自然エネルギー100%の大学を促進するパワーシフト・ジャパンも活発。

大学の運営側から節電、節水、廃棄物、**環境教育**、環境マネジメントに取り組む事例も国内外に多くある。運営者発の活動には、サステイナブルキャンパス推進協議会があり、33の国内大学、高専、大学生協、環境系NPOなどが法人会員となり、個人会員も所属している。サスティナブルキャンパス構築のために必要な項目として掲げているテーマは、運営体制の確立と計画立案、環境に配慮した建物・設備と維持管理、環境負荷の低減に資する大学運営、学生の参画、地域連携とネットワーク構築。

【文献】サスティナブルキャンパス推進協議会（CAS-Net JAPAN) http://www.esho.kyoto-u.ac.jp/?page_id=1279
US Colleges and Universities Climate Commitment
 （世界的なネットワークの一つ、米国の大学総長の宣言）
 http://www.presidentsclimatecommitment.org/
UNEP, 2013, Green University Toolkit http://unep.org/training/docs/Greening_Universities_Toolkit.pdf .
Campus Climate Challenge http://ccc.eco-2000.net/
350.org ジャパン http://350.org/ja/
パワーシフトジャパン http://powershiftjapan.jimdo.com/
【関連頁】p. 156.

自然観 view of nature

人間の自然に対する位置づけや評価の方法。自然界についての考え方や感じ方。自然や動物についての**価値観**、イメージ、ものの考え方。時代や場所、自然条件、社会制度、文化など様々な要素によって変化するものであり、厳しい暮らしを強いられる人は自然を過酷なものと認識して恐怖を育む一方で、対称的な条件下では自然の恵みに対する感謝の念や情愛が育まれる。これまでの人間中心的な自然観（**人間中心主義**）が環境問題を引き起こしたとの反省から、最近では生命中心的な自然観（**生命中心主義**）

も唱えられるようになった。例えば、自然との共生を目指す取り組みや、そのような思想に基づく生活様式への関心が向く傾向がある。
【関連頁】p. 78, p. 84, p. 89.

持続可能な社会 sustainable society

将来の世代の利益や要求に応えうる能力を損なわない範囲内で現世代が環境を利用しながらも要求を満たしていこうとする理念。また、将来的にも豊かに生きる可能性をもつ社会。足跡が手跡より小さいという特徴のある社会。短期主義を避け、中期、長期に関する想像力を適応した、世代間正義の理念に基づく社会。

【文献】ビル・マッキベン, 2008,『ディープ・エコノミー——生命を育む経済へ』英治出版
平岡俊一, 和田武, 新川達郎, 田浦健朗, 豊田陽介著, 2011,『地域資源を活かす温暖化対策』学芸出版社
【関連頁】p. 43, p. 163.

ステレオタイプ stereotype

人、集団、国、場所、動物などに対する非常に単純化・類型化した表現。特定の集団について流布している考えや推測に基づいており、偏見や差別などの価値観を含んでいることが多い。メディア内のレプレゼンテーションなどの影響で定着した、理念やイメージ。例えば、「女性にふさわしい仕事」などの信念は職場環境での性役割の押しつけや人種差別の背景にもなっている。

動物に対しても、ステレオタイプが存在しているが、文化と時代によって大きな差がある。例えば、カラスに関して、西洋や東アジア文化圏では悪いイメージがあったことに対して、北米の先住民族では人間に火を与えた神様のような存在として良いイメージがあった。事実との関係が薄いこともステレオタイプの特徴でもある。単純化・画一化ゆえに、実物を正確に反映したものではなく、強い感情的要素と結びつくことが多い。

【関連頁】p. 65, p. 98.

スロー slow

英語のslow（ゆっくり）から。とにかく速度を評価する文化（速度中毒文化）と工業化社会が生み出したシステムに対抗し、適切なペースを大切にする生き方、経済、教育、デザイン、食物との関わり方など。それを実現するための思想、実践やそれを広めるための個人の活動及びネットワーク型社会運動。

イタリアで1980年代に始まったファストフードレストランのマクドナルドへの対抗意識がスローフードの起源。産業社会に蔓延している速さ優先の価値観から脱皮しようとするだけでなく、自然や身近な人々との関わりを通じて所有や支配とは別の満足や豊かさを意識的に求める思想。様々な社会領域ごとに「スロー」な動きが広まった。例えば、日本で比較的によく知られているスローライフは、自分のペースで暮らすことで心の豊かさやゆったりした生き方を得ようというもの。スローフードでは、適切なペースの調理と食べ方を重視した食教育を行い、食物の生産に対して自然農法や地産地消などを好む。

また、スローメディア宣言では、スローメディアは「長持ちする」「オーラを持つ」「信憑性の信憑性は高いが、それは一目でわからないことがある」「オーディエンスと対話する」「一つのものに集中するやり方を促進する」などと書かれている。

他にスロー都市、スロービジネス、スロー通貨、スロー技術、スロー研究、スロー美術、スローな子育て、スロー建築、スロー政治などがある。

【文献】The Slow Media Manifesto http://en.slow-media.net/manifesto
辻信一, 2003,『スローライフ100のキーワード』弘文堂
辻信一, 2004,『スロー・イズ・ビューティフル——遅さとしての文化』平凡社ライブラリー
【関連頁】p. 21, p. 47, p. 89, p. 150.

世代間正義主義 intergenerational justice

次の世代の生存条件を保証する責任があるという考え方。現世代の資源やエネルギーの浪費による地球環境の破壊が将来世代の生存および発展を脅かしており、世代間の正義にかかわる問題であるという考え方。現在を生きている世代は、未来を生きる世代の生存可能性に対して責任があるとして、年齢の異なる世代や生存していない過去・未来の世代の間で、義務や権利、倫理を主張する考え方。環境倫理の三つの理念の一つ（他に地球の有限性と生物種保護がある）。

【文献】ジェイムズ・ハンセン著, 枝廣淳子監訳, 中小路佳代子訳, [2009] 2012,『地球温暖化との闘い——すべては未来の子どもたちのために』日経BP社
加藤尚武編, 2013,『環境と倫理』有斐閣
【関連頁】p. 29, p. 46.

ダイベストメント divestment

非倫理的または道徳的に不確かだと思われる金融投資を手放すこと。大幅な投資ボイコット。事業部

門や子会社の売却や投資引上げ、投資撤収または投資撤退。株や債券、投資信託を手放す方法がある。

南アフリカ共和国の人種差別政策（アパルトヘイト）の廃止を求める運動の一環として1980年代に用いられた方法で、当時、大きな成果を上げた。近年、地球温暖化を加速させる化石燃料産業への投資は地球のリスクを高め、同時に投資家のリスクも高めるとして撤退に向かっている。その流れ（ムード）は化石市場の低下と再生可能エネルギー市場の上昇、地球温暖化対策と倫理的な資金運用そして安定した収益性という一石三鳥の期待が欧米を中心に広がり、環境問題に取り組む学生団体、NGOなど世界の市民組織からも支持されている。それと並行するように、2008年に公開された動画「Because the world needs to know（知らないといけないから）」を通じて、せめて二酸化炭素濃度を350ppmにとどめようと訴えた350.orgの運動が世界各地に広がり、環境運動において化石を使わない考えは主流となった。COP21の合意を受けて、金融機関が化石燃料は経済的なリスクが高いとの見解を示す傾向も顕著になった。

【文献】350.org編, 2015,『A CAMPUS GUIDE TO FOSSIL FUEL DIVESTMENT-Fossil Free』, http://gofossilfree.org/wp-content/uploads/2014/05/350_FossilFreeBooklet_LO4.pdf（電子出版、PDF、英語）
350.org, 2015,「ダイベストメントとは？ NO！化石燃料」http://gofossilfree.org/ja/what-is-fossil-fuel-divestment/
毎日新聞, 2015,「化石燃料ダイベストメント：温暖化リスク、投資引き揚げ7兆円『草の根』影響力拡大」http://www.mainichi.jp/shimen/news/20150909ddm007030013000c.html
【関連頁】p. 27, p. 156.

短期主義 short-termism

経済分野では、企業の株主が3カ月ごとの利益率のみを重視した結果、将来に向けた長期的な計画や投資が難しくなっていることが問題視されている。温暖化の被害が明確になるまでには時間がかかるため、対策を取らない**平常通りの運転（BAU）**を続けるという短期的な計画は一見すると楽でコスト安にみえる。しかし、長期的にみれば、対策の遅れによって被害が拡大し、対策コストが急上昇することになりかねない。短期主義は持続可能な社会に切り替えるための大きな障害になっている。
【関連頁】p. 162.

炭素税 carbon tax

環境破壊や資源の枯渇に対処する取り組みを促す「環境税」の一種。石炭・石油・天然ガスなどの化石燃料に炭素の含有量に応じて税金をかけて、化石燃料やそれを利用した製品の製造・使用の価格を引き上げることで需要を抑制し、結果としてCO_2排出量を抑えるという政策手段。

CO_2排出削減に努力した企業や個人が得をし、努力を怠った企業や個人が応分の負担をすることで環境保全への努力が報われる公平な仕組みとして、様々な方法及び種類が開発された。
【文献】足立治郎, 2004,『環境税——税財政改革と持続可能な福祉社会』築地書館
【関連頁】p. 53.

沈黙の螺旋 spiral of silence

同調を求める社会的圧力によってマイノリティーの視点が沈黙され、余儀なくされていく過程。ドイツの政治学者エリザベート・ノエレ＝ノイマン（Elisabeth Noelle-Neumann）によって提唱された政治学とマス・コミュニケーションにおける仮説で、同調を求める社会的圧力によって少数派が沈黙を余儀なくされていく過程を示したものである。例えば、報道されないテーマについて、社会的な優先度が低いと判断し、そのテーマについて発言しにくくなるという現象。
【文献】デニス・マクウェール著, 大石裕訳, 2010,『マス・コミュニケーション研究』慶應義塾大学出版会
【関連頁】p. 41, p. 53.

手跡 ecological handprint

地球から何かを奪う行為となる消費行動としての**足跡**やそれに誘導する**心跡**を小さくするための行動、またはそれを推進するメッセージや活動。

悪い影響を小さくすることではなく、良いことを前向きに行うことも含む。具体的な取り組みとして3段階の例示がある。

第1段階：ゴミ対策・節電・節水・再利用・リサイクル、カーボンオフセットなど自分の行動を変えて環境負荷を小さくする。

第2段階：職場でLEDの導入を進めるなど周りの人や所属する組織の環境負荷を小さくする。

第3段階：植林によりCO_2を中期的・長期的に肯定させる建築、農業や技術などを高めることでCO_2の発生量を吸収量より少なくする収支マイナス行動（carbon-neutral＝収支ゼロよりもさらに良い行動）をとる。

手跡のほうが足跡より大きいライフスタイルやビジネスの運営は「環境に良い」といえる。

【文献】Harvard Center for Public Health and Global Environment, 'Handprint: A New Framework for Sustainability' http://www.chgeharvard.org/topic/handprint-new-framework-sustainability

Greg Norris, 2014, "Environmental Handprinting", Trim Tab 誌, 2014年11月号, 62-64, http://www.chgeharvard.org/resource/environmental-handprinting-trim-tab#sthash.KcXCX41g.dpuf.

【関連頁】p. 43, p. 155.

デトックス　detox

体内から毒素や老廃物を取り除くこと。健康維持または回復目的で、体の中に溜まったゴミを外へ出す取り組み。

ダイエット方法、または依存症や中毒症の医療方法。「デジタル・デトックス」は毒性のあるメディア文化の「汚れ」(例えばイデオロギー、持続可能な**価値観**などの**メディアの心跡**) を自分の精神から取り除くことを目的とし、デジタルデバイスなしで24時間以上過ごす取り組みなどを行う。

カナダの「精神環境雑誌」アドバスターズ誌などは1990年代から「テレビを見ない週」(TV Turnoff Week)、そして2000年代からは「デジタル・デトックス・ウィーク」(Digital Detox Week) キャンペーンを推進してきた。また、米国のCenter for a Commercial Free Childhoodは毎年子ども向けの「スクリーン・フリー・ウィーク」を開催し、多くの学校や団体が参加している。

こうした活動は、もともと脱消費文化の運動の中から生まれたが、近年、企業のリーダーシップ訓練や観光業界からの注目を集め、デジタル・デトックスのパッケージツアーを用意する会社も現れている。

【文献】https://www.adbusters.org/campaigns/digitaldetox
http://www.screenfree.org/

【関連頁】p. 163.

デバイス　electronic device

電子デバイスの省略。PC、タブレット、携帯電話などの、保存、受信、送信するための機器、装置や道具。時代と分野よってその呼び方は変化しているが、本書ではテレビ、ファックス機、PC、タブレット、携帯電話、スマホなどを総称して用いる。

【関連頁】p. 35, p. 62, p. 71, p. 78, p. 130.

デフォルト　default

初期設定、基準設定、平準／ノーマル／スタンダードなやり方。意図的に別の行動や設定を選択しない場合、自動的に適用される／行われる。英語の「by default」から。例えば、コンピューターでは初期設定状態やソフトウェアのあらかじめ設定した値、社会的に「普通」と思われる行動など。選択があることは意識にない／わからない場合が多い。

【関連頁】p. 25, p. 27, p. 43, p. 83, p. 156.

デマ、プロパガンダ、偽情報　demagogy, propaganda, disinformation

いずれも注意するべき情報や論じ方や意図的に広められる虚偽もしくは不正確またはねじまげられた情報。自分の都合の悪い事実を隠したり、人を混乱させたり、間違った知識を植え付けることが目的。それに対して、誤報は単に誰かが間違った情報を出しそれが広まること。

デマは意図的に流す嘘や噂、流言。プロパガンダは特定の思想・世論・意識・行動へ誘導する意図をもった、宣伝行為。虚偽や誇張が含まれる。情報の発信元がはっきりしており事実に基づく情報で構成された意図的な宣伝行為のことはwhite propagandaと称して悪意のある宣伝行為と区別する使い方もある。

偽情報は意図的に広められる虚偽もしくは不正確な情報であり、偽造された文書や写真の流布あるいは悪意のある噂や捏造された知識を広めることが含まれる。**陰謀論**によく使用される。

デマ／プロパガンダ／偽情報かどうかの見分けがつかない人が、それを口コミやツイート、メールで転送するなどして広めてしまうことがたびたび起きている。

【関連頁】p. 16, p. 52, p. 136, p. 143.

転換点　climate tipping point

状態や方向が変化する転機となるところ、その状態や時点。急激で不可逆的な変化のためのしきい値。システムの比較的小さな変化が、システム中に過度とも思われる応答を強制し、その結果、全システムが安定状態から違う状態に移行すること。

気候科学において、ヒトの文明を可能にしたこの1万3000年のうちで比較的安定していた気候が突然変わる複数のしきい値のことを指す。それを超えれば温暖化対策が効かなくなり、温暖化が加速度的に進んでしまう状態になる恐れがある。例えば、温暖化により雪氷面の融解が進んで地面が増えると、より多くの雪が繰り返し溶け出す現象が起こり、悪

循環に陥る。

　どこで起こるのかについて、現時点の研究では明確でないが、生態系における突然の急激な変化を検知するシステムは技術的に可能であると一部の研究者は考えている。一方、すでに転換点を超えているか、それに近いと考えている研究者もいる。いずれにしても大気中の二酸化炭素濃度の上昇と気温上昇がともに転換点を超える確率が高く、有効な温暖化対策を急ぐことが叫ばれている。

【文献】Hansen, J. 2008, "Tipping point: Perspective of a climatologist", In Ward Woods (ed.), *State of the Wild 2008-2009: A Global Portrait of Wildlife, Wildlands, and Oceans* (*State of the Wild*), Washington, DC: Island Press, 6-15
Lontzek, Thomas S. et al., 2015, 'Stochastic integrated assessment of climate tipping points indicates the need for strict climate policy', *Nature Climate Change*, 5, 441-444
【関連頁】p. 10.

電子ゴミ e-waste

　電子廃棄物。家電、ソーラーパネル、エアコンなど、そして携帯電話、PC、テレビなどのデバイスの廃棄物。本書においてはデバイスによる電子ゴミに焦点を合わせる。日本では、スマホの使用期間は平均約28ヶ月（2015年時点）であり、しばらく保管されたとしても最終的に廃棄物になる。電子ゴミは毎年増加傾向にあり、世界総合量4,180万トンのうち、携帯やテレビのデバイスは300万トンで、日本の家電を含む電子ゴミ量は1人当たり17kg、総合量では世界3位の排出量（2014年時点）。電子ゴミ内にリサイクル可能な部分は少なく、ほとんどの電子ゴミは世界各地から主に西アフリカ、中国、インドへ、そして日本の場合は近くのフィリピンへ輸出される。廃棄物から銅などを取り出す作業に従事するのは、電子ゴミを引き受けた国の貧しい児童を含む多くの人であり、健康へのリスクをとりながら生活している。有害物質の輸出を規制する国際条約（バーゼル条約）はあるが、その有効性が弱いとされる（本文 3ws1 p. 参照）。英語でWaste Electronical and Electronic Equipment (WEEE) などとも呼ぶ。

【文献】Balde, C.P. et al, 2015, *E-waste statistics* http://i.unu.edu/media/ias.unu.edu-en/project/2238/E-waste-Guidelines_Partnership_2015.pdf
Basel Action Network, http://www.ban.org/
Grossman, Elisabeth, 2006, *High Tech Trash*, Washington, DC: Island Press
【関連頁】p. 39, p. 131.

ニュース性 newsworthiness news value

　記者や通信社などの編集者が世の中の出来事から「ニュースになる」ものを選び、優先度を決めるときに使う尺度の一つ。集めた情報ごとに価値を判断し、価値が高いものほど優先的に紙面や番組枠に収めており、一般的に新しい・身近・珍しい・展開が早い・時機が合う話題の優先度が高くなる。オーディエンスの注目を得るために、特に商業的なメディア（民放、週刊誌、新聞など）は衝撃的な出来事やビジュアル性が高いものほど優先度が高い。「悪いニュースが良いニュース」(bad news is good news)、「血が出れば表紙にする」(If it bleeds it leads) と揶揄されることがある。さらに、わかりやすさ、取材しやすさも優先度に影響する。また、ほとんどの報道機関が同じ優先度で考えるため、複数のメディアが同じタイミングで同じ情報を報じる状況が頻繁に起こるが、同じ情報であってもメディアの種類や報道する方針、アクセスした情報や発信する地域によって価値や内容に違いが生じる。例えば、沖縄ではトップで報じた米軍基地の事故について東京では伝えていない場合がある。ニュース性の基準は運営上に生成されたもので、それにより社会に本当に重要なものが報道されていない状況が起きている。ニュース・バリュー、ニュース価値などともいう。

【文献】デニス・マクウェール著, 大石裕訳, 2010, 『マス・コミュニケーション研究』慶應義塾大学出版会
【関連頁】p. 6, p. 11, p. 16, p. 116, p. 124.

ニュースソース news source

　報道関係者が入手した情報の主や情報を提供した組織。取材者は個別に探しあてた情報の主からだけでなく通信社、記者クラブ、警察、企業PR情報、研究報告などから得ることも多い。

　内部関係者による告発が正確に行われるかどうかは情報源の秘匿が確保されるかによる。日本の大手報道機関の主な情報源は通信社（共同通信、時事通信）、記者クラブ、警察（事件、事故、犯罪について）、ニュース・リリース（企業、行政、研究機関等の広報）、市民社会系（NPO、大学、研究所など）、そして独自取材の場合は現場の関係者から、それぞれ入手する。海外に比べて、市民社会系のニュース源はあまり使用されていないことが指摘されている。

　ニュースソースが自ら報道にそのまま使用できる情報を提供すること（特に企業によるニュース・リリース）を情報援助 (information subsidy) と呼ぶ。

【文献】Gandy, Oscar, 1982, *Beyond Agenda Setting: Information Subsidies and Public Policy*, Praeger
【関連頁】p. 117, p. 124.

ニュース・ポータルサイト news portal site

ニュース収集サイト。ウェブのあらゆるニュースサイト（新聞社、通信社、企業の広報HP、など）やブログからコンテンツを集めたサイト。Yahooニュース、Googleニュース、niftyなど。ニュース・ポータルサイトと同じ機能のサービス、ソフトやアプリなどを総合的にニュースアグリゲーターとも呼ぶ。

そのほとんどが記事へのリンクまたは記事をリサイクルしただけのものだが、自分のオリジナルなコンテンツを載せるものもある。

また、表示する記事の順番の決め方はサイトによって大きく異なる。完全にソフトウェア設定（アルゴリズム）によって決められている場合や、Yahooニュースのように、記事選択の編集者とアルゴリズム両方を使うパターンもある。

記事の優先度を決めるニュース・バリューや細かい手順（アルゴリズムの仕組みや編集者の判断基準）を公開するサイトはあまりないが、基本的に元々記事を記載したサイト（報道機関など）のランクと記事のランクを考慮している。例えば、Googleニュースのアルゴリズムでは、機関のランクでいえば、組織の規模、知名度、機関の平均記事の長さや速報度、などが評価されている。また、Yahooニュースの場合、契約している報道機関の優先度が高い。記事に関してもサイトごとのポリシーがあり、テーマの優先度、速報度、検索された頻度、などがある。

なお、記事と広告との組み合わせの要素が入る場合もある。ユーザーのアクセスしたサイトや検索したキーワード、インターネットを利用している場所などの情報から、自動的に年齢、収入、性別、場所、趣味などが推測され、それに合わせた広告とニュースが表示される。アカウントを作り、それに趣味や出身地などを含むプロフィールを入力すれば、さらに細かく個人に合わせた情報が表示される。また、ユーザーが自分でテーマや報道機関の優先度を決める仕組みもある。

このようにニュースの個別化が進むことで、ユーザーにとって興味のあるテーマが優先的に表示されるメリットがある一方で、新しい視点やテーマに出会う機会を失う恐れもある。

【関連頁】p. 124, p. 125.

人間中心主義 anthropocentrism

人間を世界の中心に置き、すべての事象を人間と関連付け、人間が生き物のなかで優位にあるという立場に至る考え方。現代社会の根本的なイデオロギー。環境哲学では、それに対して生き物のすべてを平等に扱い、生物圏の全体を視野に入れる「バイオ中心主義」も提示されている。一方、人間中心主義のなかでは、「人間は自然を自分のために利用する権利がある」という見方から、「人間は優位であるからこそ、他の生き物に対する責任をもつ」という考え方まで、幅広い見方が含まれている。

【文献】加藤尚武編, 2013, 『環境と倫理』有斐閣
【関連頁】p. 40, p. 78, p. 98, p. 162.

ネイチャーゲーム nature game

自然とのつながりを認識したり、体験を通して気づいたことを分かち合うことの重要性を無意識に気づかせるアクティビティ。1979年に米国のコーネルによって考案された自然と触れ合うアクティビティを集めたプログラム。

米国にはそれまでも、青少年活動組織などにおいて子どもの成長に合わせた学びの方法として、自然の特性を生かした活動を楽しむ実践は行われていたが、コーネルは、自然とのつながりを認識し、体験を通して気づいたことを分かち合うことの重要性を無意識に気づかせる内容に仕上げた。また、それまでの自然観察会が知識の習得を目的にしていたのに対し、体験を重視し、誰でも楽しめ、指導もできるものになっている。子どもたちの心理状態に合わせた学びの流れと、楽しむ・観察・体験・感動をそのつど分かち合う4段階の構成が特徴的。指導者は、活動すること自体が目的となったり、楽しいだけのゲームになってしまわないように注意することが大切である。

【文献】ジョセフ・コーネル著, 吉田正人訳, 2012, 『ネイチャーゲーム原典 シェアリングネイチャー』日本シェアリングネイチャー協会
【関連頁】p. 30, p. 58, p. 83.

バイオフィリア biophilia

生命愛、人間の「自然好き本能」。自然保護は人間の本能であり「バイオフィリア＝人間が生得的に備えている生命への愛」に由来するという仮説。

心理学者のエーリッヒ・フロムが1970年代に「生きとし生けるものとその生活への情熱的な愛」という意味で使った。1980年代になると、アメリカの生

物学者エドワード・O・ウィルソンもこの言葉を用いて、人には自然や他の生物に関心をもち、共存しようとする本能があると主張した。最近では、テクノバイオフィリアという概念もあるが、それはメディア・テクノロジー（例えば映画、動物のキャラクターなど）を通して自然を楽しむことを意味する。

バイオフィリアは環境保護につながるとされているが、テクノバイオフィリアについては議論がある。良い面としては自然への関心とその保護のための問題意識と行動意欲を増やす可能性がある（一部のエコ・メディアではそれを前提にしている）。一方で、現実の自然が減少しているなか、自然のイメージを多く利用することによってストレスを癒そうとすることが環境問題に関する意識を弱め、自然保護のための行動を減らす危険性があるとの指摘もなされている。

【文献】エーリッヒ・フロム著、作田啓一、佐野哲郎訳 [1973] 1975、『破壊 下——人間性の解剖』紀伊國屋書店
Wells, N., 2000, "At Home with Nature: Effects of "Greenness" on Children's Cognitive Functioning," *Environment and Behavior* 32, 775-795.
Kellert, Stephen S. & Wilson, Edward O., 1995, *The Biophilia Hypothesis*, Washington, DC: Island Press.
エドワード・O・ウィルソン著、狩野秀之訳、2008、『バイオフィリア——人間と生物の絆』（ちくま学芸文庫）筑摩書房
Kahn, Peter H. Jr., Severson, Rachel L. & Rukert, Jolina H., 2009, "The Human Relation With Nature and Technological Nature," *Current Directions in Psychological Science*, 18(1): 37-42
【関連頁】p. 49, p. 104, p. 149.

PR担当部門　public relations department

会社などのパブリック・リレーションズ（PR）を担当する部署。PRとは社会と会社の関係のこと。PR担当部門の主な仕事は報道機関などに情報を送り、取材に協力するほか、代表のスピーチの執筆、会社のイメージとブランディング戦略、経営戦略、そして政治家、ライバル企業、業界連盟、政府機関や研究機関との関係作りを担当する。広告を担当する部署とは違う。企業によってはPR担当部門を社内に置かず、広告代理店に委託することもある。
【関連頁】p. 144.

ファシリテーター　facilitator

会議やミーティングなど複数の人が集う場において、議事進行を務め、中立な立場から活動の支援を行う者。受け持つ参加者や集団の心の動きや状況を見ながら、対話や議論を通じて問題解決や合意形成に導く。指導や伝授するインストラクターや解説するインタプリターに対し、ファシリテーターは参加者自身の気づきを促す触媒としての役割を担う。自己の意思表明や意思決定はしないことで、客観的な立場から適切なサポートを行い、集団のメンバーに主体性をもたせることができるとされる。
【文献】青木将幸、2012、『ミーティング・ファシリテーション入門　市民の会議術』ハンズオン！埼玉出版部
【関連頁】p. 46, p. 57, p. 65.

フェアトレード　fair trade

公平な貿易。大手企業中心の国際貿易が生産者の仕入れ値を低くすることは不公平であるという意識から、1960年代に消費者と生産者の草の根の国際協力として始まった。発展途上国で作られた食物や製品を適正な価格で継続的に取り引きすることによって、生産者の持続的な生活向上を支える仕組み。

1990年代から生産現場における労働条件が悪いなどの批判を受けた業界（特に製薬会社、食品、コットンなど）では、フェアトレードに取り組んでいるかのようなイメージのロゴマークを商品に表示するケースが増えている。ただし、Fairtrade Internationalのような第三者機関による認証や監査がなされていないものも多い。逆に、正式な認証を表示していないが（手続きが複雑で費用が高いなどの理由から）、実際にはフェアトレードを行っている事業（特に小さなビジネスやNPO）もある。

日本でフェアトレードを広めたのはNPO活動から生まれた会社People Treeで、他にも生協、NPOなど多数のビジネスが積極的に取り組んでいる。
【文献】コナー・ウッドマン著、松本裕訳、[2012] 2013、『フェアトレードのおかしな真実——僕は本当に良いビジネスを探す旅に出た』英治出版
【関連頁】p. 131.

プルサーマル計画　plutonium-thermal energy project

原子力発電の燃料として一度使用したプルトニウムをリサイクルする技術（再処理）を開発し、それによって生成された燃料（MOX）を使うことで、原料を循環させて燃料ゴミを増やさないことを目指した計画。1982年に政府が高額な原発燃料の有効利用、余剰プルトニウムを持たないためなどと、効率性と経済性を念頭に計画し、各電力会社がそれを受けて取り組んできた。

しかし、核燃料再処理工場（青森県六ヶ所村）では事故が相次ぎ、現在までリサイクルには至らず大

量の使用済燃料が国内の各原発施設に溜まり続けている。また、核燃料の最終処分場が決まっていないこと、使用済み燃料貯蔵施設が満杯になっていること、生成された燃料(MOX)はウラン燃料に比べて極めて毒性が高いこと、再処理のため燃料をイギリスやフランスに輸送して再輸入する作業や輸送コストとその際に生じる安全管理などの問題が指摘されている。

【文献】NPOフランク・バーナビー/ショーン・バーニー, 2005,「日本の核武装と東アジアの核拡散」http://www.cnic.jp/files/oxford200508.pdf, 原子力資料情報室
【関連頁】p. 137.

プロテスト・ソング protest song

社会的な不平等、政治などに対する不満、反対及び批判的な視点が含まれている歌。社会的な改善を求める歌。

社会運動に関連する歌では、例えば労働運動と公民権運動の「勝利を我らに」や反戦歌の「風に吹かれて」、世界各地の社会運動で歌われてきたベートーヴェンの「歓喜の歌」などがある。元々プロテスト・ソングから生まれてきた、レゲエ、パンク、ラップなどのジャンルもあるが、フォーク、ポップ、ロックなどの中にも多くのプロテスト・ソングが存在している。

プロテストの対象側(例えば政府機関、企業など)から圧力を受け、難しい立場になるケースがある一方、欧米、台湾、韓国などでは逆にプロテスト・ソングで成功したバンドやミュージシャンも少なくない。

【文献】鈴木孝弥(監修), 2011,『プロテスト・ソング・クロニクル—反原発から反差別まで』ミュージックマガジン不定版
【関連頁】p. 137.

紛争鉱物 conflict minerals

紛争地帯において採掘される鉱物資源。産出や流通を通じて武装勢力が資金を得ることで、内戦が長引く、あるいは拡大する原因となっている。これが問題視されるなか、米国では紛争鉱物の使用状況などの開示を上場企業に義務づける法律が2013年から施行された。アフリカのコンゴ民主共和国(DRC)とその周辺地域から産出される鉱物は、多くの工業製品にも使用されているが、その一部がDRC周辺の武装勢力の資金源になっていると問題視されている。

【文献】NHK編, 2008,『地球データマップ』NHK出版

経済産業省, 2013, 米国の紛争鉱物開示規制, http://www.meti.go.jp/policy/external_economy/trade/funsou/
大和総研, 鈴木裕, 2012, 紛争鉱物, https://www.dir.co.jp/research/report/esg/keyword/022_conflict-minerals.html
【関連頁】p. 130.

平常通りの運転 (BAU) business as usual

温暖化対策を取らず、今まで通りの行いを続けること。化石燃料を相変わらず主なエネルギー源とすることや再生可能エネルギーの導入に消極的なこと、持続可能なエネルギーの開発や促進に後ろ向きでいること。世界はすでに、新しいエネルギーシステムの開発及び導入に転換しているため、単なる思想的なものではなく政策論や経済論的な意味合いをもつ。IPCC報告書やCOP(国連気候変動枠組条約)では、平常通り運転(BAU)は最悪な結果を招くと見なされている。日本では「今まで通り」、「趨勢型シナリオ」などとも呼ぶ。

【文献】IPCC編, 文部科学省経済産業省気象庁環境省訳, [2007]2009,『IPCC地球温暖化第四次レポート——気候変動』中央法規出版
【関連頁】p. 5, p. 9, p. 111.

メディア media

単なる「情報を送る手段」ではなく、社会的な現象。活字、音声、画像、動画などの記録、再生、伝送する技術を用いる。「物」「内容」「制度」などの複数の側面をもつ。ここでいう「メディア」は、より狭い意味をもつ英語の定冠詞がついた 'the media' (日本語の「マスコミ」や大手の報道機関にあたるもの)とは区別する。

【文献】デニス・マクウェール著, 大石裕訳, 2010,『マス・コミュニケーション研究』慶應義塾大学出版会
【関連頁】p. 35, p. 77, p. 88.

メディア言語 media language

ハングル、中国語、日本語などの言語が単語で意味を構成するように、メディアがカメラワーク、編集技法、音声技法などにより意味を構成すること。例えば、「昔々」という日本語の単語をメディア言語で「書く」ときには、画像はフェード・インと色合いを加工してナレーターの声やトーンを加えたりして構成する。

メディア社会に生きていると、メディア言語を母語のように学び、例えば映画の技法の意味を察知して物語の展開を想定することもできるようになる。ただし、メディア社会に生まれ育ったとしても、普

段から自分でメディア言語を表現する（「メディアで書く」）機会をもたない場合は、なんとなくわかるだけで、メディア言語や表現内容について**クリティカル**に考えることはあまりない。そのために、**メディア・リテラシー**の学びでは、メディア言語を意図的に「読む」と「書く」練習がともに含まれている。

【文献】鈴木みどり編, 2013,『最新 Study Guide メディア・リテラシー〔入門編〕』リベルタ出版
【関連頁】p. 93.

メディア社会　media society

メディアが偏在する社会。ものの考え方や知識のほとんどが、メディアの影響で作られていることが特徴。人間同士のコミュニケーションだけではなく、ほとんどの社会現象がメディアの技術と内容に媒介されていることが常態化している状態を指す。

【関連頁】p. 32, p. 50, p. 77, p. 88, p. 124.

メディア・タブー　media taboo

メディア産業界が慣例として取り上げない、触れないように自粛している、深く追求しないようにしている話題を指す。

権力者の裏話、失敗、問題などについて、本来は人々が知る権利があるものの、重要な情報が報道されないこと。タブー化の要素として、記者や編集者に圧力がかかっていること（検閲）、営業不利益や**ニュースソース**との関係からの自己検閲、なんとなく触れてはいけないような雰囲気や、記者がテーマや問題の存在を意識しないなどがある。例えば、日本ではスポンサー（電力会社、車メーカーなど）、宗教（鶴タブー）、広告代理店、天皇や皇室（菊タブー）、自衛隊、警察（桜タブー）、原子力（東電フクイチまで）、火力発電、などに関するタブーが多く存在していると指摘されてきた。環境報道（特に公害報道）において、スポンサー批判はタブーであり、特定の大手企業の責任を問う報道は難しいことが多い。

一部のタブーを破ることでネタにしようとするメディア（例えば週刊誌）もある。しかし、破ってもお金にならないようなタブー、例えば囚人の権利、火力発電所付近の住民の健康被害、動物園での動物虐待などに触れるのは、NPOや市民系の**オルタナティブ・メディア**ぐらいである。

【文献】デニス・マクウェール著, 大石裕訳, 2010,『マス・コミュニケーション研究』慶應義塾大学出版会
【関連頁】p. 6, p. 41.

メディア・テクスト　media text

メディア内容の単位。例えば、1本の映画、1つの新聞広告、1本のCM、1つの新聞記事など、またはその（読むことが可能な）一部。メディア研究においては、内容分析の対象にできるもの。

【関連頁】p. 78, p. 117, p. 137.

メディア・リテラシー　media literacy

メディアに関する「読み書き能力」（リテラシー）。メディアの制作構造・内容・オーディエンスを社会的文脈で**クリティカル**（冷静）に分析し、メディアを利用し、多様な形態でコミュニケーションを作り出す力を指す。制作に関わる場合も、オーディエンスの立場にいる場合も、情報社会に生きるうえで誰もが必要とする。コミュニケーションの権利、倫理、責任などに関する教育や啓発活動も含まれている。**メディア**を使いこなすスキルにとどまらず、民主的なコミュニケーションに基づいた市民社会を可能にするとされている。

【文献】FCTメディア・リテラシー研究所　http://www.mlpj.org/
鈴木みどり編, 2013,『最新　Study Guide メディア・リテラシー〔入門編〕』リベルタ出版
鈴木みどり編, 2003,『Study Guide メディア・リテラシー〔ジェンダー編〕』リベルタ出版
A. シルバーブラット他著, 安田尚訳, 2001,『メディア・リテラシーの方法』リベルタ出版
鈴木みどり編, 2001,『メディア・リテラシーの現在と未来』世界思想社
【関連頁】p. 33, p. 50, p. 51.

リスク　risk

行動する、または行動しないことにより被る損害の可能性、および危険にさらされる可能性。

予測計算されることが可能で、自然災害などの予測不可能な損害を受ける可能性を意味する「危険」と区別される。ドイツの社会学者ウーリッヒ・ベックが1980年代からリスク社会の概念を提唱してきた。近代社会は富とともにそれに応じたリスクも生産する過程で、世界規模の生態系の危機、金融危機、テロの危険に直面している。自然が産業システムの内部に組み込まれた結果、それをもたらす脅威（例えば公害や原発事故）からは誰も逃れられないなどの特徴があるとしている。

【関連頁】p. 16, p. 20, p. 136.

レプレゼンテーション representation

社会の人びと、生き物、場所、出来事、考え方などがメディア言語により描かれている姿。メディアを通して再構成し、再生産された表現。複数のレプレゼンテーションによりイメージが出来上がり、それを無批判に肯定するとステレオタイプになる。メディアの中の表象は現実を映したものではなく、作り上げたものを強調する、メディア研究における重要な概念。

【文献】鈴木みどり編, 2008,『新版Study Guide メディア・リテラシー〔入門編〕』リベルタ出版
【関連頁】p. 77, p. 93, p. 98, p. 124, p. 149.

謝　辞

　本書は5年以上の研究と実践の成果ですが、その経済的支援は鈴木みどりメディア・リテラシー研究基金、関西学院大学個人研究費、関西学院大学女性研究者研究活動支援者制度、関西学院大学社会学部専用図書費、関西学院大学研究叢書出版助成金から得ることができました。また、日本語で執筆した際、池田佳代さん、川崎秋光さんをはじめ、多くの方が編集や研究をサポートしてくださいました。関西学院大学出版会の田中直哉さん、松下道子さん、その他の皆さんにも感謝しております。内容に関しては私の講義の履修者、ワークショップの参加者、そして特にゼミ生から多くのヒントをもらいました。さらに今まで支えてくれた同僚、友人と特に家族に感謝申し上げます。また、日本の大学院に行き、研究に取り組むことができたのは、京都府の名誉友好大使制度のおかげです。研究を支えてくれたすべての皆様に、この本を捧げます。

Danke liebe Eltern.
Thank you to my husband for many tasty meals, taking great care of our little ones and your patience.
Danke meine zwei Kleinen! Ihr seid die Zukunft. Dieses Buch ist für euch.

表紙（表）写真：© Zac Noyle "Wave of Change" ジャワ島, 2012年4月19日撮影
表紙（裏）作品：© Cirilo Domine "Of Changes Bleeding into One Another"（入れ墨, ゴムの木, ウォルナットインク）2010年

本著の足跡について

myclimate
shape our future

Date 22-01-2016
Offset Code:
myclimate_16408678

　この本の目的は「持続可能な社会」に貢献することなので、本書の出版による環境への負荷（足跡）はできるだけ小さくするよう努力しました。インクや紙を選別して環境負荷を少し減らしましたが、それでも紙の生産や印刷に必要な電力と輸送によって1トン以上の CO_2 排出量が予想されたことから、その該当分をカーボンオフセットすることにしました（日本人1人当たりの年間排出量の10分の1相当）。

　「オフセット」とは CO_2 の排出量を極力抑えたうえで、それでも排出される分を他の事業で削減する仕組みです。本書による排出分の換算額を My Climate 財団（https://www.myclimate.org, スイス本部）に支払い、5トンの CO_2 削減を保証してもらいました。主にアフリカ、東南アジアや南米で化石燃料の代わりになる再生可能なエネルギーの導入、森林再生、そして CO_2 排出や大気汚染の少ない家庭用コンロの入れ替えなどのプロジェクトを通して削減されます。金額も意外とリーズナブルで、温暖化問題と開発問題に同時に取り組める、「環境正義」の側面があると考え実行しました。

　ただし、オフセット事業の意義に関しては様々な議論があります。例えば、日本のJ-クレジット制度は、主に国内のみで、例えば自社工場のボイラー入れ替え、施設のLED化などをオフセットとして認定し販売できる仕組みですが、本来のオフセットの考え方に合致しないケース（例えば、提供者はオフセットを売らない限り CO_2 を削減したことにならない、提供者にもともと削減する責任はない、など）が多く見受けられます。これでは、東京五輪招致委員会が約束した「カーボンマイナスオリンピック」（全体の CO_2 吸収量が排出量を上回るイベント）の実現は危ぶまれます。

　本書の出版の足跡は小さく、読後の環境意識向上は大きく、トータルで環境に良いことになるよう願っています。

著者略歴

ガブリエレ ハード　Gabriele Hadl

オーストリア出身

1996年	スミス大学（米国マサチューセッツ州）卒業
1997年	来日
1999年	無買デージャパン・ネットワーク設立
2006年	立命館大学社会学研究科　（鈴木みどり研究室）博士学位取得
2006年～2008年	日本学術振興会外国人特別研究員　（東京大学大学院情報学環、濱田純一研究室）
2009年～	関西学院大学社会学部教員
2010年秋～2011年春	育児休業
2010年～2016年	国際メディアコミュニケーション学会（IAMCR）理事
2014年～	国際環境コミュニケーション学会（IECA）幹部
2016年～2017年	関西学院大学のサバティカル（学院留学：欧州、南米）
2016年～	関西学院大学社会学研究科教員

研究キーワード

2010年まで　メディア・リテラシー、世界情報社会サミット、コミュニケーションへの権利、オルタナティブ・メディア
2011年から　環境コミュニケーション、温暖化コミュニケーション、サスティナブルキャンパス

関西学院大学研究叢書　第175編

環境メディア・リテラシー
持続可能な社会へ向かって

2016年3月31日 初版第一刷発行

著　者　ガブリエレ ハード

発行者　田中きく代
発行所　関西学院大学出版会
所在地　〒662-0891
　　　　兵庫県西宮市上ケ原一番町1-155
電　話　0798-53-7002

印　刷　大和出版印刷株式会社

©2016 Gabriele Hadl
Printed in Japan by Kwansei Gakuin University Press
ISBN 978-4-86283-218-4
乱丁・落丁本はお取り替えいたします。
本書の全部または一部を無断で複写・複製することを禁じます。